枢纽发电、泄洪、通航运行及联合优化调控技术

周建中　曾勇红　蔡　莹　著

国家重点研发计划项目"长江上中游特大水利枢纽调控与安全运行技术研究"课题"枢纽发电、泄洪、通航联合优化调控技术"资助出版

科 学 出 版 社

北 京

内 容 简 介

长江上中游特大型水利枢纽发电、泄洪、航运等运行工况与近坝河道水力过程有着密切的动力关系，如何解释枢纽运行动态行为间的复杂水力耦合机理，探索枢纽发电-泄洪-通航联合安全调度与风险控制方法，是亟待解决的关键科学与技术问题。为此，本书研究枢纽近坝区一维、二维和三维耦合水力学模型，提出枢纽运行水力过程和水流动态响应的精细化数值模拟方法，揭示枢纽发电、泄洪、通航、拦排漂等行为产生的近坝区上下游水力耦合响应方式、规律和水力特征，建立枢纽发电-泄洪-通航联合调度模型，提出模型多目标并行协同优化方法；结合现场试验、数值分析与场景模拟等设计方法，研发自适应主动水力一体拦导清（排）治漂浮排装备，建立枢纽多维动态调控智能决策平台。

本书可作为水文学与水资源、水利工程等专业的高年级本科生、研究生及相关领域的教学、科研与工程技术人员的参考书和工具书。

图书在版编目（CIP）数据

枢纽发电、泄洪、通航运行及联合优化调控技术/周建中，曾勇红，蔡莹著.
—北京:科学出版社，2021.3
ISBN 978-7-03-067240-7

Ⅰ.① 枢… Ⅱ.① 周… ②曾… ③蔡… Ⅲ.① 水利枢纽-调度-研究
Ⅳ.① TV632

中国版本图书馆 CIP 数据核字（2020）第 251991 号

责任编辑：孙寓明/责任校对：高 嵘
责任印制：彭 超/封面设计：苏 波

科学出版社 出版
北京东黄城根北街 16 号
邮政编码：100717
http://www.sciencep.com

武汉精一佳印刷有限公司印刷
科学出版社发行 各地新华书店经销
*
开本：787×1092 1/16
2021 年 3 月第 一 版 印张：16 1/4
2021 年 3 月第一次印刷 字数：383 000
定价：198.00 元
（如有印装质量问题，我社负责调换）

序

    长江上中游特大型水利枢纽发电、泄洪、航运等运行动态行为与近坝河道水力特性的映射关系呈现高维、时变、非线性的复杂特性，以枢纽安全高效多维调控为目标，以发电、泄洪和航运引发的水力耦合关系为纽带的枢纽联合安全调度是一类多层次、多阶段和多重约束的复杂优化决策问题。如何解释枢纽发电、泄洪、通航等行为间的复杂水力耦合机理，探索枢纽发电-泄洪-通航联合安全调度与风险控制方法，以提高枢纽安全调控水平，是亟待解决的重大科学问题。

    国内外在枢纽防洪、发电、航运、拦排漂各个方面已积累了丰富的研究和实践成果，但已有研究多针对单目标问题，将其他方面影响因素设定为确定性、静态的约束或边界条件，未能全面考虑不同物理机制的作用和影响，导致相关成果在多目标、多约束枢纽安全调控工程应用中受到限制。因此，针对枢纽发电、通航、泄洪、拦排漂的水力耦合问题，开展跨学科方法和模型的交叉和集成研究，开发满足枢纽安全需求的联合调度技术、装置和开放式智能平台，具有重要的理论意义和工程应用价值。

    《枢纽发电、泄洪、通航运行及联合优化调控技术》介绍了特大水利枢纽调控与安全运行涉及的发电、通航、泄洪、拦排漂的多物理场水力耦合等方面的学术前沿和发展动态，亦是作者及其研究团队近年来部分研究工作的总结。作者不仅进行了深入的理论研究和实践探索，而且还将理论成果应用到实际工程，体现了作者扎实的学术功底和对前沿研究方向的把握能力。该书具有很强的系统性和实用性，是一本理论结合实际、具有重要学术价值的著作。需要指出的是，特大水利枢纽调控与运行安全涉及的理论方法具有很强的学科交叉性，其中的流体调控、振动安全以及优化问题是很多学科都在进行探索的基础性科学、技术问题。因此，该书的出版不仅丰富和发展了特大水利枢纽调控与安全运行理论的内涵和外延，而且促进了交叉学科的融合发展。

    希望该书对推动相关领域的学术研究和工程应用技术发展发挥作用。

中国工程院院士：张勇传

2020 年 12 月 2 日

水电能源作为一种技术成熟的可再生清洁能源，兼具发电、防洪、航运、灌溉及供水等综合效益，获得了全面快速发展。目前，在可再生能源中，水电能源所占的比重高达 85%。在水电能源开发方面，我国已经规划并有序建设了包括金沙江、雅砻江、黄河上游、湘西诸河、闽浙赣诸河等十三大水电基地，且在"十三五"期间基本建成长江上游、黄河上游、乌江、南盘江红水河、雅砻江、大渡河六大水电基地，到 2020 年水电总装机容量达到 3.8 亿千瓦。

随着水电能源的持续开发，长江上中游建成和投运了一批世界级的水利枢纽工程，枢纽在满足防洪、发电和通航等不同调控目标时可能存在不同程度的风险。因此在满足防洪、发电、航运等综合利用部门要求下，减轻或消除主客观风险，优化水利枢纽调度运行管理，逐渐成为相关研究的重点，同时也存在挑战。

本书共 6 章：第 1 章主要介绍枢纽发电、泄洪、通航运行及联合优化调控的发展概况；第 2 章主要论述一维、二维和三维的水力学模型、求解算法和模型的应用；第 3 章主要阐述枢纽运行水力过程和水流动态响应的精细化数值模拟方法，耦合多安全约束水电站多目标优化调度模型；第 4 章主要介绍枢纽短期发电计划编制、调度优化算法，并从多个方面分析发电-泄洪-通航运行存在的风险；第 5 章阐述多种通航能力评价量化方法，介绍基于水力学模拟的流速评价方法，并讨论多个水库发电-通航多目标优化调度模型和发电、泄洪、通航联合优化调度模型；第 6 章介绍自适应主动水力一体拦导清（排）治漂浮排装备，以及在长江上中游大型水利枢纽的技术应用。

本书主要由华中科技大学周建中教授、天津大学曾勇红博士与长江水利委员会长江科学院蔡莹高工合作撰写完成。具体分工为：第 1 章由周建中教授、曾勇红博士与蔡莹高工共同撰写；第 2～3 章主要由曾勇红博士撰写；第 4～5 章主要由周建中教授撰写；第 6 章主要由蔡莹高工撰写。华中科技大学硕士研究生贾天龙、刘晓神参与了第 1、4、5 章的撰写，天津大学博士研究生孙萧仲、郭鑫宇参与了第 3 章的撰写。周建中教授负责全书大纲的拟定与审定工作，并负责最后统稿。贾天龙、刘晓神协助周建中教授负责全书的校订和插图绘制工作。

本书的主要内容源自国家重点研发计划项目"长江上中游特大水利枢纽调控与安全

运行技术研究"研究成果课题"枢纽发电、泄洪、通航联合优化调控技术"（编号：2016YFC0401910）。

由于作者的水平有限，书中的不足之处恳请各位读者批评指正。

作　者

2020 年 12 月

目　录

第1章 绪 论

1.1 枢纽水力学数学模型问题

在水利工程的建设和管理中，常会遇到各种水力学问题，如河流洪水演进、河口潮流、水电站引水和尾水渠的波动，船闸充泄水对上、下游水流的影响，水体突然泄放，河流动床稳定性问题，污染物扩散和输移、电厂温热水排放等。由于研究问题的多样性和非线性，不同的水力学问题可以采用不同的研究方法和手段，从而形成了各种专门的水力学，如水工水力学、环境水力学、城市水力学、灾害水力学等。这些水力学以经典力学理论为基础，假设流体为连续介质，以流体质点或控制体为研究单元，分析作用于流体上的力，根据力学基本定律，如质量守恒定律、动量守恒定律、能量守恒定律等，应用数学分析的方法，建立流体运动方程。从 18 世纪开始，随着一大批世界顶尖的数学家相继参与到流体运动的研究，描述流体运动规律的微分方程相继建立起来。达朗贝尔（d'Alembert）推导了微分形式的连续方程式，欧拉（Euler）建立了不考虑黏性力的理想流体的运动方程——欧拉方程，纳维（Navier）和斯托克斯（Stokes）建立了计算黏性作用力的纳维-斯托克斯（Navier-Stokes）方程[1]。至今，这些微分方程仍是流体力学的基本方程。

由于实际工程问题边界几何形状的不规则和流动的非线性性质，用数学分析的方法求其理论解，往往十分复杂甚至不可能。水流不恒定现象的产生机制很复杂，一般认为首先是因为流场边界条件随时间变化[2]，包括流场固壁的运动变化和各种因素激发流动，使流场条件改变，其次因为水体自身的不稳定，包括动态失稳、尾迹流、非定常分离、剪切层、涡旋运动等。为了克服理论求解的困难，人们把理论研究和科学试验结合起来，建立了一种半经验、半理论的方法，针对具体流动，抓住主要矛盾，以基本方程式为基础，在运动方程式中引入试验研究得到的有关经验系数或关系式，从而得到可以求解的计算式，形成了传统水力学研究的方法。传统水力学方法较好地解决了工程中经常遇到的许多实际问题，到目前为止，我国水力学界为解决工程实践中所提出的各种问题，基本上仍沿用传统的水力学方法进行研究。

进入 21 世纪，水力学研究出现了崭新的局面。在传统的水力学研究领域，大型水利工程不断增加，提出了许多难度很大的研究课题。这一方面在于采用传统的水工模型试验存在建设周期长、资金耗费大的问题；另一方面在于现代工程技术要求深入研究流场内部的运动规律，详细了解流场内部各个位置和各个时刻的流动参数，向水力学研究者提出了更高的要求。随着大型高性能计算机的出现,用计算机求解描述流体运动的偏微分方程成为可能,逐渐形成了计算水力学的基本内容,并随着现代信息技术的发展与融合,从而形成了水信息学的理论框架。与物理模型相比,数学模型不受模型规律限制,可以方便地改变基本参数和边界条件,模拟各种流动情况,比较各种设计方案,从而选择最优方案,还可以模拟实物模型难以实现的特殊流动。而且,数学模型一旦建立成功,可以方便地移植和保存,节省了人力、物力和财力。但数学计算结果的可靠性又依赖于实物模型试验资料的验证,其发展与改进也必须以实物模型试验结果为依据。数值模拟和实物模型试验互为补充,相得益彰。

在水利信息学中,数学模拟的范围很广,它可以用于分析、预报、优化、决策、控制等方面[3]。按模型的空间维数,它可以有零维、一维、二维、三维模型。按应用领域可分为水文模型、水力学模型、环境模型、生态模型、经济模型、资源模型、控制模型等,在水信息学中就是利用这些已有的手段来获取所需的信息。水利信息学发展到现在,数值模拟计算已经从一维、二维进入三维,从势流进入漩涡运动,从层流发展到紊流模拟,从恒定流进入非恒定流,从单相水流到固、液两相流再到固、液和气三相流体,从大范围流动到水流内部机理都有所涉及[4]。

明渠非恒定流是一种具有自由水面的波动现象,属于重力波范畴,起主要作用的力是惯性力、重力和摩擦阻力[5]。作为一种长波,在分析其波动时,必须考虑阻力的影响,其基本方程是非线性的[6-7]。在明渠非恒定流基本方程的求解中,通常将波动归纳为渐变(河道中的洪水波)和急变(涌潮等)非恒定流两种基本形式,选择不同的计算方法进行求解[8]。计算机出现以前,在实际应用中都采用简化计算,形成半经验和半理论的水文学方法,如相应水位(流量)法、马斯京根流量演算法。数值计算方法出现后,产生了许多求解圣维南(Saint-Venant)方程组的数值方法,按离散的基本原理可分为特征线法、有限差分法、有限元法、有限体积法和有限分析法等。上述方法各有特点,在工程实践中都得到了应用。总体而言,上述离散求解方法都是首先把整个计算区域划分成许多小块或网格,然后在这些小块或网格上把微分方程变成代数方程,再把小块或网格上代数方程汇合成总体代数方程组,最后在一定的初边值条件下解此方程组,得到求解区域内各节点上的物理量。数值模拟的正确性和精确度取决于网格剖分、方程离散、初边值条件和代数方程组求解这几个过程。本书第 2 章对目前在计算流体力学中应用最为广泛的有限差分法和有限体积法进行详细的介绍。目前,一维明渠非恒定流已有通用的程序包,并且比较成熟,包括河网、分汊河道洪水波演进[9]、电站日调节非恒定流[10]等均可以计算,采用的计算方法以特征线法和有限差分法为主。

由于水利枢纽上、下游,水库与河道地形变化,河口潮汐,湖泊风波,排污环境问题需要进行二维计算[11],二维非恒定流计算也获得了较快的发展,采用的计算方法以有限差分法和有限体积法为主。

与以圣维南方程组描述的明渠非恒定流所取得的丰硕成果相比,对以纳维-斯托克斯方程(N-S 方程)描述的紊流模型却一直困扰着力学界,研究进展缓慢。紊流是一种高度复杂的三维流动。虽然能利用 N-S 方程求解得出紊流在某一瞬时的运动情况,但对工程而言并无实际意义,实际上往往采用系综平均的 N-S 方程来描述工程物理学问题中遇到的紊流运动。1895 年,雷诺(Reynolds)首次将统计平均的概念引入紊流研究中,推导出了著名的雷诺方程,为以后的研究奠定了理论基础,但这样处理后的方程组不封闭,不能求解。此后的一个多世纪,人们沿着雷诺平均的思路结合具体的工程,寻找适合应用的封闭方程,逐渐形成了零方程模型、单一方程模型、双方程模型、应力输运方程模型以及代数应力模型等。这些紊流模型都是为了解决某一实际工程问题而提出的经验性或半经验性的补充方程,对于非定常紊流和复杂几何紊流(特别是分离流)的预测是很不准确的,特别在以下领域紊流模型的预测方法几乎是无能为力的[12]:①紊流的转捩;②非定常紊流;③噪声和高速紊流的预测。随着计算技术在流体力学其他方面应用取得的巨大成功,目前,人们寄希望于新的计算理论和计算机技术的产生和发展,对紊流的数值模拟充满信心。

1.2　枢纽发电、泄洪、通航联合优化调度问题

水电能源是清洁的可再生能源,是替代化石能源,实现节能减排目标的主要清洁能源之一。相比于其他可再生资源的开发,水电站成本低、规模大、调节性能强,具有突出的经济优势[13]。目前,在可再生能源中,水电能源所占的比重高达 85%。我国水能资源丰富,约占世界水能资源总量的 1/6,居世界第一位。我国的河流众多,蕴含大量的水能。据科学估算,我国河流的水电储备量为 6.944 亿 kW,全部开发后,年发电量预估为 60 829 亿 kW·h[14-15]。水电能源凭借独特的优势,已成为我国目前可开发程度最高、技术相对成熟的清洁可再生能源[16]。

随着我国水力发电需求的增加,非常有必要制订水库优化调度方案来合理利用水电资源。但是,在满足水电站经济需求的同时,不可避免地会面临一系列安全风险和挑战[17]。几十年来,许多学者对水库群的最佳运行进行了许多的研究[18-22]。同时,开发了一些有效和实用的水库优化模型和算法[23-27]。其中,考虑通航能力的水库调度方案研究相对较少,在水库运行过程中有时会出现下游流量不稳定或过大的情况,这将导致水库下游河段的水位、流量和流速产生不可预知的变化[28]。此外,由于某些河段的地形特征,将出现非常复杂的流场情况并严重阻碍船舶航行。

水库的日常调度对船舶的通航情况影响显著。以三峡工程为例,三峡水电站由于调峰需求,下游产生非恒定流,对三峡至葛洲坝间河道的船舶通航造成极大的阻碍[29-31],影响因素主要体现在:第一,水库调峰引起水位变化剧烈,急涨急落,对河道航运产生不良的影响,并且水位变幅值过大,超过了设计标准,导致靠岸停泊的船舶无法正常装卸货物;第二,水库下泄流量过大导致部分河段产生了具有较大流速的水流,水流湍急,不利于船舶安全驾驶;第三,因为水位频繁变化,河道流场变化复杂,流态不稳定,航道部分区域的通航条件(如水位、航宽、转弯半径等)无法满足船舶的通航需求。另外,金沙江中上游的一些特大水利枢纽在联合调控和安全运行过程中也遇到了类似的通航问

题，作为金沙江的最后一级电站的向家坝水电站[32-33]，在枯水期时，由于金沙江上游入库径流流量相对较小，电站的平均出力较小，在这个过程中，电站通常承担着电网调峰的任务，进而导致下游河道流量变幅巨大，下游河道通航条件恶化，严重地影响了向家坝水库的船舶通航。而在丰水期时，为了达到发电效益最大化的目的，水库下泄流量会较大，导致下游引航道口门区的部分水域存在着流速超标的现象，并且这区域的波浪较大，流态紊乱，不利于航行。根据《金沙江向家坝水电站永久通航水力学模型试验研究报告》显示，当下泄流量在 11 764～14 000 m³/s 时，下游引航道口门区流域的流速基本接近或超过 3～4 m/s，已经对船舶通航造成了较大的困难。当下泄流量大于 14 000 m³/s 时，口门区会产生纵、横向流速都较大的水流，船舶通过引航道难度很大。因此，水库经济运行需要同时考虑发电和航行需求。

水库发电、泄洪、调峰等运行工况和近坝河道水力过程有着密切的关系。水库运行时，因泄流量大，调峰调频等需要，通航河道通常会产生复杂的水力现象，如水位急涨急落、水流湍急等现象，严重影响船舶通航。另外，当前水库发电-通航调度运行主要依靠运维人员的工作经验，而对于船舶驾驶员而言，并没有有效的指导建议，主要靠驾驶经验和现场的实时判断来安全通过航道，科学性不强。因此，需要研究电站面临的调度管理问题和多方面需求，分析影响通航能力的水力要素，提出可以有效评估和量化通航能力的方法，并将其运用到水库发电-通航联合优化调控的问题中，开展向家坝发电-通航多目标优化调度模型的研究，并在此基础上分析发电效益和通航效益之间的协调关系。这对提高水电站智能高效管理运行水平，提高水能高效利用率，推动清洁能源开发利用，具有重大意义和价值。

1.3 水库优化调度发展回顾

国外关于水电站优化调度模型的研究起步较早，1946 年美国人 Mase 最早把优化调度概念引入水电站调度领域。1985 年 Yeh 提出了以经济效益最大为目标、水电站库容和下泄流量为决策变量的单一水电站的优化调度线性规划模型[34]；随后，研究学者[35-37]尝试运用空间分解和时间分解等分解技术将单库线性规划模型拓展到多库模型；Hall 和 Shephar[38]依据模型分解思想将多库问题分解为一个主问题和副问题，建立了主问题为线性规划模型、副问题为动态规划模型的动态规划和线性规划的混合模型；Becker 和 Yeh[39]则反其道而行，将线性规划模型嵌入动态规划模型中，建立了混合动态规划和线性规划模型，并成功应用于加拿大中谷工程的优化调度中。另一批学者[40-43]则从优化调度模型中参数的不确定性方面考虑，如径流的不确定性，将确定性线性规划模型拓展至随机线性规划模型。Loucks[44]考虑入库径流的随机性和周期，以入库流量或库容为马尔可夫过程的状态变量，建立了单一水电站的随机马尔可夫线性规划模型；Eisel[45]在此基础上将马尔可夫过程的状态变量拓展为入库流量和库容两个变量；Revelle 和 Kirby[46]则考虑将随机规划理论引入水电站优化调度领域，提出水电站优化调度的机会约束线性规划模型，并在模型中首次提出了水电站优化调度线性决策规则；早期的线性决策规则仅包含水电站的库容、决策参数和入库流量，随后研究学者将天然径流[47]、蒸发损失[48]等引入水电站优化调度线性决策规则中，并在理论研究和实际工程应用过程中不断改进完善[49-52]。水电站优化调度的线性规划模型，主要通过分段线性化、一阶泰勒展开、迭代计算等方法将模型的目标和约束条件线性化。但实际水电站优化调度模型呈现非凸、非线性，目标和约束的线性化对模型进行了简化，难以反映实际的工程情况。因此，研究学者在研究线性规划模型的同时，也在尝试其他方面的建模研究。1957 年 Bellman[50]提出动态规划（dynamic programming，DP）方法后，DP 被广泛应用于水电站优化调度的建模求解中[51]。以 DP 为框架的水电站调度模型在本质上区别不大，不同的动态规划模型区别主要体现在状态变量和决策变量的选取、阶段的时段长度、状态变量的连续和离散及决策变量的离散程度。虽然动态规划模型能够较为完整地保留水电站优化调度模型的特性，但动态规划模型在求解梯级水电站优化调度问题时存在"维数灾"问题。因此，研究学者在动态规划模型研究中多专注于解决"维数灾"问题，迭代动态规划（iterative dynamic programming，IDP）[52-53]、离散微分动态规划（discrete differential dynamic programming，DDDP）[54]、逐次逼近增量动态规划（incremental dynamic programming with successive approximations，IDPSA）[55]等模型相继被提出。动态规划可将优化模型的非线性和随机性转换为动态规划方程，且能将复杂多变量优化问题分解为可递归求解的一系列子问题，但动态规划模型需要目标与约束无后效性，当涉及水电站数目增多时，"维数灾"问题使得模型难以求解，且动态规划模型求解精度受决策变量离散程度限制较大。此外，还有专家指出，由于水电站优化调度问题的复杂性和目标间的不可公度性，线性规划、动态规划模型等数学规划模型在建模求解时存在不同程度的简化[56]。因此，部分专家通过模拟技术模拟水电站优化调度行为，并用数学描述方法最大可能还原水电站优化调度模型的特征，建立了水电站优化调度模拟模型。最早的模拟模型由美国陆军工程兵团提出，以梯级水电站发电量最大为目标，构建了密苏里河六库梯级水电站模拟模型[57]；随后，HC-3 和 HEC5 模型[34]、SIM I 和 SIM II 模型[58]、阿肯色流域模型[59]、TVA 模型[60]、Acres 模型[61]等模拟模型相继被提出。在模拟模型中，水电站下泄流量一般由事先决策的运行规则确定，Lund[62]在总结前人提出的模拟模型及其应用成果的基础上，提出了并联和串联梯级水电站运行的一般性准则，并成功应用于实际水电站的优化运行中。虽然模拟模型在实际工程中应用广泛，但有专家指出识别复杂梯级水电站的调度规则仍然是一件具有挑战性的工作，并提出了模拟模型和优化模型相结合的混合模型解决该问题[61]。Tejada-Guibert 等[63]对比了随机动态规划模型（stochastic dynamic programming，SDP）和 SDP-模拟模型混合模型的优化效果，结果表明 SDP-模拟模型能够获取更优的调度准则。Randall[64]提出了混合模拟和整数线性规划模型（mixed integer linear programming，MILP），用于解决加利福尼亚阿拉米达地区长距离供水规划问题。最近几十年，随着智能算法的兴起与发展，模拟模型混合智能优化算法的模型也相继涌现，如混合模拟-遗传算法模型[65]、PSO-MODSIM 模型[66]、VENSIM 模型[67]、PowerSim 模型[68]等。

我国关于水电站优化调度模型的研究起步较国外稍晚，20 世纪 60 年代初国内学者首先通过翻译《运筹学在水文水利计算中的应用》[69]《动态规划理论》[70]等外文专著，将水电站优化调度研究领域引入国内；谭维炎等[71]综述了国外单一水电站长期调度的研究动态，并在随后提出了多年调节水电站最优调度的随机动态规划模型，该模型提出了计算水电站各种运行特征概率分布的演算方法，引入罚函数以满足供电保证率的要求，并初步尝试应用于西南地区龙溪河梯级水电站优化调度中。然而，水电站优化调度理论成功应用于实际工程已是 20 年后，1981 年，张勇传等[72]将径流时段间相关性以及水文预报引入水电站优化调度模型，提出了调度面形式的调度图编制方法，并成功应用于柘溪梯级水电站优化调度中，据统计 1979～1980 年柘溪梯级水电站通过开展水电站优化调度，增发电量 1.3 亿 kW·h，取得了巨大的经济效益。随后，张勇传和邴凤山[73]提出水电站优化调度凸规划的概念，推导了优化问题的凸性条件，并通过实际计算证明水电站优化调度、水电机组经济负荷优化分配等问题具有凸性质而可作为凸动态规划求解；在同一时期，施熙灿等[74]提出了在相邻时段径流相关性和面临时段径流预报信息缺失条件下，考虑保证率约束的水电站优化调度马氏决策规划模型，并针对枫树坝水电站的优化调度开展了实例研究；李寿声等[75]从水库调度实际问题分析入手，建立了解决多种水源分配的水库最优引水量问题非线性规划灌溉模型；王厥谋[76]从水电站防洪保护的角度考虑，以汉江中下游防洪保护为总体目标，建立了以多种罚函数和为模型目标的丹江口水库的防洪优化调度模型；张玉新和冯尚友[77]以综合性水库的多目标分析入手，提出了多维决策多目标动态规划模型，并用于解决丹江口水库实际面临的发电和供水目标冲突的问题；陈守煜和赵瑛琪[78]在模糊集理论的基础上，提出了水电站优化调度方案系统层次分析模糊优选模型。90 年代后，随着我国水利建设事业的蓬勃发展，大量水利工程兴建投运，促进了我国水电站优化调度理论的快速发展。随着大量实际工程问题的涌现，水电站优化调度理论也由理论研究逐步拓展至以解决实际工程问题为目的理论结合实际的研究。在理论研究方面，董子敖和李英[79]以分级优化控制思想为指导，提出了大规模水电站群优化补偿调节调度模型；梅亚东[80]将河道洪水演进方程引入水电站优化调度模型，并针对模型存在的后效性，提出了多维动态规划近似解法和有后效性动态规划逐次逼近算法，实现了模型的高效求解；周建中等[81]从流域整体角度出发，建立了以发电量最大为目标的流域大规模水电站群分区优化调度模型；魏加华等[82]提出了年、月、旬自适应水量调度模型框架，建立了多尺度、多用户复杂条件下的流域水量调度模型；实际工程应用方面，邹鹰和宋德敦[83]以水电站防洪任务为出发点，充分考虑水库泄流与区间洪水的遭遇组合，建立了兼顾水库下游防洪控制对象以及水库自身防洪安全的水库防洪优化设计模型；李玮等[84]针对有下游防洪补偿任务的水电站，提出了基于预报和库容补偿的水库群联合防洪调度模型；黄强和沈晋[85]结合黄河干流水电站联合调度存在的实际问题，提出了水电站优化调度的多目标多模型系统；王学敏等[86]从河流生态修复的角度出发，提出了以发电量最大为发电目标、以生态溢缺水量最小为生态目标的生态友好型多目标发电优化调度模型，为三峡梯级制定面向生态修复的调度策略提供科学的决策依据；Wang 等[87]则针对珍稀物种中华鲟汛末在葛洲坝下游繁殖的生态需求，以中华鲟物理栖息地加权可用面积最大为生态目标、三峡电站汛末控制水位最高为发电目标，建立了面向水生生物保护的多目标生态调度模型；练继建等[88]针对香溪河春季水华事件频发的生态问题展开研究，建立了抑制河道水华突发的水库优化应急调度模型；欧阳硕等[89]则针对长江上游汛末面临的联合竞争性蓄水问题，提出了基于联合汛末蓄水规则和 K 值判别法的梯级水电站群联合蓄水调度模型；刘俊萍等[90]为协调汉江梯级水电站发电量和航运目标的矛盾，建立了汉江上游梯级发电-航运多目标调度模型；郭旭宁等[91]提出了基于模拟-优化模式的水电站联合供水调度模型，实现了梯级水电站供水任务的最优分配。韩宇平等[92]综合考虑河道生态用水需求以及区域工农业用水需求，建立了最大化可用水量的水电站供水调度模型。

纵观国内外水电站优化调度模型研究历程，20 世纪 80 年代以前，水电站优化调度模型研究多专注于模型的数学建模与求解，研究以国外学者为主，线性规划模型、动态规划模型、非线性规划模型以及模拟模型等水电站优化调度模型相继提出，基本奠定了水电站优化调度模型的理论框架。但受模型求解方法的限制，所建模型存在一定的假定，难以充分反映实际水电站优化调度的复杂性。80 年代后，随着智能优化求解技术及计算机科学的发展，水电站优化调度模型研究朝着精细化、实际化发展。特别是 90 年代后，随着我国水电事业的蓬勃发展，大量面向实际工程问题的水电站优化调度模型涌现，发电、防洪、生态、供水、航运等针对特定目标及多目标协同优化的模型层出不穷，我国水电站优化调度建模理论已逐步走向世界先进水平。虽然我国在水电站优化调度建模理论方面取得丰硕的成果，但工程应用中理论与实际仍然存在脱节的现象，梯级水电站间径流的枯汛槽蓄效应、水电站水能精细化计算方法、入库径流坦效应化对调度模型精度影响、河流动力过程对水电站库容的影响等水电站优化调度精细化建模面临的实际问题尚需进一步探讨。

1.4 水库通航优化调度发展回顾

水库通航优化调度问题的解决，不仅需要提前获取精确的水力要素数据，还需要有效合理的通航能力评价方法。本节将从水利工程中水力要素测量方法和通航评估方法两个方面对国内外研究进展进行概述。

1.4.1 水利工程中水力要素测量方法的研究进展

大型水利枢纽运行时，因泄流量大，调峰调频等需要，河道通常会产生复杂的水力现象。目前，研究水利工程中水力要素测量方法主要是物理模拟和数值模拟。

物理模拟即通过一定比例建立物理模型，从而完成水力现象的模拟，其实验效果直观明显，可靠度较高。舒荣龙等[93]通过 1：110 正态水力学模型试验和船舶航行实验，得到了三峡电站汛期调峰各种工况下的水力要素数据，如水位日变幅、水位小时变幅、最大流速和最大比降，探究了三峡电站调峰工况下对下游航运的影响。母德伟等[94]通过向家坝水电站物理模型试验和船模试验，分析了由水库日调节所产生的非恒定流的传播特性，得出了船舶安全通航需要满足的最大小时变幅和最大日变幅的水位变化条件。但其模拟程度通常受到试验手段和比例尺大小的限制，而且实施工程量较大，成本较高，试验时间和周期也较长，缺乏一定的通用性和灵活性；相反，数值模拟的方法可以弥补物理模拟的不足，数值模拟通常使用水动力模型对河道水力现象进行模拟，可以提供大量水力指标的具体数值，灵活性较高，便于改进和应用，并且可以缩减完成模拟所需的时间和成本。

船舶通航受到水力要素不确定性的影响，而这种水力要素不确定性正是由水库发电等运行工况引起的。因此，很多学者为了探究水库发电运行工况对通航能力的影响，使用水动力模型来模拟和分析河流水力因素的变化情况，如水位、流量、流速、水力梯度等要素。其中，一维水动力模型常被用于分析下泄流量与下游水位之间的关系[95]。该模型可以准确地模拟出不同流量情况下每个河流断面的精确水位，进而计算出该断面的水位小时变幅和日变幅，保障了船舶的通航条件。Shang 等[96]使用一维非恒定流水动力模型模拟了小南海水电站在日调度情况下的水位变化情况，并且评估了下游的船舶通航能力，提出了一种实用的中小水电站下游河道通航能力评价方法。尽管一维水动力模型可以分析水位变化对通航能力的影响，但它无法模拟河道中复杂的流场情况。因此，便有学者采用二维或三维水动力模型模拟河道二维或三维空间中的水位、流量、流速等水力要素，并探究水库运行与水库通航之间的关系。姚仕明[97]采用二维和三维水动力模型对坝间河道水位、流速分布等进水力要素进行了模拟，为研究河道水流条件和改善通航条件提供了数据支持。李肖男等[98]采用三维水动力学模型，针对金沙江水库的水流流态进行模拟，研究了水深、流速、平面流场和弯道的环流结构等水力要素，分析了不同出流边界条件下的河道碍航流态，其结果可为金沙江梯级水库群联合优化调度提供指导意见。

1.4.2 通航评估方法的研究进展

定义和量化水库的通航能力是水库通航优化调度的前提，并且也是评估水库运行对通航影响的基础。目前关于通航调度问题的研究，主要包括船舶航运效益、改进船闸的运行模式、节省航运和船闸的运行成本等方面，但考虑水库调度过程对船舶通航的影响，并且考虑水库综合效益的研究较少。

国内外学者关于如何评估通航效益展开了很多研究，其中包括通过水库船闸操作模式的改进，来获取更高的通航效益的研究[99]，这在一定程度上定义和量化了水库通航能力，使通航目标可以整合到优化模型中。Ji 等[100-101]、Yuan 等[102]使用船舶的加权总延误时间作为通航目标，来解决船闸调度问题；并为了最大化通航效益，将非支配排序遗传算法用于优化船闸的操作模式和船舶通过船闸优先次序上，研究结果表明通过改变船闸运行模式，可以缩短船舶在船闸的等候时间，提高闸室利用率，并且可以确保船舶的运输安全。然而，该方法主要针对船闸的通航效率和操作模式，并没有考虑水库的运行效果和影响，也没有全面考虑水库的多重效益。

因此，为了综合考虑水库的运行调度对通航的影响，探究水库其他多种效益和通航效益之间的关系，需要将水库调度模型中的水力要素和通航的实际情况相关联，探究不同水库运行工况下水力要素对通航的具体影响。但是，影响河道通航情况的水力要素有很多，比如河道水位变幅、流量变幅、水面流速、波浪浪高、水面比降等。其中，不同水力要素对通航能力的影响也比较复杂，较难分析。Ackerman 等[103]基于一维水动力模拟的结果，使用具有不同加权因子的水位变幅和流量变幅这两个物理量之和作为通航目标，很好地模拟了水位和流量对通航的影响情况，并在发电过程中控制通航水位，提高了通航效益。Wang 和 Zhang[104]提出了一种考虑通航需求的单目标优化模型（以最大发电量为目标），在水库发电调度的同时考虑了流量变幅对通航的影响，并将其作为约束条件代入优化模型中。王永强等[105]建立了以水位日变幅、水位小时变幅和水面坡度为通航约束条件，以日发电量最大为目标的单目标优化模型，制订出了在满足通航条件下最大日发电量的经济运行方案。马超[106]利用多个水力要素（流速、水面坡降、水位日变幅和水位小时变幅）的综合影响来评估河道的通航性，在通航能力无法详细评估的情况下，将通航能力定义为 0（不满足通航要求）或 1（满足通航要求），并建立了兼顾航运需求的三峡—葛洲坝梯级水电站短期优化调度模型，制订了符合通航要求和电力调度需求的水库运行方案。Liu 等[107]使用通航保证率来量化通航目标，该方法与防洪目标相结合，满足了水库多重效益的要求，取得了良好的效果。牛文静等[108]提出使用水库下游水位方差作为评价通航能力的指标，建立了耦合通航和电站调峰的多目标优化模型，通过实例验证，表明该方法是一种合理有效的评价方法。张睿等[109]建立了以最小下泄流量最大为通航目标和以梯级总发电量最大为发电目标的多目标优化调度模型，为通航目标的选取和水库优化调度问题的求解提供了一种新思路。王学敏[110]使用水库下泄流量分析了水库调度对通航的影响程度，基于数据统计的方法，研究三峡库区不同年份船闸的运行闸次，通过船闸的船舶数量及其运货重量，将累计滞留载货作为通航能力的评价指标，并同时考虑水库发电、防洪、生态等其他运行需求，有效提高了水库的综合效益[111]。

综上所述，关于通航能力评估方法和电站综合效益的研究，都是通过研究分析水库调度对船舶通航的影响，构建考虑水库发电和通航效益的调度模型。然而，以上方法或模型至少具有以下缺点之一：①无法定义和量化通航目标，只将通航条件作为约束条件而非模型中的优化目标，获得的优化结果不能很好地反映通航效益；②通航目标的量化过于简化，无法准确地考虑某些水力因素对通航能力的复杂影响；③通航能力的评估方法没有考虑水流流速对船舶通航的影响，或者没有考虑各种水力因素（流速、水位等）对通航的综合影响；④只使用了单目标优化调度模型来分析水库通航和发电的综合效益，这在探索多个目标之间的关系时，具有很大的局限性。

1.5 枢纽库面拦排漂及安防技术与装备

漂浮物是水利工程普遍存在的治理难题，长江上中游特大水利枢纽控制流域面积大，汛期水量充足，地表垃圾等受雨洪冲刷后汇集河道内经常形成大量的各类漂浮物，其中夹杂有失控船只浮筒等危险品，在枢纽大坝拦蓄作用下一些漂浮物聚集在大坝前水面，对工程泄洪、发电、航运都造成直接影响，大面积水面垃圾污染水质、破坏景观、影响工程形象等，失控船只等大型危险漂浮物威胁水利枢纽安全运行。三峡及向家坝水利枢纽坝前漂浮物见图 1-1、图 1-2。

图 1-1　长江三峡水利枢纽坝前漂浮物

图 1-2　长江向家坝水利枢纽坝前漂浮物

国内外水利工程都存在漂浮物问题，国外工程这类问题出现不多，相关文献也较少，国内水利工程过去对漂浮物问题重视不足，采取的处理方式也较为简单，随水利工程建设加快与环境保护的要求加强，工程漂浮物问题凸显，为满足工程运行管理的需求，提高漂浮物处理的效率对工程十分必要。

漂浮物对水利工程影响主要表现在以下几方面。

（1）堵塞拦污栅、造成安全事故、降低工程直接效益。电站、泵站工程一般都在进水口设置拦污栅，在电站引流作用下漂浮物聚集在电站进水口拦污栅前，易造成堵塞，减小过流断面、影响发电水头、造成事故停机，降低工程直接效益，对工程安全运行构成威胁。为减轻漂浮物的影响需要在拦漂过程中清漂清污，进水口空间狭小操作受限，清漂会加剧拦污栅前漂浮物向水下扩展，堵塞加深，处理难度增加。汛期是工程发挥效益期，电站拦污栅咽喉部位堵塞对安全运行影响重大，排涝泵站行洪通道单一，拦污栅堵塞危及辖区防汛排洪，影响城市汛期安全。据有关资料，一些电站因拦污栅堵塞造成水头损失高达 3～8 m，最大约 12 m，有些电站出现拦污栅被压垮、堵塞机组等情况，不同电站情况差异较大。葛洲坝二江电厂曾受漂浮物影响拦污栅前后压差一般为 1～2 m，有时可达 2～4 m，多次造成停机发电；三门峡电站漂浮物水头损失最大达 3 m，每年因此而损失电量约 3×10^7 kW·h；福建沙溪口水电站因漂浮物造成年电能损耗达 2.4×10^7 kW·h；黄河盐锅峡电站拦污栅水头差曾高达 6.9 m，压垮拦污栅停机 600 h，损失电量 2×10^7 kW·h；天桥电站拦污栅水头差达 6.0 m，栅条被压断进入蜗壳造成停机 3 个月；乐滩电站拦污栅压差最大达 5 m，损失 1/4 额定水头，机组出力最大下降 60 MW，电站平均每天损失电量约 2×10^7 kW·h；漫湾电站拦污栅前后水位差最高达 5.4 m，为确保安全须限负荷运行。长江上中游特大型枢纽装机容量巨大，减小拦污栅水头损失可明显增加工程发电的直接效益。

（2）阻碍船舶航行，造成航运安全事故。长江上中游特大型枢纽一般有航运需要。航道上沿程分散的漂浮物阻碍船舶航行，漂浮物缠绕螺旋桨影响船舶安全，增加船舶修理维护费用，加大运输成本。汛期大量漂浮物还会损坏、损毁航标，危及航道安全。据三峡库区 2009 年 8 月 1～6 日统计，因漂浮物缠绕挂压导致 83 艘标志船、143 盏航标灯和 200 个航标标体损失。枢纽坝前拦截大量漂浮物对坝区引航道、船闸安全运行造成影响，需要及时清理。

（3）破坏生态环境、造成水安全事故。漂浮物由各种自然垃圾和人工废弃物组成，在水面堆积后容易腐烂，影响水环境和水质，在城市和景观水域内影响市容和旅游环境，影响生活取水及卫生。水葫芦等水浮植物大量聚集消耗水体中的溶氧量、阻碍水体的流动、抑制水生生物的生长、破坏河流生态环境，影响水产业。治理水环境是环境建设的重要组成部分，有效治漂既是工程直接需要，也是治理水环境的迫切要求。

（4）失控船只等大型危险漂浮物影响枢纽安全。水面大型漂浮物等危及枢纽及重要水域安全。葛洲坝多次发生失控船只漂流至禁航水域，甚至出现堵塞泄水闸影响工程泄洪情况。三峡工程蓄水期间也曾发生群体船只漂流事件。

治理漂浮物是水利枢纽长期任务，漂浮物特性复杂，水面环境恶劣，处理大量突发漂浮物是水利工程难题。为确保三峡库区水面清洁，2003 年在水库开始初期蓄水，国家制定了《三峡库区水面漂浮物清理方案》（国函〔2003〕137 号），要求库区沿岸市县及三峡枢纽管理单位对管辖水域开展清漂工作；之后在三峡后续工作规划中安排了库区沿途漂浮物清理措施。三峡库区漂浮物量大，组成多样，治理要求严格、难度大，自工程运行以来库区每年都投入大量人力物力清漂，受条件等限制在坝前还是经常出现大面积漂浮物聚集，影响工程整体观感。在长江其他已建的葛洲坝、向家坝、溪洛渡等枢纽都同样存在漂浮物治理问题，未来白鹤滩、乌东德枢纽运行过程中也需要解决漂浮物问题。

治理漂浮物包括拦、导、清、运等多方面环节，当前水利工程对漂浮物缺乏系统研究，对规律认识不足，没有充分发挥水力作用，采取的拦漂、人力船只清漂方式对河道漂浮物特性适应性不强，各环节相互独立，治理过程过多依靠人力或机械，设施易出现兜漂、漏漂、沉漂、毁坏、翻转、卡阻、堵塞等问题，不能在过程中联合运行，存在不安全、失控、低效等诸多实际问题，不易发挥长期稳定效果，难以满足工程发电、航运、泄洪、环保等多方面要求。

根据水利枢纽及电站（包括核电站）等工程治漂要求，大量清漂工作应避免局限在进口拦污栅前关键部位，需要探索新的治理方式，措施应具有针对性。过去对漂浮物运行与水力条件之间的关系缺少全面研究，开展相关研究可为工程治漂领域提供技术支撑，开发适用装备及应用示范可提升治漂效果。长江水利委员会长江科学院在承担三峡等工程漂浮物治理研究工作中，多次实地调研重点工程、典型河段漂浮物。河道漂浮物主要是随雨洪汇集形成，漂浮物组成、流动、分布、聚集、沉潜等特性与水力条件关系密切，根据漂浮物特性及河势特征，结合相关工程结构功能及治漂的实际需要，逐渐提出水力一体拦、导、聚（临时）、清（排、运、吊）治漂方式，在过程中实现因势利导一体化主动可控治漂，可形成长效稳定的综合治理漂浮物方式。

经多方案水力学模型试验，水力一体化治漂具有综合治理效果，开发形成的关键技术装备"水力一体治漂浮排"在三峡坝前库区木鱼岛水域及黄河三门峡电站，经多种运行条件检验获得拦、导、排一体化工程实用效果，在综合治理漂浮物的同时可为枢纽及工程关键水域构建安防屏障，设施兼顾航运需要。

参 考 文 献

[1] 许唯临. 水力学数学模型[M]. 北京: 科学出版社, 2010.

[2] 黄东, 郑国栋, 郑邦民. 明渠非恒定流的数值模拟[J]. 工程设计 CAD 与智能建筑, 1999(10): 16-19.

[3] 李嘉, 李桂芬, 刘树坤, 等. 水力学研究进展综述[C]. 中国水利学会专业学术综述(第五集), 2004: 52-67.

[4] 郑邦民, 赵昕. 计算水动力学[M]. 武汉: 武汉大学出版社, 2001.

[5] 麦赫默德, 叶夫耶维奇. 明渠不恒定流(第一卷)[M]. 林秉南, 戴泽蘅, 王连祥, 等, 译. 北京: 水利电力出版社, 1987.

[6] ABBOTT M B. Computational hydraulics-elements of the theory of free surface flow[M]. London: Pitman Pub. , 1979.

[7] 考蒂塔斯. 计算水力学基础[M]. 郝中堂, 杨德铨, 译. 北京: 水利电力出版社, 1987.

[8] 穆锦斌. 一维非恒定流若干问题研究[D]. 武汉: 武汉大学, 2004.

[9] 白玉川, 万春艳, 黄本胜, 等. 河网非恒定流数值模拟的研究进展[J]. 水利学报, 2000(12): 43-47.

[10] 龙启建, 李克锋, 汪青辽. 梯级电站联合调节非恒定流对枢纽间航运安全的影响[J]. 水利水运工程学报, 2011(3): 92-97.

[11] 张莉, 徐小明, 刘松涛. 平面二维明渠非恒定流的数学模型[J]. 水电能源科学, 2008, 26(6): 69-72.

[12] 方祥位, 李建中, 魏文礼. 紊流数值模拟的现状及进展[J]. 陕西水力发电, 2000, 16(1): 16-19.

[13] 王云珠. 我国可再生能源消纳制约因素分析及解决对策[J]. 煤炭经济研究, 2020(2): 4-11.

[14] 李锐, 杜治洲, 杨佳刚, 等. 中国水电开发现状及前景展望[J]. 水科学与工程技术, 2019(6): 73-78.

[15] 陈国平, 梁志峰, 董昱. 基于能源转型的中国特色电力市场建设的分析与思考[J]. 中国电机工程学报, 2020(2): 369-379.

[16] 覃晖. 流域梯级电站群多目标联合优化调度与多属性风险决策[D]. 武汉: 华中科技大学, 2011.

[17] 张睿, 张利升, 王学敏, 等. 金沙江下游梯级水库群多目标兴利调度模型及应用[J]. 四川大学学报 (工程科学版), 2016(4): 32-37.

[18] CASTELLETTI A, PIANOSI F, RESTELLI M. A multiobjective reinforcement learning approach to water resources systems operation: Pareto frontier approximation in a single run[J]. Water resources research, 2013, 49(6): 3476-3486.

[19] MAHOR A, RANGNEKAR S. Short term generation scheduling of cascaded hydro electric system using novel self adaptive inertia weight PSO[J]. International journal of electrical power & energy systems, 2012, 34(1): 1-9.

[20] WANG Y, ZHOU J, MO L, et al. Short-term hydrothermal generation scheduling using differential real-coded quantum-inspired evolutionary algorithm[J]. Energy, 2012, 44(1): 657-671.

[21] CAI X M, MCKINNEY D C, LASDON L S. Solving nonlinear water management models using a combined genetic algorithm and linear programming approach[J]. Advances in water resources, 2001, 24(6): 667-676.

[22] BARROS M, TSAI F, YANG S L, et al. Optimization of large-scale hydropower system operations[J]. Journal of water resources planning and management-ASCE, 2003, 129(3): 178-188.

[23] YUAN X, JI B, CHEN Z, et al. A novel approach for economic dispatch of hydrothermal system via gravitational search algorithm[J]. Applied mathematics and computation, 2014, 247: 535-546.

[24] YUAN X, ZHANG Y, WANG L, et al. An enhanced differential evolution algorithm for daily optimal hydro generation scheduling[J]. Computers & mathematics with applications, 2008, 55(11): 2458-2468.

[25] CHENG C, LIAO S, TANG Z, et al. Comparison of particle swarm optimization and dynamic programming for large scale hydro unit load dispatch[J]. Energy conversion and management, 2009, 50(12): 3007-3014.

[26] ZHANG X, LUO J, SUN X, et al. Optimal reservoir flood operation using a decomposition-based multi-objective evolutionary algorithm[J]. Engineering optimization, 2019, 51(1): 42-62.

[27] MO L, LU P, WANG C, et al. Short-term hydro generation scheduling of Three Gorges-Gezhouba cascaded hydropower plants using hybrid MACS-ADE approach[J]. Energy conversion and management, 2013, 76: 260-273.

[28] 蔡新永, 蔡汝哲, 李晓飚, 等. 向家坝非恒定流对航道通航条件影响的试验研究[J]. 水运工程, 2017(2): 77-82.

[29] 马方凯, 盛佳, 饶光辉, 等. 三峡上游衔接梯级日调节非恒定流对航运影响范围研究[J]. 中国水运

(下半月), 2013(12): 20-21.

[30] 傅湘, 纪昌明. 三峡电站日调节非恒定流对航运的影响分析[J]. 武汉水利电力大学学报, 2000(6): 6-10.

[31] 黄小利, 郭志学, 陈日东. 基于日调节非恒定流影响的长江叙渝段最不利通航水位数值模拟[J]. 水电能源科学, 2016(12): 78-82.

[32] 蔡创, 陈里, 蔡汝哲, 等. 向家坝水电站施工大桥船模通航指数模拟分析[J]. 重庆交通大学学报(自然科学版), 2009(4): 763-767.

[33] 蒋军, 付晓娜, 师国平. 金沙江向家坝库区运输模式比较[J]. 水运管理, 2017(3): 9-12.

[34] YEH W W G. Reservoir management and operations models: A state-of-the-art review[J]. Water resources research, 1985, 21(12): 1797-1818.

[35] PARIKH S. Linear decomposition programming of optimal long range-operation of a multi-purpose reservoir system Rep. ORC 66-28Oper. Res. Center[D]. Berkeley: University of California, 1966.

[36] MEIER W L, BEIGHTLER C. An optimization method for branching multistage water resource systems[J]. Water resources research, 1967, 3(3): 645-652.

[37] ROEFS T G, BODIN L D. Multireservoir operation studies[J]. Water resources research, 1970, 6(2): 410-420.

[38] HALL W, SHEPHARD R. Optimum operations for planning of a complex water resource system[J]. Water resource center contrib, 1967, 122.

[39] BECKER L, YEH W W G. Optimization of real time operation of a multiple-reservoir system[J]. Water resources research, 1974, 10(6): 1107-1112.

[40] MANNE A S. Product-mix alternatives: flood control, electric power, and irrigation[J]. International economic review, 1962, 3(1): 30-59.

[41] CHEN L, SINGH V P, LU W, et al. Streamflow forecast uncertainty evolution and its effect on real-time reservoir operation[J]. Journal of hydrology. 2016, 540: 712-726.

[42] LOUCKS D P. Computer models for reservoir regulation[J]. Journal of the sanitary engineering division, 1968, 94(4): 657-670.

[43] REVELLE C, JOERES E, KIRBY W. The linear decision rule in reservoir management and design: 1, Development of the stochastic model[J]. Water resources research, 1969, 5(4): 767-777.

[44] LOUCKS D P. Some comments on linear decision rules and chance constraints[J]. Water resources research, 1970, 6(2): 668-671.

[45] EISEL L M. Chance constrained reservoir model[J]. Water resources research, 1972, 8(2): 339-347.

[46] REVELLE C, KIRBY W. Linear decision rule in reservoir management and design: 2. performance optimization[J]. Water resources research, 1970, 6(4): 1033-1044.

[47] NAYAK S C, ARORA S R. Linear decision rule: A note on control volume being constant[J]. Water resources research, 1974, 10(4): 637-642.

[48] LOUCKS D P, DORFMAN P J. An evaluation of some linear decision rules in chance-constrained

models for reservoir planning and operation[J]. Water resources research, 1975, 11(6): 777-782.

[49] HOUCK M H, DATTA B. Performance evaluation of a stochastic optimization model for reservoir design and management with explicit reliability criteria[J]. Water resources research, 1981, 17(4): 827-832.

[50] BELLMAN R. Dynamic programming and Lagrange multipliers[J]. Proceedings of the national academy of sciences, 1956, 42(10): 767-769.

[51] ZHAO T, ZHAO J, LEI X, et al. Improved dynamic programming for reservoir flood control operation[J]. Water resources management. 2017, 31: 2047-2063.

[52] ZHAO T, ZHAO J. Improved multiple-objective dynamic programming model for reservoir operation optimization[J]. Journal of hydroinformatics. 2014, 16: 1142-1157.

[53] FENG Z, NIU W, ZHOU J, et al. Multiobjective operation optimization of a cascaded hydropower system[J]. Journal of water resources planning and management. 2017, 143(10): 1-11.

[54] HEIDARI M, CHOW V T, KOKOTOVIĆ P V, et al. Discrete differential dynamic programing approach to water resources systems optimization[J]. Water resources research, 1971, 7(2): 273-282.

[55] GILBERT K C, SHANE R M. TVA hydro scheduling model: theoretical aspects[J]. Journal of the water resources and planning and management division, 1981: 108.

[56] HECTOR M S, MANUEL P V. Inferring efficient operating rules in multireservoir water resource systems: a review[J]. Wiley Interdisciplinary reviews: water, 2020, 7(1): 1-24.

[57] ZHANG X, LUO J, SUN X, et al. Optimal reservoir flood operation using a decomposition-based multi-objective evolutionary algorithm[J]. Engineering optimization. 2019, 51(1): 42-62.

[58] EVENSON D E, MOSELEY J C. Simulation/optimization techniques for multi-basin water resource planning[J]. JAWRA journal of the American water resources association, 1970, 6(5): 725-736.

[59] COOMES R T. Regulation of arkansas basin reservoirs[C]. Reservoir Systems Operations, ASCE, 1979: 254-265.

[60] GILES J E, WUNDERLICH W O. Weekly multipurpose planning model for TVA reservoir system[J]. Journal of the water resources planning and management division, 1981, 107(2): 495-511.

[61] SIGVALDSON O. A simulation model for operating a multipurpose multireservoir system[J]. Water resources research, 1976, 12(2): 263-278.

[62] LUND J R, GUZMAN J. Derived operating rules for reservoirs in series or in parallel[J]. Journal of water resources planning and management, 1999, 125(3): 143-153.

[63] TEJADA-GUIBERT J A, JOHNSON S A, STEDINGER J R. Comparison of two approaches for implementing multireservoir operating policies derived using stochastic dynamic programming[J]. Water resources research, 1993, 29(12): 3969-3980.

[64] RANDALL D, CLELAND L, KUEHNE C S, et al. Water supply planning simulation model using mixed-integer linear programming "engine"[J]. Journal of water resources planning and management, 1997, 123(2): 116-124.

[65] SUIADEE W, TINGSANCHALI T. A combined simulation-genetic algorithm optimization model for

optimal rule curves of a reservoir: a case study of the Nam Oon irrigation project, Thailand[J]. Hydrological processes, 2007, 21(23): 3211-3225.

[66] SHOURIAN M, MOUSAVI S, TAHERSHAMSI A. Basin-wide water resources planning by integrating PSO algorithm and MODSIM[J]. Water resources management, 2008, 22(10): 1347-1366.

[67] CABALLERO Y, CHEVALLIER P, GALLAIRE R, et al. Flow modelling in a high mountain valley equipped with hydropower plants: Rio Zongo Valley, Cordillera Real, Bolivia[J]. Hydrological processes, 2004, 18(5): 939-957.

[68] VARVEL K, LANSEY K. Simulating surface water flow on the upper Rio Grande using PowerSim 2001[C]. SAHRA-NSF science and technology center for sustainability of semi-arid hydrology and riparian areas, second annual meeting, University of Arizona, USA, 2002.

[69] 卡特维利施维利. 运筹学在水文水利计算中的应用[M]. 中国科学院力学研究所运筹室, 等, 译. 北京: 科学出版社, 1960.

[70] BELLMAN R, 黎国良, 马麟浚, 等. 动态规划理论[J]. 中山大学学报(自然科学版), 1961(1): 3-12.

[71] 谭维炎, 刘健民, 黄守信, 等. 应用随机动态规划进行水电站水库的最优调度[J]. 水利学报, 1982, 7: 2-7.

[72] 张勇传, 李福生, 杜裕福, 等. 水电站水库调度最优化[J]. 华中科技大学学报(自然科学版), 1981, 6: 49-56.

[73] 张勇传, 邴凤山. 凸动态规划与水电能源[J]. 水力发电学报, 1983, 3: 2.

[74] 施熙灿, 林翔岳, 梁青福, 等. 考虑保证率约束的马氏决策规划在水电站水库优化调度中的应用[J]. 水力发电学报, 1982(2): 1.

[75] 李寿声, 彭世彰, 汤瑞凉, 等. 多种水源联合运用非线性规划灌溉模型[J]. 水利学报, 1986(6): 12.

[76] 王厥谋. 丹江口水库防洪优化调度模型简介[J]. 水利水电技术, 1985(8): 54-58.

[77] 张玉新, 冯尚友. 多维决策的多目标动态规划及其应用[J]. 水利学报, 1986(7): 3-12.

[78] 陈守煜, 赵瑛琪. 系统层次分析模糊优选模型[J]. 水利学报, 1988(10): 40-42.

[79] 董子敖, 李英. 大规模水电站群随机优化补偿调节调度模型[J]. 水力发电学报, 1991(4): 1-10.

[80] 梅亚东. 梯级水库优化调度的有后效性动态规划模型及应用[J]. 水科学进展, 2000, 11(2): 194-198.

[81] 周建中, 张睿, 王超, 等. 分区优化控制在水库群优化调度中的应用[J]. 华中科技大学学报(自然科学版), 2014(8): 79-84.

[82] 魏加华, 王光谦, 蔡治国. 多时间尺度自适应流域水量调控模型[J]. 清华大学学报(自然科学版), 2006, 46: 1973-1977.

[83] 邹鹰, 宋德敦. 水库防洪优化设计模型[J]. 水科学进展, 1994(3): 167-173.

[84] 李玮, 郭生练, 郭富强, 等. 水电站水库群防洪补偿联合调度模型研究及应用[J]. 水利学报, 2007, 38(7): 826-831.

[85] 黄强, 沈晋. 水库联合调度的多目标多模型及分解协调算法[J]. 系统工程理论与实践, 1997(1): 75-82.

[86] 王学敏, 周建中, 欧阳硕, 等. 三峡梯级生态友好型多目标发电优化调度模型及其求解算法[J]. 水

利学报, 2013(2): 154-163.

[87] WANG C, ZHOU J, WANG X, et al. The ecological optimization dispatch of the Three Gorges reservoir considering aquatic organism protection[C]. Control, Automation and Robotics (ICCAR), 2015 International Conference on, 2015.

[88] 练继建, 姚烨, 马超. 香溪河春季突发水华事件的应急调度策略[J]. 天津大学学报(自然科学与工程技术版), 2013, 46(4): 291-297.

[89] 欧阳硕, 周建中, 周超, 等. 金沙江下游梯级与三峡梯级枢纽联合蓄放水调度研究[J]. 水利学报, 2013(4): 435-443.

[90] 刘俊萍, 黄强, 田峰巍, 等. 汉江上游梯级发电与航运的优化调度研究[J]. 水力发电学报, 2001(4): 8-17.

[91] 郭旭宁, 胡铁松, 黄兵, 等. 基于模拟-优化模式的供水水库群联合调度规则研究[J]. 水利学报, 2011(6): 705-712.

[92] 韩宇平, 阮本清, 解建仓, 等. 串联水库联合供水的风险分析[J]. 水利学报, 2003(6): 14-21.

[93] 舒荣龙, 陈桂馥, 杜宗伟, 等. 三峡电站汛期调峰对两坝间通航条件影响试验[J]. 重庆大学学报(自然科学版), 2005(11): 129-132.

[94] 母德伟, 王永强, 李学明, 等. 向家坝日调节非恒定流对下游航运条件影响研究[J]. 四川大学学报(工程科学版), 2014(6): 71-77.

[95] 刘志武, 王菁, 许继军. 应用一维水动力学模型预测三峡水库蓄水位[J]. 长江科学院院报, 2011(8): 22-26.

[96] SHANG Y, LI X, GAO X, et al. Influence of daily regulation of a reservoir on downstream navigation[J]. Journal of hydrologic engineering, 2017, 22: 050170108.

[97] 姚仕明. 三峡葛洲坝通航水流数值模拟及航运调度系统研究[D]. 北京: 清华大学, 2006.

[98] 李肖男, 李安强, 钟德钰, 等. 金沙江干流山区水库通航流态三维数值模拟研究[J]. 人民长江, 2018(13): 38-43.

[99] BUGARSKI V, BAČKALIĆ T, KUZMANOV U. Fuzzy decision support system for ship lock control[J]. Expert systems with applications, 2013, 40(10): 3953-3960.

[100] JI B, YUAN X, YUAN Y, et al. Exact and heuristic methods for optimizing lock-quay system in inland waterway[J]. European journal of operational research, 2019, 277(2): 740-755.

[101] JI B, YUAN X, YUAN Y. Orthogonal design-based nsga-iii for the optimal lockage co-scheduling problem[J]. IEEE transactions on intelligent transportation systems, 2017, 18(8): 2085-2095.

[102] YUAN X, JI B, YUAN Y, et al. Co-scheduling of lock and water-land transshipment for ships passing the dam[J]. Applied soft computing, 2016, 45: 150-162.

[103] ACKERMANN T, LOUCKS D P, SCHWANENBERG D, et al. Real-time modeling for navigation and hydropower in the River Mosel[J]. Journal of water resources planning and management-ASCE, 2000, 126(5): 298-303.

[104] WANG J, ZHANG Y. Short-term optimal operation of hydropower reservoirs with unit commitment and

navigation[J]. Journal of water resources planning and management-ASCE, 2012, 138(1): 3-12.

[105] 王永强, 母德伟, 李学明, 等. 兼顾下游航运要求的向家坝水电站枯水期日发电优化运行方式[J]. 清华大学学报(自然科学版), 2015(2): 170-175.

[106] 马超. 耦合航运要求的三峡-葛洲坝梯级水电站短期调度快速优化决策[J]. 系统工程理论与实践, 2013(5): 1345-1350.

[107] LIU Y, QIN H, MO L, et al. Hierarchical flood operation rules optimization using multi-objective cultured evolutionary algorithm based on decomposition[J]. Water resources management, 2018, 33(1): 337-354.

[108] 牛文静, 申建建, 程春田, 等. 耦合调峰和通航需求的梯级水电站多目标优化调度混合搜索方法[J]. 中国电机工程学报, 2016(9): 2331-2341.

[109] 张睿, 张利升, 覃晖, 等. 梯级水电站多目标兴利调度建模及求解[J]. 水电能源科学, 2016(6): 39-42.

[110] 王学敏. 面向生态和航运的梯级水电站多目标发电优化调度研究[D]. 武汉: 华中科技大学, 2015.

[111] 孔琼菊, 李友辉, 邓升, 等. 吉安白云山水库洪水资源化运用[J]. 排灌机械工程学报, 2019(8): 680-685.

第 2 章 枢纽水力学数学模型及求解算法

2.1 枢纽水力学数学模型

2.1.1 河道一维水力学数学模型

天然河道中的水流，几乎经常是不恒定的，当电站调峰运行时，加剧了水力要素的变化。明渠非恒定流一般采用圣维南方程组来描述，在推导该方程组时采用了以下假设：

（1）河床纵向比降较小；

（2）流速沿断面均匀分布，水面无横向比降；

（3）河道纵向弯度很小，可以忽略科里奥利（Coriolis）效应；

（4）河道岸线较规则，无岸边回流；

（5）无风剪切力作用。

在上述假定下，圣维南方程组可表述为以下两种方程。

连续性方程

$$\frac{\partial z}{\partial t} + \frac{1}{B}\frac{\partial Q}{\partial x} = 0 \tag{2-1}$$

运动方程

$$\frac{\partial Q}{\partial t} + \frac{\partial}{\partial x}\left(\frac{Q^2}{A}\right) + gA\frac{\partial z}{\partial x} + gA\frac{Q|Q|}{K^2} = 0 \tag{2-2}$$

式中：z 为水位；Q 为河段内流量，其中 $|Q|$ 是考虑到流向可正可负；x 为流程；t 为时间；B 为水面宽度；A 为河段断面面积；g 为重力加速度，一般取 9.81 m/s²；K 为对应的流量模数。

注意到 $\dfrac{\partial A}{\partial x} = \dfrac{\partial A}{\partial x}\bigg|_z + B\dfrac{\partial z}{\partial x}$ ，也可将上述运动方程表示为

$$\frac{\partial Q}{\partial t} + \left(gA - B\frac{Q^2}{A^2}\right)\frac{\partial z}{\partial x} + 2\frac{Q}{A}\frac{\partial Q}{\partial x} - \frac{Q^2}{A^2}\frac{\partial A}{\partial x}\bigg|_z + gA\frac{Q|Q|}{K^2} = 0 \tag{2-3}$$

式（2-1）和式（2-3）一起构成以 z 和 Q 为因变量的圣维南方程组。

上述圣维南方程组是一个拟线性双曲型偏微分方程组，目前数学上尚无法求出其普遍的积分形式，需结合水流初始条件和边界条件求解水位 z（或水深 h）、流量 Q（或流速 u）随时间和流程变化的关系：$z = z(x,t)$ [或 $h = h(x,t)$] 和 $Q = Q(x,t)$ [或 $u = u(x,t)$]。

2.1.2 平面二维水流数值模型

在弯道水流或洪泛区洪水演进模拟过程中，模型计算更多关注的是水平方向二维空间内水力要素的变化及分布规律，所以将水力参数沿垂直方向进行积分，取其平均水深，并假定沿水深方向的动水压强符合静水压强分布，忽略科里奥利效应的影响，得到二维浅水流动的质量和动量守恒控制方程。

连续性方程

$$\frac{\partial z}{\partial t} + \frac{\partial hu}{\partial x} + \frac{\partial hv}{\partial y} = \frac{\partial z_b}{\partial t} \tag{2-4}$$

x 方向动量方程

$$\frac{\partial hu}{\partial t} + \frac{\partial (hu^2)}{\partial x} + \frac{\partial (huv)}{\partial y} + gh\frac{\partial z}{\partial x} + \frac{gn^2 u\sqrt{u^2+v^2}}{h^{1/3}}$$
$$-\varepsilon\left[\frac{\partial^2 (hu)}{\partial x^2} + \frac{\partial^2 (hu)}{\partial y^2}\right] - C_w\frac{\rho_a}{\rho}w^2\cos\beta = 0 \tag{2-5}$$

y 方向动量方程

$$\frac{\partial hv}{\partial t} + \frac{\partial (huv)}{\partial x} + \frac{\partial (hv^2)}{\partial y} + gh\frac{\partial z}{\partial y} + \frac{gn^2 v\sqrt{u^2+v^2}}{h^{1/3}}$$
$$-\varepsilon\left[\frac{\partial^2 (hv)}{\partial x^2} + \frac{\partial^2 (hv)}{\partial y^2}\right] - C_w\frac{\rho_a}{\rho}w^2\sin\beta = 0 \tag{2-6}$$

式中：z_b 为水流底高程；h 为水深；z 为水位，$z = h + z_b$；u、v 分别为 x、y 方向的水流速度；ε 为流体运动黏性系数；ρ 和 ρ_a 分别为流体密度和大气密度；C_w 为无因次风应力系数；w 为风速；β 为风向与 x 方向的夹角；n 为曼宁糙率系数。

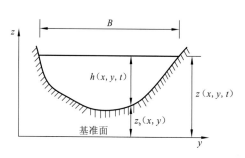

图 2-1 河道断面参数示意图

河道断面参数如图 2-1 所示。

在连续性方程中，当基准面取定后，z_b 是坐标的函数，与时间无关，因此式（2-4）中 $\frac{\partial z_b}{\partial t} = 0$。

在运动方程中，表面风应力通常影响较小，只对环流产生影响。因此，上述方程可以简化为以下形式。

连续性方程

$$\frac{\partial z}{\partial t} + \frac{\partial hu}{\partial x} + \frac{\partial hv}{\partial y} = 0 \tag{2-7}$$

x 方向动量方程

$$\frac{\partial u}{\partial t} + u\frac{\partial u}{\partial x} + v\frac{\partial u}{\partial y} + g\frac{\partial z}{\partial x} + \frac{gn^2 u\sqrt{u^2+v^2}}{h^{4/3}} = 0 \tag{2-8}$$

y 方向动量方程

$$\frac{\partial v}{\partial t}+u\frac{\partial v}{\partial x}+v\frac{\partial v}{\partial y}+g\frac{\partial z}{\partial y}+\frac{gn^2v\sqrt{u^2+v^2}}{h^{4/3}}=0 \qquad (2\text{-}9)$$

2.1.3　紊流模拟模型

1. 黏性流体运动方程

实际流体具有一定的黏性，采用 N-S 方程来描述其运动，表达式如下。

连续性方程

$$\frac{\partial \rho}{\partial t}+\frac{\partial(\rho u)}{\partial x}+\frac{\partial(\rho v)}{\partial y}+\frac{\partial(\rho w)}{\partial z}=0 \qquad (2\text{-}10)$$

动量方程

$$\rho\frac{\mathrm{d}u}{\mathrm{d}t}=\rho X-\frac{\partial p}{\partial x}+2\frac{\partial}{\partial x}\left(\mu\frac{\partial u}{\partial x}\right)$$
$$+\frac{\partial}{\partial y}\left[\mu\left(\frac{\partial v}{\partial x}+\frac{\partial u}{\partial y}\right)\right]+\frac{\partial}{\partial z}\left[\mu\left(\frac{\partial w}{\partial x}+\frac{\partial u}{\partial z}\right)\right]-\frac{2}{3}\frac{\partial}{\partial x}\left[\mu\left(\frac{\partial u}{\partial x}+\frac{\partial v}{\partial y}+\frac{\partial w}{\partial z}\right)\right] \qquad (2\text{-}11)$$

$$\rho\frac{\mathrm{d}v}{\mathrm{d}t}=\rho Y-\frac{\partial p}{\partial y}+2\frac{\partial}{\partial y}\left(\mu\frac{\partial v}{\partial y}\right)$$
$$+\frac{\partial}{\partial x}\left[\mu\left(\frac{\partial v}{\partial x}+\frac{\partial u}{\partial y}\right)\right]+\frac{\partial}{\partial z}\left[\mu\left(\frac{\partial v}{\partial z}+\frac{\partial w}{\partial y}\right)\right]-\frac{2}{3}\frac{\partial}{\partial y}\left[\mu\left(\frac{\partial u}{\partial x}+\frac{\partial v}{\partial y}+\frac{\partial w}{\partial z}\right)\right] \qquad (2\text{-}12)$$

$$\rho\frac{\mathrm{d}w}{\mathrm{d}t}=\rho Z-\frac{\partial p}{\partial z}+2\frac{\partial}{\partial z}\left(\mu\frac{\partial w}{\partial z}\right)$$
$$+\frac{\partial}{\partial x}\left[\mu\left(\frac{\partial w}{\partial x}+\frac{\partial u}{\partial z}\right)\right]+\frac{\partial}{\partial y}\left[\mu\left(\frac{\partial w}{\partial y}+\frac{\partial v}{\partial z}\right)\right]-\frac{2}{3}\frac{\partial}{\partial z}\left[\mu\left(\frac{\partial u}{\partial x}+\frac{\partial v}{\partial y}+\frac{\partial w}{\partial z}\right)\right] \qquad (2\text{-}13)$$

式中：ρ 为流体的密度；u，v，w 分别对应笛卡儿坐标轴 x，y，z 方向的速度分量；p 为动水压强；X，Y，Z 分别为质量力沿 x，y，z 方向的分量；μ 为动力黏度。

如果运动的流体可被视为不可压缩的，则 ρ 和 μ 均可当成常数，此时 N-S 方程可以简化为以下形式。

连续性方程

$$\frac{\partial u}{\partial x}+\frac{\partial v}{\partial y}+\frac{\partial w}{\partial z}=0 \qquad (2\text{-}14)$$

动量方程

$$\frac{\mathrm{d}u}{\mathrm{d}t}=X-\frac{1}{\rho}\frac{\partial p}{\partial x}+\varepsilon\left(\frac{\partial^2 u}{\partial x^2}+\frac{\partial^2 u}{\partial y^2}+\frac{\partial^2 u}{\partial z^2}\right) \qquad (2\text{-}15)$$

$$\frac{\mathrm{d}v}{\mathrm{d}t}=Y-\frac{1}{\rho}\frac{\partial p}{\partial y}+\varepsilon\left(\frac{\partial^2 v}{\partial x^2}+\frac{\partial^2 v}{\partial y^2}+\frac{\partial^2 v}{\partial z^2}\right) \qquad (2\text{-}16)$$

$$\frac{\mathrm{d}w}{\mathrm{d}t} = Z - \frac{1}{\rho}\frac{\partial p}{\partial z} + \varepsilon\left(\frac{\partial^2 w}{\partial x^2} + \frac{\partial^2 w}{\partial y^2} + \frac{\partial^2 w}{\partial z^2}\right) \tag{2-17}$$

式中：$\varepsilon = \mu/\rho$ 为前面介绍的流体运动黏性系数。注意上述动量方程的简化中用到了不可压缩流动的连续性方程。

令速度矢量 $\boldsymbol{U}=(u,v,w)^{\mathrm{T}}$，质量力矢量 $\boldsymbol{F}=(X,Y,Z)^{\mathrm{T}}$，则 N-S 方程的矢量形式可以表示为以下形式。

连续性方程

$$\mathrm{div}\boldsymbol{U} = 0 \tag{2-18}$$

动量方程

$$\frac{\mathrm{d}\boldsymbol{U}}{\mathrm{d}t} = \boldsymbol{F} - \frac{1}{\rho}\nabla p + \varepsilon\nabla^2\boldsymbol{U} \tag{2-19}$$

式中：div 为散度符号；∇ 为梯度算子；∇^2 为拉普拉斯算子。

2. 雷诺时间平均法

实际水流大多数是紊流，对于大型水体的三维数值模拟和局部水流现象，如射流、水跃等的数值模拟，必须细致地考虑紊动效应。然而遗憾的是，到目前为止，对于紊流的特征和成因，人们还没有完全从理论上弄清楚，甚至很难给紊流下一个科学的定义，许多有关结论都带有经验特色，还不能用严格的数学方法推导出来。目前统一的观点认为，紊流具有随机性，它的各项运动参数都随时间做不规则的变化，表现得杂乱无章、瞬息万变，适合采用统计时间平均的方法来处理紊流运动。

英国物理学家雷诺在 1883 年用试验首先证明了黏性流体运动中存在紊流现象，并于 1885 年首次推导出时间平均（简称时均）流体流动的方程，成为后世研究紊流的基础。按照雷诺分解法则，任意随时空变化的水流参数（用符号 A、B、C 等来表示）可以分解为时均值和围绕时均值波动的脉动值两部分。以参数 A 为例，即 $A = \overline{A} + A'$，其中 $\overline{A}$ 表示时均值，A' 表示脉动值。时均值定义为

$$\overline{A} = \frac{1}{T}\int_0^T A\mathrm{d}t \tag{2-20}$$

式中：T 为时均值的时段长度，T 必须比紊动尺度大得多，而比平均流随时间变化的时间尺度要小很多。

时间平均法的主要运算法则如下：

$$\overline{\overline{A}} = \overline{A} \tag{2-21}$$
$$\overline{A'} = 0 \tag{2-22}$$
$$\overline{A+B} = \overline{A} + \overline{B} \tag{2-23}$$
$$\overline{\overline{A}B'} = \overline{A}\overline{B'} = 0 \tag{2-24}$$
$$\overline{\overline{A}B} = \overline{A}\overline{B} \tag{2-25}$$
$$\overline{AB} = \overline{A}\overline{B} + \overline{A'B'} \tag{2-26}$$
$$\overline{ABC} = \overline{A}\overline{B}\overline{C} + \overline{A}\overline{B'C'} + \overline{B}\overline{A'C'} + \overline{C}\overline{A'B'} + \overline{A'B'C'} \tag{2-27}$$

$$\overline{\frac{\partial A}{\partial x}} = \frac{\partial \overline{A}}{\partial x} \tag{2-28}$$

$$\overline{\frac{\partial^2 A}{\partial x^2}} = \frac{\partial^2 \overline{A}}{\partial x^2} \tag{2-29}$$

$$\overline{\frac{\partial A'}{\partial x}} = 0 \tag{2-30}$$

$$\overline{\frac{\partial^2 A'}{\partial x^2}} = 0 \tag{2-31}$$

$$\overline{\frac{\partial A}{\partial t}} = \frac{\partial \overline{A}}{\partial t} \tag{2-32}$$

3. 紊流运动方程

根据雷诺分解法则,速度和压强可以分解为时均值和围绕时均值波动的脉动值两部分,即 $\boldsymbol{U} = \overline{\boldsymbol{U}} + \boldsymbol{U}'$,$p = \overline{p} + p'$。将这些值代入纳维-斯托克斯方程,利用时间平均法计算规则,可推导出紊流运动方程如下。

时均值连续性方程

$$\mathrm{div}\,\overline{\boldsymbol{U}} = 0 \tag{2-33}$$

脉动值连续性方程

$$\mathrm{div}\,\boldsymbol{U}' = 0 \tag{2-34}$$

动量方程

$$\frac{\mathrm{d}\overline{\boldsymbol{U}}}{\mathrm{d}t} = \boldsymbol{F} - \frac{1}{\rho}\nabla\overline{p} + \nu\nabla^2\overline{\boldsymbol{U}} - \mathrm{div}\{\mathrm{row}[\overline{\boldsymbol{U}'(\boldsymbol{U}')^{\mathrm{T}}}]\} \tag{2-35}$$

式中:row( )为提取行向量运算。由于质量力在很多实际情况下为常数,如水流质量力为重力,上述推导并没有对质量力进行时均化处理。式(2-35)最早由雷诺推导得出,因此也称为雷诺方程。

与瞬时速度表示的纳维-斯托克斯方程相比,雷诺方程中增加了脉动值的二阶矩。$-\rho\overline{\boldsymbol{U}'(\boldsymbol{U}')^{\mathrm{T}}}$ 中的各元素具有应力的物理意义,实质是脉动迁移惯性力,可以根据达朗贝尔原理转换为作用于液体微团表面上的应力,故称为雷诺应力,是附加应力。$-\rho\overline{\boldsymbol{U}'(\boldsymbol{U}')^{\mathrm{T}}}$ 为二阶张量对称矩阵,有 6 个独立元素。

雷诺方程及连续方程即为紊流时均速度及时均压强所应满足的方程。这里有 4 个方程,而未知场变量除时均速度和时均压强外,还有 6 个独立的雷诺应力。显然用连续性方程和动量方程共 4 个方程联立求解 10 个未知量是不够的,也就是方程组并不封闭。因此,必须设法找出脉动速度乘积的时均值和其他未知场变量的补充关系使方程封闭,才可能获得确定解。遗憾的是,尽管国内外学者在半个多世纪中对紊流解法模式做过许多研究,力图准确给出紊流的物理模型并建立适当的方程来求解紊流,但由于紊流本身的随机性,到现在仍成效不大,不管哪种模式都不可避免地引入经验假设或试验数据。关于紊流模式构建的原理与方法,读者有兴趣可参阅参考文献[1]。

2.1.4 河道水质数学模型

水质数学模型（简称水质模型）是描述水体中污染物迁移转化过程在空间和时间上分布的数学方程[2]。污染物进入水体后，随水流迁移，这种迁移运动可以分成平移、扩散和弥散运动。这些运动使污染物和河水充分混合，逐渐降低污染物自身的浓度，最终在河流中一般呈现出三个不同的混合区。从排污口到污染物沿水深方向均匀混合，为近区，也称竖向混合区。这个区域的混合过程十分复杂，只有采用三维模型才能精确描述污染物的浓度分布，一般采用射流理论进行分析；从竖向均匀混合到河流横向均匀混合的区域为过渡区，也称横向混合区，一般采用二维模型进行分析；横向均匀混合以后的区域为远区，也称纵向混合区，在此区域内，沿流程上各横断面的平均浓度偏差要比横断面上各点的河水浓度偏差大得多，一般采用一维模型描述浓度沿程变化；在某些特定条件下，如对区域性水质进行粗略的规划估算或将所研究的环境单元概化为一个完全混合的反应器，不涉及有关水动力学方面的信息，则可采用零维模型来计算水体的浓度。

转化过程是指污染物在水体中通过化学反应、光反应和生物反应实现降解的过程，其中生物化学反应具有最重要的意义。在这种转化过程中，污染物的分子结构和化学性质都要发生变化，其浓度和毒性也会发生衰减变化。因此，转化过程是一种比迁移稀释更为复杂的自净机制。

1. 零维水质数学模型

对面积小、深度不大、封闭性强的小湖泊（水库），污染物进入该水域后，滞留时间长，在湖流、风浪等的作用下，湖（库）水与污染物可得到比较充分的混合，使整个水体的污染物浓度基本均匀。此时，可近似采用零维水质迁移转化方程计算和预测湖（库）的污染变化。

取一微小时间段 $\mathrm{d}t$，假设在此时间段内，流入某一总量为 V 的研究水体的入流流量为 Q_I，污染物浓度为 C_I，经瞬间充分混合后，污染物浓度变为 C，流出流量为 Q。由于所取时段很短，可近似认为水体体积保持不变。这样，根据污染物质量守恒原理可以列出下列式子：

$$Q_\mathrm{I}C_\mathrm{I}\mathrm{d}t - QC\mathrm{d}t + VS\mathrm{d}t = \mathrm{d}VC \tag{2-36}$$

整理后，得水质迁移转化基本方程为

$$Q_\mathrm{I}C_\mathrm{I} - QC + VS = \frac{\mathrm{d}VC}{\mathrm{d}t} \tag{2-37}$$

式中：S 为水体的源漏项，表示各种作用使单位水体的某项污染物在单位时间内的变化量。增加时取正号，称为源；减少时取负号，称为漏。

当水体中源漏项符合一阶生化反应动力学衰减规律时，有

$$S = -KC \tag{2-38}$$

式中：K 为流入研究水体的污染物一级反应动力学降解系数。

将式（2-38）代入式（2-37），得

$$\frac{dC}{dt} = \frac{Q_1 C_1}{V} - \frac{QC}{V} - KC \tag{2-39}$$

解得

$$C = \frac{Q_1 C_1}{Q + KV}\left[1 - e^{-\left(\frac{Q}{V} + K\right)t}\right] + C_0 e^{-\left(\frac{Q}{V} + K\right)t} \tag{2-40}$$

式中：C_0 为 $t = 0$ 时的水体污染浓度。

式（2.40）就是零维水质模型的非稳态解。显然，其稳态解 C_s 可由式（2-40）对时间取极限得到，即

$$C_s = \lim_{t \to \infty} C = \frac{Q_1 C_1}{Q + KV} \tag{2-41}$$

此外，当达到稳定时，如湖泊的枯水期，水体容积基本保持不变，入湖流量近似等于出湖流量，上式变为

$$C_s = \frac{C_1}{1 + KV / Q} \tag{2-42}$$

使用零维水质模型求解河道水质变化时，若模拟的河道较长，可以将河道分为若干个单元河段，认为每个单元河段主要特性基本一致。这样就可以从最上游一个单元河段开始，依次应用零维水质模型求解，直到最下游一个单元河段。

2. 一维水质数学模型

对于河流来说，其深度和宽度相对于它的长度是非常小的，排入河流的污水，经过一段距排污口很短的距离，便可在断面上混合均匀。因此，绝大多数的河流水质计算常常简化为一维水质问题，即假定污染浓度在断面上均匀一致，只随流程方向变化[3]。

根据质量守恒定律，可推导出描述污染物在水体中迁移扩散的一维非恒定流水质变化方程为

$$\frac{\partial AC}{\partial t} + \frac{\partial Q_1 C}{\partial x} = \frac{\partial}{\partial x}\left[(E_m + E_t + E_d)\frac{\partial AC}{\partial x}\right] + AS \tag{2-43}$$

式中：E_m，E_t，E_d 分别为分子扩散系数、沿 x 方向的紊动扩散系数和离散系数。

对于均匀河段，断面 A 为常量，又因 $Q_1 = uA$，因此式（2-43）可写为

$$\frac{\partial C}{\partial t} + u\frac{\partial C}{\partial x} = \frac{\partial}{\partial x}\left[(E_m + E_t + E_d)\frac{\partial C}{\partial x}\right] + S \tag{2-44}$$

由于河流的离散系数 E_d 一般比分子扩散系数 E_m 和紊动扩散系数 E_t 大得多，一般忽略 E_m 和 E_t，从而得到常见的河流一维水质迁移转化基本方程形式：

$$\frac{\partial C}{\partial t} + u\frac{\partial C}{\partial x} = E\frac{\partial^2 C}{\partial x^2} + S \tag{2-45}$$

式中：$E = E_m + E_t + E_d \approx E_d$，称为纵向综合离散系数。

对于均匀河段，假设污染物在河流中只进行一级降解反应，则可根据污染物排放情况分别得到式（2-45）的解析解。

1）瞬时排污情况

假设由于某种特殊原因，在河段的起始断面处，有一质量为 M 的污染物瞬间排放于流量为 Q 的河水中，且污染物也即刻与投放断面的水相混合。对于这种情况，可推导出污染物的浓度变化为

$$C(x,t) = \frac{M}{A\sqrt{4\pi Et}}\exp\left[-\frac{(x-ut)^2}{4Et}-Kt\right] \tag{2-46}$$

2）连续排污情况

假设上断面有一连续排污口，污染物浓度过程为 $C(0,t)$，则在下游任意断面处形成的污染物浓度为

$$C(x,t) = \int_0^t C(0,t)f(x,t-\tau)\mathrm{d}\tau \tag{2-47}$$

式中：$f(x,t-\tau)$ 为核函数，其表达式为

$$f(x,t-\tau) = \frac{u}{\sqrt{4\pi E(t-\tau)}}\exp\left\{-\frac{[x-u(t-\tau)]^2}{4E(t-\tau)}-K(t-\tau)\right\} \tag{2-48}$$

式（2-47）通常只有在极特殊的情况下才能获得解析解。

当 $C(0,t)$ 在某个时段 Δt 内为常数 C_0 时，即在此时段内污染物均匀连续排放，此时可以计算得到下游 x 处的污染物浓度变化过程为

$$\begin{aligned}
C(x,t) = \frac{C_0}{2}&\left\{\left[\exp\left(\sqrt{\frac{u^2}{4E}+K}\cdot\frac{x}{\sqrt{E}}\right)\cdot\mathrm{erfc}\left(\frac{x}{\sqrt{4Et}}+\sqrt{\frac{u^2t}{4E}+Kt}\right)\right.\right.\\
&+\left.\exp\left(-\sqrt{\frac{u^2}{4E}+K}\cdot\frac{x}{\sqrt{E}}\right)\cdot\mathrm{erfc}\left(\frac{x}{\sqrt{4Et}}-\sqrt{\frac{u^2t}{4E}+Kt}\right)\right]\exp\left(\frac{ux}{2E}\right)\\
&-\left[\exp\left(\sqrt{\frac{u^2}{4E}+K}\cdot\frac{x}{\sqrt{E}}\right)\cdot\mathrm{erfc}\left(\frac{x}{\sqrt{4E(t-\Delta t)}}+\sqrt{t-\Delta t}\sqrt{\frac{u^2}{4E}+K}\right)\right.\\
&+\left.\left.\exp\left(-\sqrt{\frac{u^2}{4E}+K}\cdot\frac{x}{\sqrt{E}}\right)\cdot\mathrm{erfc}\left(\frac{x}{\sqrt{4E(t-\Delta t)}}-\sqrt{t-\Delta t}\sqrt{\frac{u^2}{4E}+K}\right)\right]\exp\left(\frac{ux}{2E}\right)\theta(t-\Delta t)\right\}
\end{aligned} \tag{2-49}$$

式中：$\theta(t-\Delta t)$ 为阶跃函数

$$\theta(t-\Delta t) = \begin{cases} 0, & t \leqslant \Delta t \\ 1, & t > \Delta t \end{cases} \tag{2-50}$$

$\mathrm{erfc}(\varepsilon)$ 为补误差函数

$$\mathrm{erfc}(\varepsilon) = 1 - \frac{2}{\sqrt{\pi}}\int_0^\varepsilon \mathrm{e}^{-t^2}\mathrm{d}t \tag{2-51}$$

对于均匀河段，流量和排污处于稳定平衡时，各断面的污染浓度不再随时间变化，则可得到稳态一维迁移转化方程为

$$u\frac{\mathrm{d}C}{\mathrm{d}x} = E\frac{\mathrm{d}^2C}{\mathrm{d}x^2} + S \tag{2-52}$$

对于均匀河段，假设污染物在河流中只进行一级降解反应，则可根据污染物排放情况分别得到式（2-52）的解析解为

$$C = \begin{cases} C_0 \exp\left[\dfrac{ux}{2E}(1+m)\right], & x < 0 \\[3mm] C_0 \exp\left[\dfrac{ux}{2E}(1-m)\right], & x \geqslant 0 \end{cases} \tag{2-53}$$

式中

$$m = \sqrt{1 + 4K\dfrac{E}{u^2}} \tag{2-54}$$

3. 二维水质数学模型

描述污染物在水体中迁移扩散的平面二维非恒定流水质变化方程为

$$\frac{\partial HC}{\partial t} + \frac{\partial uHC}{\partial x} + \frac{\partial vHC}{\partial y} = \frac{\partial}{\partial x}\left(E_x \frac{\partial HC}{\partial x}\right) + \frac{\partial}{\partial y}\left(E_y \frac{\partial HC}{\partial y}\right) + HS \tag{2-55}$$

式中：H 为水深；E_x 和 E_y 分别为 x 和 y 方向的综合离散系数。

类似地，可写出污染物在水体中迁移扩散的竖向二维非恒定流水质变化方程为

$$\frac{\partial BC}{\partial t} + \frac{\partial uBC}{\partial x} + \frac{\partial wBC}{\partial z} = \frac{\partial}{\partial x}\left(E_x \frac{\partial BC}{\partial x}\right) + \frac{\partial}{\partial z}\left(E_z \frac{\partial BC}{\partial z}\right) + BS \tag{2-56}$$

式中：B 为水面宽度；E_z 为 z 方向的综合离散系数。

当水体的流速和污染物浓度在水平面的纵向和横向变化明显，而在竖向混合均匀时，如浅水湖泊，一般采用平面二维水质模型进行计算；当考虑的变量在横向不变，在水深方向和水平纵向方向发生变化时，如水库水温，表层与底层的区别很大，水温沿水深方向变化明显，为了详细模拟分析这些现象，引入考虑水深、水平纵向两个方向变化的竖向二维模型是必要的。

4. 三维水质数学模型

根据质量守恒原理，可以推导出描述污染物在水体中迁移扩散的三维非恒定流水质变化方程为

$$\frac{\partial C}{\partial t} + \frac{\partial uC}{\partial x} + \frac{\partial vC}{\partial y} + \frac{\partial wC}{\partial z}$$
$$= \frac{\partial}{\partial x}\left[(E_m + E_{tx})\frac{\partial C}{\partial x}\right] + \frac{\partial}{\partial y}\left[(E_m + E_{ty})\frac{\partial C}{\partial y}\right] + \frac{\partial}{\partial z}\left[(E_m + E_{tz})\frac{\partial C}{\partial z}\right] + S \tag{2-57}$$

式中：E_{tx}，E_{ty}，E_{tz} 分别表示 x，y，z 方向的紊动扩散系数。注意在三维模型中，因为不再使用断面平均值，所以没有离散系数的存在，只有分子扩散和紊动扩散。

从式（2-44）、式（2-55）~式（2-57）可以看出，一维、二维和三维水质模型中均含有水流速度项，这可通过求解河道水力学方程得到，这一步工作通常在求解水质模型之前完成，作为求解水质迁移方程的条件给出。只有当水质因素（如水温）对水流运动有明显影响时，才需要同时联立求解水流、水质方程。

2.2 水力学数学模型求解方法

2.2.1 有限差分法

在所有数值方法中，有限差分法是发展最早、目前应用较广的一种流动数值方法[4]。该方法的基本思想是将求解的区域（如流场）划分为网格，用有限个网格节点代替连续的求解域，用网格节点上的函数值的差商代替原来微分方程中的导数，对每一个网格节点建立与微分方程相应的离散方程。这些离散方程形成一个以节点函数为未知数的线性代数方程组，采用适当的方法求解这个代数方程组便得到网格节点的函数值，从而得到函数的近似解。

1. 有限差分近似

有限差分离散用有限差商代替微分方程中的导数，主要形式有 5 种。

（1）一阶向前差商

$$\left(\frac{\partial F}{\partial x}\right)_j^n \approx \frac{F_{j+1}^n - F_j^n}{\Delta x} \tag{2-58}$$

式中：n 为时刻；j 为空间位置；F_j^n 为时刻 $n\Delta t$ 和位置 $j\Delta x$ 的 F 值；Δt 和 Δx 则分别为时间步长和空间步长。

（2）一阶向后差商

$$\left(\frac{\partial F}{\partial x}\right)_j^n \approx \frac{F_j^n - F_{j-1}^n}{\Delta x} \tag{2-59}$$

（3）一阶中心差商

$$\left(\frac{\partial F}{\partial x}\right)_j^n \approx \frac{F_{j+1}^n - F_{j-1}^n}{2\Delta x} \tag{2-60}$$

（4）二阶中心差商

$$\left(\frac{\partial^2 F}{\partial x^2}\right)_j^n \approx \frac{F_{j+1}^n - 2F_j^n + F_{j-1}^n}{(\Delta x)^2} \tag{2-61}$$

（5）混合二阶中心差商

$$\left(\frac{\partial^2 F}{\partial x \partial y}\right)_j^n \approx \frac{F_{j+1}^{n+1} - F_{j+1}^{n-1} - F_{j-1}^{n+1} + F_{j-1}^{n-1}}{4\Delta x \Delta y} \tag{2-62}$$

同样，对时间求导也可以采用差商逼近，除无向后差商外，其余 4 种逼近形式与空间逼近形式完全相似，只需要将空间节点位置改成时间节点即可。

对于边界上的网格节点，采用一阶向前差商往往只能得到一阶精度的近似，这对于需要仔细考虑壁面处的切应力和热流的计算往往是不够的，一般采用精度更高的单侧差分公式[5]。一种推荐的差商格式为

$$\left(\frac{\partial F}{\partial x}\right)_1^n \approx \frac{-3F_1^n + 4F_2^n - F_3^n}{2\Delta x} \qquad (2\text{-}63)$$

2. 差分方程的相容性、收敛性和稳定性

由前面的内容可知，采用有限差分法求解微分方程时，可以有多种差商代替偏微分方程中微商的格式。那么，对于某一特定微分方程，是否任意选择其中一种差商格式就能有效地计算出原问题的精确解呢？这个问题涉及差分方程的相容性、收敛性和稳定性。理论和实践证明，对特定微分方程，并不是每个格式都能用于数值计算，只有那些具有相容性、收敛性和稳定性的差分格式，才能够用来进行数值计算，计算的结果才有意义。

1）相容性

相容性是将微分运算采用差分近似时所要满足的最基本的要求，它是指在时间步长和空间步长趋于零的极限条件下，差分方程应等同于微分方程[6]。或者说，如果当时间和空间步长无限缩小时，即 $\Delta x \to 0, \Delta t \to 0$ 时，差分格式的截断误差 $R \to 0$，则称差分方程与对应的微分方程是相容的。在讨论相容性问题时，截断误差是相对微分方程而言的，并非方程的解的误差。

显然，对于线性微分方程，由于截断误差 $R = O(\Delta x, \Delta t)$，任意选择的差商格式均满足相容性。

2）收敛性

为了数值求解流动问题，除必须要求差分格式能逼近微分方程和定解条件外，还需进一步要求差分格式的解与微分方程定解问题的解是一致的。即当步长趋于零时，要求差分格式的解趋于微分方程定解问题的解，称为差分格式的收敛性[7]。更确切地说，对差分网格上的任意节点 (x_i, t_n)，设差分格式在此点的解为 $F(i\Delta x, n\Delta t)$，相应的微分方程的真解为 $F(x_i, t_n)$，两者的差值为

$$D_i^n = F(i\Delta x, n\Delta t) - F(x_i, t_n) \qquad (2\text{-}64)$$

称为离散误差。如果 $\Delta x \to 0, \Delta t \to 0$ 时，$D_i^n \to 0$，则称此差分格式是收敛的。由此定义可以看出，收敛性是研究差分方程的解是否逼近真解的问题。

3）稳定性

当用计算机求解差分代数方程时，由于每次计算时计算机上只能取有限位数，在差分代数方程的真解和计算解之间也存在一定的误差，这种误差是由计算机的精度引起的，称为舍入误差，表示为

$$\varepsilon_i^n = F_i^n - F(i\Delta x, n\Delta t) \qquad (2\text{-}65)$$

如果计算步数很多，舍入误差可能会累积，所以要讨论舍入误差在全部数值计算中的发展问题，这就是差分解的稳定性问题。任何一个差分格式，如果无法抑制舍入误差的迅速增长而最终让舍入误差掩盖了方程的正确解，那么这种差分格式就不是稳定的格式[8]。

收敛性和稳定性是两个不同的概念，它们分别产生于方程的离散过程和反复迭代的数值计算过程这两个不同的环节，但若要保证计算结果收敛于微分方程的真解，必须离散误差和舍入误差都足够小，只有既收敛又稳定的差分格式才能得到有用的结果。稳定

性和收敛性因差分格式的不同而异，而二者之间又存在一定的联系。拉克斯（Lax）从数学上证明了：对适定的线性初值问题，若差分方程与微分方程相容，则稳定是收敛性的充分必要条件[9]。这就是著名的拉克斯等价性定理。该定理说明差分方程的稳定性和收敛性是等价的。通常，直接证明差分格式的收敛性是比较困难的，但根据拉克斯等价性定理，可以通过比较容易的稳定性证明来间接证明解的收敛性。

稳定性及稳定条件的证明方法有多种，如傅里叶级数分析法（又称冯·诺伊曼法）、离散摄动法、最大模法、矩阵法等。傅里叶级数分析法使用最广泛且方便，但只适合线性问题，对非线性问题，通常采用较为直观的离散摄动法。下面以一维对流扩散方程为例分别介绍离散摄动法和傅里叶级数分析法在差分格式稳定性分析上的应用。一维对流扩散方程的基本形式为

$$\frac{\partial F}{\partial t} + \frac{\partial uF}{\partial x} = \sigma \frac{\partial^2 F}{\partial x^2} \tag{2-66}$$

式中：σ 为扩散量和浓度梯度的比例系数。

（1）离散摄动法。

利用时间向前-空间中心差分格式，一维对流扩散方程的差分方程为

$$\frac{F_j^{n+1} - F_j^n}{\Delta t} + u \frac{F_{j+1}^n - F_{j-1}^n}{2\Delta x} = \sigma \frac{F_{j+1}^n - 2F_j^n + F_{j-1}^n}{(\Delta x)^2} \tag{2-67}$$

显然，差分方程的精确解是满足上述方程的。假设在迭代的第 n 个时段，在节点 j 上引入了舍入误差 ε_j^n，则该误差按照差分方程迭代时，传递到 $n+1$ 时段后，则有

$$\frac{(F_j^{n+1} + \varepsilon_j^{n+1}) - (F_j^n + \varepsilon_j^n)}{\Delta t} + u \frac{F_{j+1}^n - F_{j-1}^n}{2\Delta x} = \sigma \frac{F_{j+1}^n - 2(F_j^n + \varepsilon_j^n) + F_{j-1}^n}{(\Delta x)^2} \tag{2-68}$$

式中：ε_j^{n+1} 为因 ε_j^n 引起的传递误差。

将式（2-67）代入式（2-68）后，化简可得

$$\varepsilon_j^{n+1} = \left[1 - \frac{2\sigma \Delta t}{(\Delta x)^2}\right] \varepsilon_j^n \tag{2-69}$$

差分方程的稳定性要求扰动最后消失，因此必须

$$|\varepsilon_j^{n+1} / \varepsilon_j^n| \leqslant 1 \tag{2-70}$$

也就是要求

$$\left|1 - \frac{2\sigma \Delta t}{(\Delta x)^2}\right| \leqslant 1$$

由于 $\sigma > 0$，上式等价于

$$\frac{\sigma \Delta t}{(\Delta x)^2} \leqslant 1$$

即

$$\Delta t \leqslant \frac{1}{\sigma / (\Delta x)^2} \tag{2-71}$$

再考虑扰动 ε_j^n 对相邻节点的影响。首先分析对 $j+1$ 节点的影响。由式（2-67）有

$$\frac{(F_{j+1}^{n+1} + \varepsilon_{j+1}^{n+1}) - F_{j+1}^{n}}{\Delta t} + u\frac{F_{j+2}^{n} - (F_{j}^{n} + \varepsilon_{j}^{n})}{2\Delta x} = \sigma\frac{F_{j+2}^{n} - 2F_{j+1}^{n} + (F_{j}^{n} + \varepsilon_{j}^{n})}{(\Delta x)^2} \tag{2-72}$$

化简得

$$\varepsilon_{j+1}^{n+1} = \left[\frac{u\Delta t}{2\Delta x} + \frac{\sigma\Delta t}{(\Delta x)^2}\right]\varepsilon_{j}^{n} \tag{2-73}$$

差分方程的稳定性要求扰动最后消失，因此必须满足

$$|\varepsilon_{j+1}^{n+1} / \varepsilon_{j}^{n}| \leqslant 1 \tag{2-74}$$

也就是要求

$$\left|\frac{u\Delta t}{2\Delta x} + \frac{\sigma\Delta t}{(\Delta x)^2}\right| \leqslant 1$$

由于 $\sigma > 0$，$u > 0$，上式等价于要求

$$\frac{u\Delta t}{2\Delta x} + \frac{\sigma\Delta t}{(\Delta x)^2} \leqslant 1$$

即

$$\Delta t \leqslant \frac{1}{\dfrac{u}{2\Delta x} + \dfrac{\sigma}{(\Delta x)^2}} \tag{2-75}$$

再分析扰动 ε_{j}^{n} 对 $j-1$ 节点的影响。由式（2-67）有

$$\frac{(F_{j-1}^{n+1} + \varepsilon_{j-1}^{n+1}) - F_{j-1}^{n}}{\Delta t} + u\frac{(F_{j}^{n} + \varepsilon_{j}^{n}) - F_{j-2}^{n}}{2\Delta x} = \sigma\frac{(F_{j}^{n} + \varepsilon_{j}^{n}) - 2F_{j-1}^{n} + F_{j-2}^{n}}{(\Delta x)^2} \tag{2-76}$$

化简得

$$\varepsilon_{j-1}^{n+1} = \left[-\frac{u\Delta t}{2\Delta x} + \frac{\sigma\Delta t}{(\Delta x)^2}\right]\varepsilon_{j}^{n} \tag{2-77}$$

差分方程的稳定性要求扰动最后消失，因此必须满足

$$|\varepsilon_{j-1}^{n+1} / \varepsilon_{j}^{n}| \leqslant 1 \tag{2-78}$$

也就是要求

$$\left|-\frac{u\Delta t}{2\Delta x} + \frac{\sigma\Delta t}{(\Delta x)^2}\right| \leqslant 1$$

由于 $\sigma > 0$，$u > 0$，且 $\dfrac{\sigma\Delta t}{(\Delta x)^2} \leqslant 1$，上式等价于要求

$$\frac{\sigma\Delta t}{(\Delta x)^2} - \frac{u\Delta t}{2\Delta x} \leqslant 1$$

即

$$\Delta t \leqslant \frac{1}{\dfrac{\sigma}{(\Delta x)^2} - \dfrac{u}{2\Delta x}} \tag{2-79}$$

综合式（2-71）、式（2-75）、式（2-79）可知

$$\Delta t \leqslant \frac{1}{\dfrac{u}{2\Delta x}+\dfrac{\sigma}{(\Delta x)^2}} \tag{2-80}$$

此外，为保证同相扰动而不出现振荡，要求 $\varepsilon_j^{n+1}/\varepsilon_j^n \geqslant 0$，$\varepsilon_{j+1}^{n+1}/\varepsilon_j^n \geqslant 0$，$\varepsilon_{j-1}^{n+1}/\varepsilon_j^n \geqslant 0$，故有

$$-\frac{u\Delta t}{2\Delta x}+\frac{\sigma \Delta t}{(\Delta x)^2}\geqslant 0$$

即

$$\frac{u\Delta x}{\sigma}\leqslant 2 \tag{2-81}$$

由（2-81）可知

$$\frac{u\Delta x}{2}\leqslant \sigma,\quad \Delta x \leqslant \frac{2\sigma}{u}$$

由式（2-80）可知

$$\Delta t \leqslant \frac{1}{\dfrac{u}{2\Delta x}+\dfrac{\sigma}{(\Delta x)^2}}\leqslant \frac{1}{\dfrac{u}{2\Delta x}+\dfrac{u\Delta x}{2(\Delta x)^2}}=\frac{\Delta x}{u}\leqslant \frac{2\sigma}{u^2} \tag{2-82}$$

在流体力学的数值计算中，通常采用柯朗（Courant）数来调节计算的稳定性和收敛性，其定义为

$$C=u\frac{\Delta t}{\Delta x} \tag{2-83}$$

柯朗数本质上描述了时间步长和空间步长的相对关系。在实际计算时，由于空间网格步长往往可以预先设定，所以一旦选定了柯朗数，时间步长也随之确定。一般而言，随着柯朗数从小到大变化，收敛速度逐渐加快，但是稳定性逐渐降低。

根据柯朗数的定义，很容易看出，上述对流-扩散方程的柯朗数稳定条件为

$$C\leqslant 1 \tag{2-84}$$

（2）傅里叶级数分析法。

由傅里叶级数理论可知，任何一个函数经定义域拓展后可以用正弦函数和余弦函数构成的无穷级数来表示。因此误差函数可以表示为

$$\varepsilon(x)=\sum_{m=1}^{\infty}A_m \mathrm{e}^{\mathrm{i}k_m x} \tag{2-85}$$

式中：A_m 为振幅；i 为虚数单位，$\mathrm{i}=\sqrt{-1}$；k_m 为波数，$k_m=2\pi/\lambda$，λ 为波长。

假设舍入误差随时间按指数函数的方式增长或衰减，则舍入误差函数扩展到时间域上的表达式为

$$\varepsilon(x,t)=\sum_{m=1}^{\infty}\mathrm{e}^{at}\mathrm{e}^{\mathrm{i}k_m x} \tag{2-86}$$

式中：a 为常数。

式（2-86）的离散傅里叶形式为

$$\varepsilon(x,t) = \sum_{m=1}^{N/2} e^{at} e^{ik_m x} \tag{2-87}$$

式中：N 为离散网格数。

当引入舍入误差函数后，在每个节点，计算机实际计算的一维对流扩散方程的差分方程为

$$\frac{(F_j^{n+1} + \varepsilon_j^{n+1}) - (F_j^n + \varepsilon_j^n)}{\Delta t} + u \frac{(F_{j+1}^n + \varepsilon_{j+1}^n) - (F_{j-1}^n + \varepsilon_{j-1}^n)}{2\Delta x}$$
$$= \sigma \frac{(F_{j+1}^n + \varepsilon_{j+1}^n) - 2(F_j^n + \varepsilon_j^n) + (F_{j-1}^n + \varepsilon_{j-1}^n)}{(\Delta x)^2} \tag{2-88}$$

差分方程的精确解自然满足，因此舍入误差也满足对流扩散方程的形式，即

$$\frac{\varepsilon_j^{n+1} - \varepsilon_j^n}{\Delta t} + u \frac{\varepsilon_{j+1}^n - \varepsilon_{j-1}^n}{2\Delta x} = \sigma \frac{\varepsilon_{j+1}^n - 2\varepsilon_j^n + \varepsilon_{j-1}^n}{(\Delta x)^2} \tag{2-89}$$

一维对流扩散方程的差分方程是线性的，而误差函数的级数是加性的，因此误差级数中的任何一项的变化方式与整个级数的变化方式相同。取其中一项来进行研究：

$$\varepsilon_m(x,t) = e^{at} e^{ik_m x} \tag{2-90}$$

代入式（2-89）中，可得

$$\frac{e^{a(t+\Delta t)} e^{ik_m x} - e^{at} e^{ik_m x}}{\Delta t} + u \frac{e^{at} e^{ik_m(x+\Delta x)} - e^{at} e^{ik_m(x-\Delta x)}}{2\Delta x} = \sigma \frac{e^{at} e^{ik_m(x+\Delta x)} - 2e^{at} e^{ik_m x} + e^{at} e^{ik_m(x-\Delta x)}}{(\Delta x)^2}$$

上式中约去因子 $e^{at} e^{ik_m x}$，化简后得

$$\frac{e^{a\Delta t} - 1}{\Delta t} + u \frac{e^{ik_m \Delta x} - e^{-ik_m \Delta x}}{2\Delta x} = \sigma \frac{e^{ik_m \Delta x} - 2 + e^{-ik_m \Delta x}}{(\Delta x)^2} \tag{2-91}$$

也就是

$$e^{a\Delta t} = 1 - C \frac{e^{ik_m \Delta x} - e^{-ik_m \Delta x}}{2} + d(e^{ik_m \Delta x} - 2 + e^{-ik_m \Delta x}) \tag{2-92}$$

式中：$d = \dfrac{\sigma \Delta t}{(\Delta x)^2}$；$C$ 为柯朗数。

根据欧拉公式

$$e^{ik_m \Delta x} - e^{-ik_m \Delta x} = 2i \sin(k_m \Delta x) \tag{2-93}$$

$$e^{ik_m \Delta x} + e^{-ik_m \Delta x} = 2 \cos(k_m \Delta x) \tag{2-94}$$

式（2-92）最终可写为

$$e^{a\Delta t} = 1 - iC \sin(k_m \Delta x) + 2d[\cos(k_m \Delta x) - 1] \tag{2-95}$$

而由式（2-90）可知

$$\frac{\varepsilon_j^{n+1}}{\varepsilon_j^n} = \frac{e^{a(t+\Delta t)} e^{ik_m x}}{e^{at} e^{ik_m x}} = e^{a\Delta t} \tag{2-96}$$

因此，要得到稳定解，必须有

$$|e^{a\Delta t}| = |1 - iC \sin(k_m \Delta x) + 2d[\cos(k_m \Delta x) - 1]| \leqslant 1 \tag{2-97}$$

定义 $G = e^{a\Delta t} = 1 - iC\sin(k_m \Delta x) + 2d[\cos(k_m \Delta x) - 1]$，称为增长因子。并令 $\theta = k_m x$，θ 为相数，则上述不等式（2-97）等价于

$$GG^* = [1 + 2d(\cos\theta - 1)]^2 + (C\sin\theta)^2 \leqslant 1$$

式中：G^* 为 G 的共轭复数。

令 $H = GG^*$，$h = \cos\theta$，则

$$H = (4d^2 - C^2)h^2 + 4d(1 - 2d)h + (1 - 2d)^2 + C^2, \quad |h| \leqslant 1 \qquad (2\text{-}98)$$

分两种情况讨论 H 的极值。

（1）当 $4d^2 - C^2 > 0$ 时，即 $C < 2d$，此时 H 在 h 的内部有最小值，最大值将出现在 h 的边界上。当 $h = 1$，$H = 1$；当 $h = -1$，$H = (1 - 4d)^2$。注意到 $d > 0$，此时只有当 $d \leqslant 1/2$ 时，才能保证 $H \leqslant 1$。

（2）当 $4d^2 - C^2 < 0$ 时。此时 H 在 h 的内部有最大值。由情况（1）的讨论可知，在边界上，当 $h = 1$，$H = 1$。这表明内部的最大值将大于 1，舍入误差将继续增大，格式将不稳定。

综合情况（1）和情况（2）可知，仅当 $C \leqslant 2d$ 且 $d \leqslant 1/2$ 时，能保证迭代是稳定的。这个结论与采用离散摄动法分析的结论一致。

从上面两种分析稳定性的方法的过程可以看出，离散摄动法分析局部点扰动的影响，因此，离散摄动法也称为按点稳定，简单直观，对非线性问题也可以采用。傅里叶级数法分析差分方程的一次或多次迭代舍入误差累积，也称为按步稳定，应用方便广泛，但不适合于对非线性问题的稳定分析。

2.2.2　有限体积法

1. 基本概念

有限体积法是在一定程度上吸收了有限差分法和有限元法的优点而发展起来的一种数值计算方法。其基本思想是将计算域划分成若干规则或不规则形状的单元或控制体，并使每个网格点周围有一个控制体，将待解的微分方程对每个控制体积分，得出一组离散方程[10]。一般仅进行空间的单元剖分，进而采用时间离散求解线性代数方程组，最终得到数值近似解。有限体积法的特点是在控制体边界流出的矢通量必须等于相邻控制体流入的矢通量。因为跨控制体间界面输运的矢通量，对相邻控制体来说大小相等，方向相反，故对整个计算域而言，沿所有内部边界的矢通量相互抵消。对由一个或多个控制体组成的任意区域，以至整个计算域，都严格满足物理守恒定律，不存在守恒误差，并且能正确计算间断。设计有限体积法格式的关键在于如何计算跨控制体界面的矢通量。有限体积法既能像有限元法一样适应复杂的求解区域，又能像有限差分法那样具有离散的灵活性和对间断解的适应性。

有限体积法以守恒型的积分方程为出发点，通过对流体运动的有限子区域的积分离散来构造离散方程。由于自然界中所有的流动，包括浅水流动、物质的输运，都满足守

恒定律，原则上可以建立统一的有限体积的积分方程形式。有限体积法有两种导出方式：一是控制体积积分法，常用于无结构网格，因为只涉及单元界面和方向；另一个是控制体积平衡法，常用于有结构网格，尤其是直角坐标。不管采用哪种方式导出的离散化方程，都描述了有限各控制体积物理量的守恒性，所以有限体积法是守恒定律的一种最自然的表现形式。该方法适用于任意类型的单元网格，便于用来模拟具有复杂边界形状区域的流体运动；只要单元边上相邻单元估计的通量是一致的，就能保证方法的守恒性；而且，有限体积法各项近似都含有明确的物理意义，构建的模型符合流动特点。

下面以二维浅水流动的计算来介绍有限体积法的基本应用。这里只对算法的空间离散进行讨论，时间的离散和有限差分法一致，不做介绍。

守恒形式的浅水二维动力学方程为

$$\frac{\partial \boldsymbol{U}}{\partial t} + \frac{\partial \boldsymbol{F}}{\partial x} + \frac{\partial \boldsymbol{G}}{\partial y} = \boldsymbol{S} \tag{2-99}$$

$$\boldsymbol{U} = \begin{bmatrix} h \\ hu \\ hv \end{bmatrix}, \quad \boldsymbol{F} = \begin{bmatrix} hu \\ hu^2 + gh^2/2 \\ huv \end{bmatrix}, \quad \boldsymbol{G} = \begin{bmatrix} hv \\ huv \\ hv^2 + gh^2/2 \end{bmatrix}$$

$$\boldsymbol{S} = \boldsymbol{S}_{\mathrm{b}} + \boldsymbol{S}_{\mathrm{f}} = \begin{bmatrix} 0 \\ ghS_{\mathrm{b}x} \\ ghS_{\mathrm{b}y} \end{bmatrix} + \begin{bmatrix} 0 \\ -ghS_{\mathrm{f}x} \\ -ghS_{\mathrm{f}y} \end{bmatrix} \tag{2-100}$$

式中：t 为时间；$\boldsymbol{U}$ 为守恒量向量；$\boldsymbol{F}$ 和 $\boldsymbol{G}$ 分别为 x 和 y 方向的通量向量；$\boldsymbol{S}$ 为源项向量；$S_{\mathrm{b}x} = -\partial z_{\mathrm{b}}/\partial x$ 和 $S_{\mathrm{b}y} = -\partial z_{\mathrm{b}}/\partial y$ 分别为 x 和 y 方向的地形坡度，z_{b} 为河床高程；$S_{\mathrm{f}x} = n^2 u \sqrt{(u^2+v^2)}/h^{4/3}$ 和 $S_{\mathrm{f}y} = n^2 v \sqrt{(u^2+v^2)}/h^{4/3}$ 分别为 x 和 y 方向的阻力坡度，n 为曼宁糙率系数。

有限体积法计算的第一步是对计算区域进行控制体单元网格的剖分，然后选择控制体的形成方式，在其上进行空间离散。这与有限元法网格剖分类似。目前，常采用顶点中心或单元中心方式形成控制体。顶点中心方式由以该网格节点为顶点的格子形心及公共顶点的各网格线的中心点的一系列连线所构成，单元中心方式直接以单一网格单元作为控制体积，单元位于控制体的中心。由于中心单元构建非常直观，对单元的形状没有要求，非常适合处理不规则边界和保持离散的守恒性，而且需要的网格数比单元顶点方式少得多，可节省计算时间，因此在非结构网格中应用越来越普遍。图 2-2 表示了两种三角形网格剖分形成控制体积的选择方式。

在划分好控制单元后，在控制单元上（对二维问题，为控制面）对方程（2-99）进行积分，可以得到方程的积分形式：

$$\int_A \frac{\partial \boldsymbol{U}}{\partial t} \mathrm{d}A + \int_A \nabla \cdot \boldsymbol{E} \mathrm{d}A = \int_A \boldsymbol{S} \mathrm{d}A \tag{2-101}$$

式中：通量张量 $\boldsymbol{E} = (\boldsymbol{F}, \boldsymbol{G})$；$A$ 为控制体单元面积。根据格林公式将面积分化为沿单元边界的线积分，可得到有限体积法的基本方程为

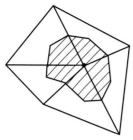
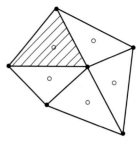

（a）顶点中心方式　　　　　　　（b）单元中心方式

图 2-2　控制体积选择方式示意图

阴影部分表示单元的控制体积，空心圆点表示单元，实心圆点表示网格节点；在顶点中心方式中，单元和网格节点重合

$$\frac{\partial}{\partial t}\int_A U \mathrm{d}A + \oint_L \boldsymbol{E}\cdot\boldsymbol{n}\mathrm{d}A = \oint_L \boldsymbol{S}_\mathrm{b}\mathrm{d}L + \int_A \boldsymbol{S}_\mathrm{f}\mathrm{d}A \tag{2-102}$$

式中：$\boldsymbol{n}$ 为单元边界的外法向单位向量；L 为单元边界。

对控制体单元取平均后，可得到有限体积法的半离散化方程为

$$\frac{\mathrm{d}\boldsymbol{U}}{\mathrm{d}t} = -\frac{1}{A}\sum_{j=1}^{m}\boldsymbol{E}^*L_j + \frac{1}{A}\sum_{j=1}^{m}\boldsymbol{S}_\mathrm{b}^*L_j + \boldsymbol{S}_\mathrm{f} \tag{2-103}$$

式中：$\boldsymbol{U}$ 和 $\boldsymbol{S}_\mathrm{f}$ 为体积平均值；$\boldsymbol{E}^*$ 为单元界面的法向通量，包括法向对流通量 $\boldsymbol{F}^*$ 和扩散通量 $\boldsymbol{G}^*$；m 为控制体（面）的边长数；L_j 为第 j 条边的长度。

式（2-103）中左边为通常意义上的时间微分，右边最后两项为源项，可以根据地形处理成收敛项。因此，求解守恒形式的有限体积法的核心在于法向通量 $\boldsymbol{E}^*$ 的计算，从而形成了不同类型的计算方法。

2. 戈杜诺夫（Godunov）型求解思路

观察通量向量 $\boldsymbol{F}$ 和 $\boldsymbol{G}$ 的各元素可以发现，构成 $\boldsymbol{F}$ 和 $\boldsymbol{G}$ 的独立物理量为水深 h、x 和 y 方向的速度 u 和 v。对二维问题，速度场的存在引起通量向量 $\boldsymbol{F}$ 和 $\boldsymbol{G}$ 的变化。设控制单元体的第 j 个面的外法线方向沿逆时针与 x 轴方向的夹角为 α，则方向通量

$$\boldsymbol{E}^* = \boldsymbol{E}\cdot\boldsymbol{n} = \boldsymbol{F}\cos\alpha + \boldsymbol{G}\sin\alpha \tag{2-104}$$

若以外法线方向和与外法线逆时针旋转方向的切向分别作为坐标轴的正方向，建立控制体面上的坐标系，即将 x 和 y 构成的坐标系逆时针旋转一个 α 的角度，则法平面坐标系内的速度 $\hat{u}$ 和 $\hat{v}$ 满足

$$\hat{u} = u\cos\alpha + v\sin\alpha \tag{2-105}$$

$$\hat{v} = -u\sin\alpha + v\cos\alpha \tag{2-106}$$

令

$$\boldsymbol{T} = \begin{bmatrix} 1 & 0 & 0 \\ 0 & \cos\alpha & \sin\alpha \\ 0 & -\sin\alpha & \cos\alpha \end{bmatrix}, \quad \boldsymbol{T}^{-1} = \begin{bmatrix} 1 & 0 & 0 \\ 0 & \cos\alpha & -\sin\alpha \\ 0 & \sin\alpha & \cos\alpha \end{bmatrix}$$

可以证明

$$\boldsymbol{F}\cos\alpha + \boldsymbol{G}\sin\alpha = \boldsymbol{E}^* = \boldsymbol{T}^{-1}\boldsymbol{F}(\widehat{\boldsymbol{U}}) \tag{2-107}$$

其中

$$\widehat{\boldsymbol{U}} = \begin{bmatrix} h \\ h\hat{u} \\ h\hat{v} \end{bmatrix} = \boldsymbol{T}\boldsymbol{U}, \qquad \boldsymbol{F}(\widehat{\boldsymbol{U}}) = \begin{bmatrix} h\hat{u} \\ h\hat{u}^2 + gh^2/2 \\ h\hat{u}\hat{v} \end{bmatrix}$$

将式（2-107）代入式（2-103）中，可知

$$\frac{\mathrm{d}\boldsymbol{U}}{\mathrm{d}t} = -\frac{1}{A}\sum_{j=1}^{m}\boldsymbol{T}^{-1}\boldsymbol{F}(\widehat{\boldsymbol{U}})L_j + \frac{1}{A}\sum_{j=1}^{m}\boldsymbol{S}_{\mathrm{b}}^* L_j + \boldsymbol{S}_{\mathrm{f}} \tag{2-108}$$

方程两边同时乘以 $\boldsymbol{T}$，则有

$$\frac{\mathrm{d}\widehat{\boldsymbol{U}}}{\mathrm{d}t} = -\frac{1}{A}\sum_{j=1}^{m}\boldsymbol{F}(\widehat{\boldsymbol{U}})L_j + \frac{1}{A}\sum_{j=1}^{m}\boldsymbol{T}\boldsymbol{S}_{\mathrm{b}}^* L_j + \boldsymbol{T}\boldsymbol{S}_{\mathrm{f}} \tag{2-109}$$

式（2-109）中只包含了数值通量 $\boldsymbol{F}$，将原始方程需要求解二维通量的计算转换为求解一维局部坐标系下的通量计算问题，简化了计算。

在求解界面处的通量时，非齐次的源项在界面处很小，可以忽略，因此，界面处的通量可以通过求解局部坐标系下的黎曼问题得

$$\frac{\partial \widehat{\boldsymbol{U}}}{\partial t} + \frac{\partial \widehat{\boldsymbol{F}}}{\partial \hat{x}} = 0 \tag{2-110}$$

其中

$$\widehat{\boldsymbol{U}}(\hat{x}, 0) = \begin{cases} \widehat{\boldsymbol{U}}_{\mathrm{L}}, & \hat{x} < 0 \\ \widehat{\boldsymbol{U}}_{\mathrm{R}}, & \hat{x} \geqslant 0 \end{cases} \tag{2-111}$$

式中：$\widehat{\boldsymbol{U}}_{\mathrm{L}}$，$\widehat{\boldsymbol{U}}_{\mathrm{R}}$ 分别为单元交界面左（内）和右（外）两侧的因变量。通过求解该黎曼问题，可以得到交界面处的通量 $\widehat{\boldsymbol{F}}$，再通过旋转逆变换得到原始坐标系 x-y 下的通量 $\boldsymbol{E}^*$。

上述求解该问题的思路由戈杜诺夫最早提出，后经过 Roe[10] 和 Harten[11] 等人的发展，形成了目前一类广受关注的算法，这主要是基于事实上，理论和实践发现，完全没有必要精确计算界面通量，求解黎曼问题的近似解即可。这为算法格式的选择提供了足够的空间，应用非常灵活。

3. 源项的处理

与气体动力学方程相比，水流动力学方程中多出了非齐次源项。这些源项由底坡项和阻力项组成。对源项的处理得当与否直接影响到模型的稳定性和精度。对于底坡项，已经有相当多的研究成果。在近似计算时，可以认为该项影响很小，可以视为 0；当需要精确考虑时，可以采用 Valiani 和 Begnudelli 提出的具有严格物理意义的河床坡地源项发散形式（divergence form for bed slope source term，DFB）方法[12]：

$$S_{\mathrm{b}} = gh^2 n/2 \tag{2-112}$$

阻力项的准确处理需从数值和物理两方面考虑。在数值上，宜采用面临时间步的时空中心值，具体可用时间步初的已知值和时间步末的预测值的平均值；在物理上，水力摩阻公式要适当考虑流动非恒定和非均匀性的影响，可对水力摩阻项乘以修正系数，或者将运动方程中对流项乘以动量校正系数。

采用一般的显式方法处理阻力项，模型在模拟复杂动边界情况时往往不稳定，甚至崩溃。为了避免出现这种情况，Yoon 采用全隐式方法处理阻力项[13]，方程（2-103）可以分裂为两个常微分方程：

$$\frac{\mathrm{d}\boldsymbol{U}}{\mathrm{d}t} = \boldsymbol{S}_{\mathrm{f}} \tag{2-113}$$

$$\frac{\mathrm{d}\boldsymbol{U}}{\mathrm{d}t} = -\frac{1}{A}\sum_{j=1}^{m}\boldsymbol{E}^{*}L_{j} + \frac{1}{A}\sum_{j=1}^{m}\boldsymbol{S}_{\mathrm{b}}^{*}L_{j} \tag{2-114}$$

方程（2-113）和方程（2-114）分别采用隐式和显式求解方法。方程（2-113）根据泰勒公式展开可以获得隐式表达式：

$$\frac{\boldsymbol{U}^{n+1} - \boldsymbol{U}^{n}}{\Delta t} = \boldsymbol{S}_{\mathrm{f}}^{n+1} \tag{2-115}$$

$$\boldsymbol{S}_{\mathrm{f}}^{n+1} = \boldsymbol{S}_{\mathrm{f}}^{n} + \left(\frac{\partial \boldsymbol{S}_{\mathrm{f}}}{\partial \boldsymbol{U}}\right)^{n}\Delta \boldsymbol{U} + O(\Delta \boldsymbol{U}^{2}) \tag{2-116}$$

式中：n 为时间层；$\Delta \boldsymbol{U} = \boldsymbol{U}^{n+1} - \boldsymbol{U}^{n}$；$O$ 为高阶无穷小量符号。方程（2-116）右端 $\left(\dfrac{\partial \boldsymbol{S}_{\mathrm{f}}}{\partial \boldsymbol{U}}\right)^{n}$ 因子为 $\boldsymbol{S}$ 的雅可比矩阵。

经过变换，最终可得

$$\left[\boldsymbol{I} - \Delta t\left(\frac{\partial \boldsymbol{S}_{\mathrm{f}}}{\partial \boldsymbol{U}}\right)^{n}\right]\Delta \boldsymbol{U} = \Delta t\, \boldsymbol{S}_{\mathrm{f}}^{n} \tag{2-117}$$

式中：$\boldsymbol{I}$ 为单位矩阵。

2.3 水力学数学模型的应用

2.3.1 有限差分法在一维和二维水流模拟中的应用

1. 一维河道水流模拟

圣维南方程组属于拟线性双曲型偏微分方程组，求解方法很多，一般分为隐式和显式解法[13]。隐式解法通过求解圣维南方程线性化后的线性方程得到所需要的解（断面的水位和流量），而线性化后的方程里包含着下一时间步的量；显式解法解方程时，用到的都是已知时间步的值来解未知变量的值。一般而言，隐式算法对边界条件比较敏感，它会依次通过隐格式传递到解域里面的所有点；此外，隐式算法虽然在理论上是无条件稳定，但是在实际计算中仍然需要谨慎地选取时间步长和空间步长。显格式对上一步的数据比较敏感，要满足柯朗稳定条件。具体选择显式还是隐式算法极大地依赖于求解的问题。理论和实践表明，四点偏心隐式差分格式（Priesmann 格式）在求解一维非恒定流方程组时具有数值解法的稳定性好和精度高的优点，得到了广泛的应用。本小节将详细介绍采用四点偏心隐式差分格式求解河道一维水流运动的数值方法。

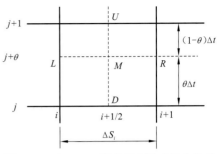

图 2-3　Priesmann 四点偏心隐式差分格式

Priesmann 隐格式差分形式中各网格节点的关系如图 2-3 所示。

设 $f(x,t)$ 为待求解函数，权因子为 θ，根据加权平均，可得到 L、R、U、D 等点的函数值如下：

$$
\begin{cases}
f(x,t) = \dfrac{\theta}{2}(f_{j+1}^{n+1} + f_j^{n+1}) + \dfrac{1-\theta}{2}(f_{j+1}^n + f_j^n) \\[2mm]
\dfrac{\partial f(x,t)}{\partial x} = \theta \dfrac{f_{j+1}^{n+1} - f_j^{n+1}}{\Delta x} + (1-\theta)\dfrac{f_{j+1}^n - f_j^n}{\Delta x} \\[2mm]
\dfrac{\partial f(x,t)}{\partial t} = \dfrac{f_{j+1}^{n+1} - f_{j+1}^n + f_j^{n+1} - f_j^n}{2\Delta t}
\end{cases}
\tag{2-118}
$$

令 $f^{n+1} = f^n + \Delta f$，可以将 Priesmann 格式改写为

$$
\begin{cases}
f(x,t) = \dfrac{\theta}{2}(\Delta f_{j+1} + \Delta f_j) + \dfrac{1}{2}(f_{j+1}^n + f_j^n) \\[2mm]
\dfrac{\partial f(x,t)}{\partial x} = \dfrac{f_{j+1}^n - f_j^n}{\Delta x} + \theta \dfrac{\Delta f_{j+1} - \Delta f_j}{\Delta x} \\[2mm]
\dfrac{\partial f(x,t)}{\partial t} = \dfrac{\Delta f_{j+1} + \Delta f_j}{2\Delta t}
\end{cases}
\tag{2-119}
$$

将上述式子带入圣维南方程组，得

$$
\frac{\Delta Z_{j+1} + \Delta Z_j}{2\Delta t} + \frac{2}{\theta(\Delta b_j + \Delta b_{j+1}) + (b_j + b_{j+1})}\left(\theta\frac{\Delta Q_{j+1} - \Delta Q_j}{\Delta x_j} + \frac{Q_{j+1} - Q_j}{\Delta x_j}\right) = 0
\tag{2-120}
$$

$$
\frac{\Delta Q_{j+1} + \Delta Q_j}{2\Delta t} + \frac{\theta}{\Delta x_j}\left[\frac{(Q_{j+1} + \Delta Q_{j+1})^2}{A_{j+1} + \Delta A_{j+1}} - \frac{(Q_j + \Delta Q_j)^2}{A_j + \Delta A_j}\right] + \frac{1-\theta}{\Delta x_j}\left(\frac{Q_{j+1}^2}{A_{j+1}} - \frac{Q_j^2}{A_j}\right)
$$

$$
+ g\left[\frac{\theta}{2}(\Delta A_{j+1} + \Delta A_j) + \frac{1}{2}(A_{j+1} + A_j)\right]\left[\frac{\theta}{\Delta x_j}(\Delta Z_{j+1} - \Delta Z_j) + \frac{1}{\Delta x_j}(Z_{j+1} - Z_j)\right]
$$

$$
+ \frac{g\theta}{2}\left[\frac{(A_{j+1} + \Delta A_{j+1})(Q_{j+1} + \Delta Q_{j+1})\left|Q_{j+1} + \Delta Q_{j+1}\right|}{(K_{j+1} + \Delta K_{j+1})^2} + \frac{(A_j + \Delta A_j)(Q_j + \Delta Q_j)\left|Q_j + \Delta Q_j\right|}{(K_j + \Delta K_j)^2}\right]
\tag{2-121}
$$

$$
+ \frac{g(1-\theta)}{2}\left(\frac{A_{j+1}Q_{j+1}\left|Q_{j+1}\right|}{K_{j+1}^2} + \frac{A_j Q_j\left|Q_j\right|}{K_j^2}\right) = 0
$$

这是一个非线性方程组，可以利用下面的式子进行线性化：

$$\frac{1}{A_j + \Delta A_j} = \frac{1}{A_j\left(1 + \dfrac{\Delta A_j}{A_j}\right)} \approx \frac{1}{A_j}\left(1 - \frac{\Delta A_j}{A_j}\right) \tag{2-122}$$

$$\frac{1}{(K_j + \Delta K_j)^2} = \frac{1}{K_j^2\left(1 + \dfrac{\Delta K_j}{K_j}\right)^2} \approx \frac{1}{K_j^2}\left(1 - 2\frac{\Delta K_j}{K_j}\right) \tag{2-123}$$

$$(Q_j + \Delta Q_j)^2 \approx Q_j^2 + 2Q_j\Delta Q_j \tag{2-124}$$

$$(Q_j + \Delta Q_j)\left|Q_j + \Delta Q_j\right| \approx Q_j\left|Q_j\right| + 2\left|Q_j\right|\Delta Q_j \tag{2-125}$$

$$\Delta A_j \approx \frac{\mathrm{d}A_j}{\mathrm{d}Z_j}\Delta Z_j = b_j\Delta Z_j \tag{2-126}$$

$$\Delta K_j \approx \frac{\mathrm{d}K_j}{\mathrm{d}Z_j}\Delta Z_j \tag{2-127}$$

$$\Delta b_j \approx \frac{\mathrm{d}b_j}{\mathrm{d}Z_j}\Delta Z_j \tag{2-128}$$

线性化后的方程组可以表示为

$$A_{1j}\Delta Q_j + B_{1j}\Delta Z_j + C_{1j}\Delta Q_{j+1} + D_{1j}\Delta Z_{j+1} = E_{1j} \tag{2-129}$$

$$A_{2j}\Delta Q_j + B_{2j}\Delta Z_j + C_{2j}\Delta Q_{j+1} + D_{2j}\Delta Z_{j+1} = E_{2j} \tag{2-130}$$

其中

$$\begin{cases} A_{1j} = -\dfrac{4\theta\Delta t}{\Delta x_j}\dfrac{1}{b_j + b_{j+1}} \\[2mm] B_{1j} = 1 - \dfrac{4\theta\Delta t}{\Delta x_j}\dfrac{Q_{j+1} - Q_j}{(b_{j+1} + b_j)^2}\dfrac{\mathrm{d}b_j}{\mathrm{d}Z_j} \\[2mm] C_{1j} = -A_{1j} \\[2mm] D_{1j} = 1 - \dfrac{4\theta\Delta t}{\Delta x_j}\dfrac{Q_{j+1} - Q_j}{(b_{j+1} + b_j)^2}\dfrac{\mathrm{d}b_{j+1}}{\mathrm{d}Z_{j+1}} \\[2mm] E_{1j} = -\dfrac{4\Delta t}{\Delta x_j}\dfrac{Q_{j+1} - Q_j}{b_{j+1} + b_j} \end{cases} \tag{2-131}$$

$$A_{2j} = 1 - \frac{4\theta\Delta t}{\Delta x_j}\frac{Q_j}{A_j} + 2g\theta\Delta t\frac{A_j\left|Q_j\right|}{K_j^2} \tag{2-132}$$

$$\begin{cases} B_{2j} = \dfrac{\theta\Delta t}{\Delta x_j}\left[\dfrac{2Q_j^2 b_j}{A_j^2} - g(A_j + A_{j+1}) + g(Z_{j+1} - Z_j)b_j\right] + g\theta\Delta t\dfrac{Q_j|Q_j|}{K_j^2}\left(b_j - \dfrac{2A_j}{K_j}\dfrac{\mathrm{d}K_j}{\mathrm{d}Z_j}\right) \\[3mm] C_{2j} = 1 + \dfrac{4\theta\Delta t}{\Delta x_j}\dfrac{Q_{j+1}}{A_{j+1}} + 2g\theta\Delta t\dfrac{A_{j+1}|Q_{j+1}|}{K_{j+1}^2} \\[3mm] D_{2j} = \dfrac{\theta\Delta t}{\Delta x_j}\left[-\dfrac{2Q_{j+1}^2 b_{j+1}}{A_{j+1}^2} - g(A_j + A_{j+1}) + g(Z_{j+1} - Z_j)b_{j+1}\right] + g\theta\Delta t\dfrac{Q_{j+1}|Q_{j+1}|}{K_{j+1}^2}\left(b_{j+1} - \dfrac{2A_{j+1}}{K_{j+1}}\dfrac{\mathrm{d}K_{j+1}}{\mathrm{d}Z_{j+1}}\right) \\[3mm] E_{2j} = \dfrac{\Delta t}{\Delta x_j}\left[-\dfrac{2Q_{j+1}^2}{A_{j+1}} + \dfrac{2Q_j^2}{A_j} - g(A_{j+1} + A_j)(Z_{j+1} - Z_j)\right] - g\Delta t\left(\dfrac{A_{j+1}Q_{j+1}|Q_{j+1}|}{K_{j+1}^2} + \dfrac{A_j Q_j|Q_j|}{K_j^2}\right) \end{cases}$$

$$(2\text{-}133)$$

显然，这是一个大型稀疏系数矩阵的线性方程组，可以采用任何标准的方法进行求解，但这里采用一种高效的双扫描法进行求解。

假设 $\Delta Q_j = F_j\Delta Z_j + G_j$，代入方程（2-129），消去 ΔQ_j，有

$$\Delta Z_j = H_j\Delta Q_{j+1} + I_j\Delta Z_{j+1} + J_j \qquad (2\text{-}134)$$

其中

$$\begin{cases} H_j = \dfrac{-C_{1j}}{A_{1j}F_j + B_{1j}} \\[3mm] I_j = \dfrac{-D_{1j}}{A_{1j}F_j + B_{1j}} \\[3mm] J_j = \dfrac{E_{1j} - A_{1j}G_j}{A_{1j}F_j + B_{1j}} \end{cases} \qquad (2\text{-}135)$$

将上两式代入线性方程组式（2-130），并消去 ΔQ_j 和 ΔZ_j，有

$$\Delta Q_{j+1} = F_{j+1}\Delta Z_{j+1} + G_{j+1} \qquad (2\text{-}136)$$

其中

$$F_{j+1} = -\dfrac{A_{2j}F_jI_j + B_{2j}I_j + D_{2j}}{A_{2j}F_jH_j + B_{2j}H_j + C_{2j}} \qquad (2\text{-}137)$$

$$G_{j+1} = \dfrac{E_{2j} - A_{2j}F_jJ_j - B_{2j}J_j - A_{2j}G_j}{A_{2j}F_jH_j + B_{2j}H_j + C_{2j}} \qquad (2\text{-}138)$$

可以看出，当已知 F_1、G_1，可以通过向前递推求解 H_j、I_j、J_j，从而也可以计算 F_{j+1}、G_{j+1}。而 F_1、G_1 可以由第一个断面的边界条件确定。

当计算出各断面的 F_{j+1}、G_{j+1} 后，根据最后一个断面的边界条件可以确定 ΔZ_N，从而计算出 ΔQ_N。这样反向扫描（回代）可以计算出 ΔZ_j、ΔQ_j，从而计算出 Z_j、Q_j。

这样线性化得到的解是原来非线性方程组的第一次近似，必须采用迭代不断逼近非线性方程组的真实的解。实践证明，当非线性方程组中的变量是水位和流量的连续函数时，这样的线性方程能提供很好的近似，一般经过两到三次追赶迭代求解就能得到十分满意的结果。

隐式差分格式是无条件稳定的，但实践发现，权因子 θ 对稳定性有一定的影响，要求 $\theta \geq 0.50$，一般取 $0.60 \leq \theta \leq 0.75$。

下面讨论如何根据已知的边界条件确定正向和反向递推的初始值。一般而言，已知的边界条件有三种：①已知 $z = z(t)$；②已知 $Q = Q(t)$；③已知 $Q = f(z)$。下面分别考虑上下游边界条件是如何确定递推初始值的。

对于上边界条件，此时需要确定 F_1, G_1，已知：

边界条件①，则 $F_1 = \infty, G_1 \approx -F_1 \Delta z_1$；

边界条件②，则 $F_1 = 0, G_1 \approx \Delta Q_1$；

边界条件③，则 $F_1 = \left. \dfrac{\mathrm{d}f}{\mathrm{d}z} \right|_{z_1}, G_1 = Q(z_1^n) - Q_1^n$。

对于下边界条件，此时需要确定 Δz_N，已知：

边界条件①，则 $\Delta z_N = z(t_n + \Delta t) - z_N^n$；

边界条件②，则 $\Delta z_N = \dfrac{\Delta Q_N - F_N}{E_N}$；

边界条件③，则 $\Delta z_N = \dfrac{f(z_N^n) - F_N - Q_N^n}{E_N - \dfrac{\mathrm{d}f}{\mathrm{d}z}}$。

整个非恒定流计算流程如图 2-4 所示。

明渠非恒定流计算的初始条件为各个断面的初始水位和初始流量。初始水位和初始流量的确定一般有两种方式：一种是各断面采用相同的值，另一种则通过明渠恒定流的计算方法。因为在 Priesmann 隐格式计算中有两个断面流量和水位的差，各断面采用相同的值会导致计算失效。故一般计算中的初始水位和初始流量的确定采用明渠恒定流的方法。

对于底坡不大的相邻两断面（图 2-5），首先对相邻断面列能量方程有

$$z_1 + h_1 + \frac{\alpha v_1^2}{2g} = z_2 + h_2 + \frac{\alpha v_2^2}{2g} + \Delta h_\mathrm{f} \tag{2-139}$$

忽略断面动能修正系数及局部水头损失，只考虑沿程水头损失，将沿程水头损失推导公式代入得

$$z_1 + h_1 + \frac{\alpha v_1^2}{2g} - \frac{\Delta L}{2} \frac{Q^2}{K_1^2} = z_2 + h_2 + \frac{\alpha v_2^2}{2g} + \frac{\Delta L}{2} \frac{Q^2}{K_2^2} \tag{2-140}$$

计算时，明渠设计流量 Q、河段糙率 n、明渠计算河段长度 ΔL 及下游控制断面渠底高程 z_2、控制水面水深 h_2 均为已知，可由下游向上游逐段推算，由于 z_2 等一系列下游断面水力要素已知，等式右端即为已知量，设为 B，同时左端控制断面的渠底高程 z_1 亦为已知，则左端为水深 h_1 的函数：

$$f(h_1) = z_1 + h_1 + \frac{\alpha v_1^2}{2g} - \frac{\Delta L}{2} \frac{Q^2}{K_1^2} - \left(z_2 + h_2 + \frac{\alpha v_2^2}{2g} + \frac{\Delta L}{2} \frac{Q^2}{K_2^2} \right) \tag{2-141}$$

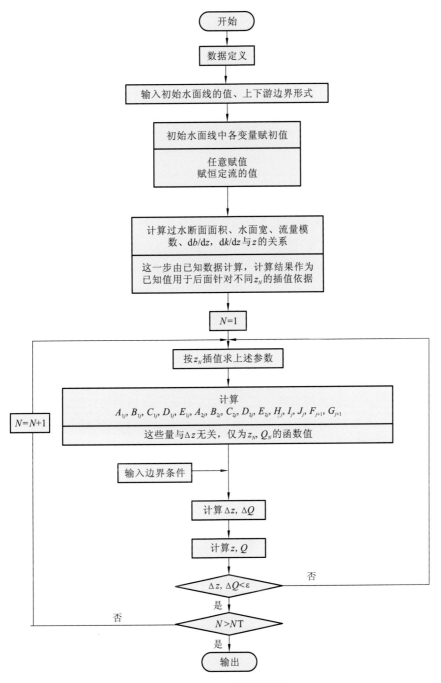

图 2-4　非恒定流计算框图

2. 二维河道水流模拟

二维河道水流运动方程参见式（2-7）～式（2-9）。这里采用有限差分法进行求解。

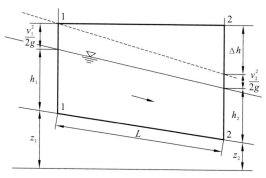

图 2-5　明渠水面线

对于平面二维问题，当采用有限差分法进行网格划分时，因增加了 y 方向的双程坐标，计算比一维问题复杂得多。常用的方法有分步法、交替方向隐式法（alternating direction implicit method，ADI）和直接法[14]。分步法将原来比较复杂的问题分解为若干相对简单的问题，先对简单问题求解，然后综合成原问题的解；ADI 方法将空间二维问题分成两个相互作用的一维问题，将一个计算时段一分为二，前半个时段将与 y 方向有关的因变量看作是已知值，x 方向按一维问题采用隐式差分格式求解，后半个时段将与 x 方向有关的因变量看作是已知值，y 方向按一维问题采用隐式差分格式求解。与分步法不同的是，ADI 法没有将微分方程分解，所有方向的计算采用的是原始方程；直接法不对时间或空间分步，直接对原始方程求解。这种方法没有采用交错网格，因而避免了插值和平均带来的误差，但计算工作量较大。下面对实际应用中采用较多的 ADI 方法进行介绍[13]，其网格布置如图 2-6 所示，各图形表示的物理量标注在图形上方或右边。

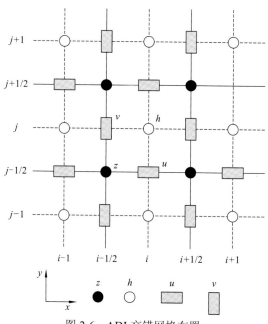

图 2-6　ADI 交错网格布置

设 $f(x, y, t)$ 为待求解函数。对于前半个时间步长，求解 x 方向的因变量，y 方向因变量在计算时间层以前的节点值已知，时间离散层为 $(n+1/2)$，差分中心取 $(i-1/2, j)$，则差分格式为

$$\left(\frac{\partial f}{\partial t}\right)_{i-1/2,j}^{n+1/2} = \frac{f_{i,j}^{n+1/2} + f_{i-1,j}^{n+1/2} - f_{i,j}^{n-1/2} - f_{i-1,j}^{n-1/2}}{2\Delta t} \qquad (2\text{-}142)$$

$$\left(\frac{\partial f}{\partial x}\right)_{i-1/2,j}^{n+1/2} = \frac{\theta(f_{i,j}^{n+1/2} - f_{i-1,j}^{n+1/2}) + (1-\theta)(f_{i,j}^{n-1/2} - f_{i-1,j}^{n-1/2})}{\Delta t} \qquad (2\text{-}143)$$

$$\left(\frac{\partial f}{\partial y}\right)_{i,j-1/2}^{n+1/2} = \frac{f_{i,j}^{n} - f_{i,j-1}^{n}}{\Delta y} \qquad (2\text{-}144)$$

对于后半个时间步长，求解 y 方向的因变量，x 方向因变量在计算时间层以前的节点值已知，此时时间离散层推进到 $(n+1)$，差分中心取 $(i, j-1/2)$，则差分格式为

$$\left(\frac{\partial f}{\partial t}\right)_{i,j-1/2}^{n+1} = \frac{f_{i,j}^{n+1} + f_{i,j-1}^{n+1} - f_{i,j}^{n} - f_{i,j-1}^{n}}{2\Delta t} \qquad (2\text{-}145)$$

$$\left(\frac{\partial f}{\partial y}\right)_{i,j-1/2}^{n+1} = \frac{\theta(f_{i,j}^{n+1} - f_{i,j-1}^{n+1}) + (1-\theta)(f_{i,j}^{n} - f_{i,j-1}^{n})}{\Delta t} \qquad (2\text{-}146)$$

$$\left(\frac{\partial f}{\partial x}\right)_{i-1/2,j}^{n+1} = \frac{f_{i,j}^{n+1/2} - f_{i-1,j}^{n+1/2}}{\Delta x} \qquad (2\text{-}147)$$

将式（2-142）～式（2-144）代入控制方程（2-7）和方程（2-8），可得到前半个时段的差分方程为

$$A_{i,j}^{1} z_{i-1,j}^{n+1/2} + B_{i,j}^{1} u_{i-1,j}^{n+1/2} + C_{i,j}^{1} z_{i,j}^{n+1/2} + D_{i,j}^{1} u_{i,j}^{n+1/2} = E_{i,j}^{1} \qquad (2\text{-}148)$$

$$A_{i,j}^{2} z_{i-1,j}^{n+1/2} + B_{i,j}^{2} u_{i-1,j}^{n+1/2} + C_{i,j}^{2} z_{i,j}^{n+1/2} + D_{i,j}^{2} u_{i,j}^{n+1/2} = E_{i,j}^{2} \qquad (2\text{-}149)$$

将式（2-145）～式（2-147）代入控制方程（2-7）和方程（2-9），可得到后半个时段的差分方程为

$$A_{i,j}^{3} z_{i,j-1}^{n+1} + B_{i,j}^{3} u_{i,j-1}^{n+1} + C_{i,j}^{3} z_{i,j}^{n+1} + D_{i,j}^{3} u_{i,j}^{n+1} = E_{i,j}^{3} \qquad (2\text{-}150)$$

$$A_{i,j}^{4} z_{1,j-1}^{n+1} + B_{i,j}^{4} u_{i,j-1}^{n+1} + C_{i,j}^{4} z_{i,j}^{n+1} + D_{i,j}^{4} u_{i,j}^{n+1} = E_{i,j}^{4} \qquad (2\text{-}151)$$

其中

$$A_{i,j}^{1} = B_{i,j}^{1} = C_{i,j}^{1} = D_{i,j}^{1} = 1$$

$$A_{i,j}^{2} = -C_{i,j}^{2} = 2g\theta\frac{\Delta t}{\Delta x}$$

$$A_{i,j}^{4} = -C_{i,j}^{4} = 2g\theta\frac{\Delta t}{\Delta y}$$

$$B_{i,j}^{1} = -2\theta\frac{\Delta t}{\Delta x} h_{i-1,j}^{n+1/2}$$

$$B_{i,j}^{2} = 1 - 2\theta\frac{\Delta t}{\Delta x} u_{i,j}^{n+1/2}$$

$$B_{i,j}^3 = -2\theta \frac{\Delta t}{\Delta y} h_{i,j-1}^{n+1}$$

$$B_{i,j}^4 = 1 - 2\theta \frac{\Delta t}{\Delta y} v_{i,j}^{n+1}$$

$$D_{i,j}^1 = 2\theta \frac{\Delta t}{\Delta x} h_{i,j}^{n+1/2}$$

$$D_{i,j}^2 = 1 + 2\theta \frac{\Delta t}{\Delta x} u_{i,j}^{n+1/2} + 2g\Delta t \frac{n^2 \sqrt{(u_{i,j}^{n-1/2})^2 + (v_{i,j}^n)^2}}{(h_{i,j}^n)^{4/3}}$$

$$D_{i,j}^3 = 2\theta \frac{\Delta t}{\Delta x} h_{i,j}^{n+1}$$

$$D_{i,j}^4 = 1 + 2\theta \frac{\Delta t}{\Delta x} v_{i,j}^{n+1} + 2g\Delta t \frac{n^2 \sqrt{(u_{i,j}^{n+1/2})^2 + (v_{i,j}^n)^2}}{(h_{i,j}^{n+1/2})^{4/3}}$$

$$E_{i,j}^1 = z_{i,j}^{n-1/2} + z_{i-1,j}^{n-1/2} + 2(1-\theta)\frac{\Delta t}{\Delta x}(u_{i-1,j}^{n-1/2} h_{i-1,j}^{n-1/2} - u_{i,j}^{n-1/2} h_{i-1,j}^{n-1/2}) + 2\frac{\Delta t}{\Delta y}(v_{i,j-1}^n h_{i,j-1}^n - u_{i,j}^n h_{i,j}^n)$$

$$E_{i,j}^2 = \left[1 - 2(1-\theta)\frac{\Delta t}{\Delta x} u_{i,j}^{n+1/2} - 2\frac{\Delta t}{\Delta x} v_{i,j}^n \right](u_{i,j}^{n-1/2} + u_{i-1,j}^{n-1/2})$$

$$+ 2\theta\Delta t \left(\frac{u_{i+1,j}^{n-1/2} - 2u_{i,j}^{n-1/2} + u_{i-1,j}^{n-1/2}}{(\Delta x)^2} + \frac{u_{i,j+1}^{n-1/2} - 2u_{i,j}^{n-1/2} + u_{i,j-1}^{n-1/2}}{(\Delta y)^2} \right)$$

$$- 2g(1-\theta)\frac{\Delta t}{\Delta x}(z_{i,j}^{n-1/2} - z_{i-1,j}^{n-1/2})$$

$$E_{i,j}^3 = z_{i,j}^n + z_{i,j-1}^n + 2(1-\theta)\frac{\Delta t}{\Delta y}(v_{i,j-1}^n h_{i,j-1}^n - u_{i,j}^n h_{i,j}^n) + 2\frac{\Delta t}{\Delta x}(u_{i-1,j}^{n-1/2} h_{i-1,j}^{n+1/2} - u_{i,j}^{n+1/2} h_{i,j}^{n+1/2})$$

$$E_{i,i}^4 = \left[1 - 2(1-\theta)\frac{\Delta t}{\Delta y} v_{i,j}^{n+1} - 2\frac{\Delta t}{\Delta x} u_{i,j}^{n+1/2} \right](v_{i,j}^n + v_{i,j-1}^n)$$

$$+ 2\theta\Delta t \left(\frac{v_{i+1,j}^n - 2v_{i,j}^n + v_{i-1,j}^n}{(\Delta x)^2} + \frac{v_{i,j+1}^n - 2v_{i,j}^n + v_{i,j-1}^n}{(\Delta y)^2} \right)$$

$$- 2g(1-\theta)\frac{\Delta t}{\Delta y}(z_{i,j}^n - z_{i,j-1}^n)$$

前一步方程（2-148）、方程（2-149）和后一步方程（2-150）、方程（2-151）可以采用不同的迭代方法求解，通常采用双扫描法比较简便，其求解过程和 Priesmann 求解方程组采用的双扫描法基本相同，这里不再重复。

计算过程中除会遇到摩阻应力的计算外，还可能涉及以下两种边界情况。

（1）闭边界：水流受到阻挡，法向流速为 0。

（2）开边界：可选择开边界为水（潮）位过程，若预先计算已知边界处流速或入流、出流流量过程，还可以选择相应流速或流量过程作为其边界条件。选择水（潮）位、流速或流量边界条件，其过程都可用随时间变化的一组序列表示：$z = z(t)$，$\bar{V} = \bar{V}(t)$ 或 $Q = Q(t)$。

柯朗数是保证模型稳定性的重要因素之一，一般情况下，对二维的水流模拟，模型柯朗数不能超过 20。

2.3.2　有限体积法在洪水演进中的应用

作为一种新的仍在不断发展完善中的算法，有限体积法在河流、湖泊、水库和近海的水流模拟（包括紊流模拟），在水利水电工程规划、布置和设计，在洪水淹没和溃堤决堤的后果预测，以及在泥沙和污染的输运扩散和河道冲淤等方面，越来越显示出计算的简便性、有效性和稳健性。

防洪保护区洪水演进是一个典型的平面二维浅水流动问题，采用有限体积法求解其运动方程的基本原理参见 2.2.2 小节，这里只对一些计算中可能遇到的其他问题进行简单介绍。用有限体积法解式（2-103）时，应当在法线方向建立起单元水动力模型，可采用 Godunov、Roe 等提出的各种理论来求解黎曼问题以得到界面处的数值通量，或采用总变差不变（total variation diminishing，TVD）、通量向量分裂（flux vector splitting，FVS）等格式近似求解该黎曼问题。

采用单元中心网格形成方式，计算的物理通量，如速度和流量等，位于单元中心，地理要素，如水位或水深，则存储在网格节点处，这样能保证相邻单元地形的连续性。利用水位和流量交替的求解方法，使水位和流量的计算位于不同的层次，计算思路更加清晰，使求解和程序编制更加简单，如图 2-7 所示。

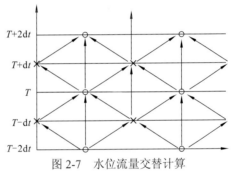

图 2-7　水位流量交替计算

计算过程中设定干水深和湿水深，可以提高计算效率。由于洪水演进模拟是浅水流动的问题，每个网格的水深值相对较小。因此，当网格水深小于某值时，可以改变该网格的属性，以提高计算的效率，增加计算的稳定性。

用 h_{dry} 表示干水深，用 h_{wet} 表示湿水深，用 h 表示当前网格水深。通常情况下，由于地面的阻流作用，只有当地面水深达到一定值时，水流才会向前演进。在计算前，可以对网格的水深进行判断，分析每个网格的水深是否达到干水深或湿水深，比较 h 与 h_{dry}、h_{wet} 的大小。当界面两侧网格水深小于 h_{dry} 时，该界面两侧的网格将直接从计算中移除，不参加模型计算。当界面两侧网格水深大于 h_{dry} 而小于 h_{wet} 时，计算时只计算网格的质量通量，忽略该网格的动量通量。当界面两侧网格水深大于 h_{wet} 时，网格需要同时计算质量通量和动量通量。通常情况下，在模拟洪水演进时，当某一个网格的水深 h 在某时刻大于 h_{dry} 或 h_{wet} 后，该时刻以后的时间，h 都会大于 h_{dry} 或 h_{wet}。因此，判定网格水深 h 大于 h_{wet} 或 h_{wet} 之后，每个步长都将计算质量通量和动量通量，不再比较 h 和 h_{dry}、h_{wet} 的大小。正常情况下，干水深 h_{dry} 通常取 0.005 m，湿水深 h_{wet} 通常取 0.05 m。

控制体周边通量计算依赖河道或滞洪区内各种地形条件，如铁路、公路、桥涵、潜堤、堤防、水闸等建筑物情况。对不同类型的界面模型应用不同的理论模式进行概化，在程序中对应不同的代码。如地面型界面、河道型界面、连续堤防、缺口堤防、各类闸门等。界面主要模化为以下几种情况。

（1）浅水地面型界面。一般界面，两侧单元为陆地且水深小于 0.5 m，界面上没有堤防等阻水建筑物。考虑到洪泛区的地形在起伏不大的情况下，地面洪水演进主要受到重力和阻力的作用，忽略掉加速度项，利用差分方法离散得到地面型界面的动量离散方程

$$Q_j^{n+1} = \text{sign}(z_{j1}^n - z_{j2}^n) H_j^{5/3} \left(\frac{|z_{j1}^n - z_{j2}^n|}{\mathrm{d}L_j} \right)^{1/2} \frac{1}{n} \tag{2-152}$$

式中：z_{j1}^n，z_{j2}^n 为界面两侧单元的水深；sign 为符号函数，表示 Q_j^{n+1} 的正负与 $z_{j1}^n - z_{j2}^n$ 的正负相同；$\mathrm{d}L_j$ 为相邻单元形心到界面中心的距离之和。

（2）深水地面型界面。一般界面，两侧单元为陆地且水深大于 0.5m，或者界面两侧网格均为较宽的河道型网格，界面为过流断面。动量方程沿界面法线方向离散为

$$Q_j^{n+1} = Q_j^{n-1} - 2\frac{(u_{j2}^n)^2 - (u_{j1}^n)^2}{\mathrm{d}L_j A_j}\Delta t - 2gH_j\frac{z_{j2}^n - z_{j1}^n}{\mathrm{d}L_j}\Delta t - 2g\frac{n^2 Q_j^{n-1}|Q_j^{n-1}|}{H_j^{7/2}}\Delta t \tag{2-153}$$

式中：u_{j1}^n、u_{j2}^n 为界面两侧单元中心沿界面法向的投影速度；H_j 为界面上的平均水深。

（3）窄河道型界面。也称之为特殊界面，是为了模拟计算域内的较小宽度的河渠设置的，以反映水流沿河而流及河道与两侧陆地之间水量交换的现象，如果界面两侧有阻水建筑物，可以将两侧的阻水建筑物设为堤防。沿河道动量方程离散为

$$Q_j^{n+1} = Q_j^{n-1} - 2\frac{(Q_{j2}^{n-1})^2 - (Q_{j1}^{n-1})^2}{\mathrm{d}x_j A_j}\Delta t - 2gA_j\frac{z_{j2}^n - z_{j1}^n}{\mathrm{d}x_j}\Delta t - 2gA_j S_j\Delta t \tag{2-154}$$

特殊界面与两侧网格之间的流量计算，采用宽顶堰流公式，即

$$Q_j^{n+1} = \sigma_s m\sqrt{2g}H_j^{3/2} \tag{2-155}$$

式中：m 为流量系数；σ_s 为淹没系数。

（4）闸门型界面。行洪闸门界面的开启与关闭依赖于洪水调度条件，防潮闸的开启与关闭通过河道水位与海域潮位的差值来调节，闸门过流量由流量和闸上、闸下水位关系曲线确定。

2.4 本章小结

本章对计算水力学涉及的连续性方程和运动方程进行了介绍，连续性方程遵循质量守恒定律，而运动方程满足动量守恒定律。除这两类守恒定律外，水流运动还满足能量守恒定律，但对河道或物质输运的水力描述，采用连续性方程和动量方程，结合边界条件，即可形成封闭解。

在选择描述水流运动的物理方程时，必须结合所要求解的问题来考虑合适的数学模型。在考查洪水波的推进时，非常适合采用一维水力学模型；在弯道水流或洪泛区洪水

演进模拟过程中，通常采用二维水流模拟模型才能比较真实地反映冲刷或淹没状态；而对射流、水跃等的数值模拟，空化与空蚀的微作用，港口风生环流，采用三维模型精细化模拟目前也取得了令人鼓舞的成果。

　　描述水流运动的方程本质上是一拟线性双曲线偏微分方程，对其求解伴随着偏微分方程数值解法数学理论的进步而发展，彼此相互促进。有限差分法是一种直接将求解微分方程问题变为求解代数问题的近似数值解法，发展最早，也比较成熟，是数值解法中最经典且最常用的一种方法；有限体积法在一定程度上吸收了有限差分法和有限元法各自的优点，既能像有限元法一样能适应复杂的求解区域，又能像有限差分法那样具有离散的灵活性和对间断解的适应性，因此目前在计算流体力学领域得到了越来越广泛的应用。此外，鉴于有限单元法在结构计算中得到了最广泛的应用，理论逐步成熟，因此，可以预见，未来也将在流体计算中大有可为。

参 考 文 献

[1] 许唯临. 水力学数学模型[M]. 北京: 科学出版社, 2010.

[2] 冯民权, 郑邦民, 周孝德. 河流及水库流场与水质的数值模拟[M]. 北京: 科学出版社, 2007.

[3] 徐国宾. 河工学[M]. 北京: 中国科学技术出版社, 2011.

[4] 汪德爟. 计算水力学理论与应用[M]. 北京: 科学出版社, 2011.

[5] 雒文生, 宋星原. 水环境分析及预测[M]. 武汉: 武汉大学出版社, 2000.

[6] 窦国仁. 紊流力学(上、下册)[M]. 北京: 高等教育出版社, 1981.

[7] 约翰 D 安德森. 计算流体力学基础及其应用[M]. 吴颂平, 刘赵淼, 译. 北京: 机械工业出版社, 2007.

[8] 谭维炎. 计算浅水动力学-有限体积法的应用[M]. 北京: 清华大学出版社, 1998.

[9] 罗惕乾, 程兆雪, 谢永曜. 流体力学[M]. 3 版. 北京: 机械工业出版社, 2014.

[10] ROE P L. Approximate Riemann solvers, parameter vectors and difference schemes[J]. Journal of computational physics, 1981, 43, 357-372.

[11] HARTEN A, LAX P D, LEER B VAN. On upstream differencing and Godunov-type schemes for hyperbolic conservation laws[J]. SIAM review, 1983, 25: 35-61.

[12] VALIANI A, BEGNUDELLI L. Divergence form for bed slope source term in shallow water equations[J]. Journal of hydraulic engineering[J]. 2006, 132(7): 652-665.

[13] YOON T, KANG S. Finite-volume model for two dimensional shallow water flows on unstructured grids[J]. Journal of hydraulic engineering, 2004, 130(7): 678-688.

[14] 李义天, 赵明登, 曹志芳. 河道平面二维水沙数学模型[M]. 北京: 中国水利水电出版社, 2001.

枢纽运行水力耦合响应特性

3.1 多供水需求下水库多年调节策略

丹江口水库位于汉江中上游湖北省丹江口市和河南省南阳市淅川县,水域横跨鄂、豫两省,处于丹江与汉江干流交界之处,隶属长江流域。图 3-1 为丹江口水库在长江流域中的位置示意图。水库相应的调度任务依次为防洪、发电、灌溉、航运及养殖,其中发电优先于灌溉供水。

图 3-1　丹江口水库在长江流域中的位置示意图

为了应对新增的南水北调中线供水任务,丹江口水库自 2005 年开始进行大坝加高工程,直至 2012 年完工。大坝加高后的丹江口水库特征水位及电站主要参数见表 3-1,水库泄流特性曲线及库容特性曲线见图 3-2 和图 3-3。

表 3-1　丹江口水库特征水位及电站主要参数

参数名称	参数	单位	参数名称	参数	单位
正常蓄水位	170.0	m	装机容量	90+4	万 kW
设计洪水位	172.2	m	机组台数	6+2	台
校核洪水位	174.35	m	保证出力	24.7	万 kW
死水位	150.0	m	多年平均发电量	383 000	万 kW·h
防洪限制水位	160/163.5	m	年利用小时	4 367	h
总库容	339.1	亿 m³	设计水头	63.5	m
兴利库容	163.6	亿 m³	最大/最小水头	67.2 / 49.2	m
死库容	126.9	亿 m³	机组最大过水能力	277	m³/s

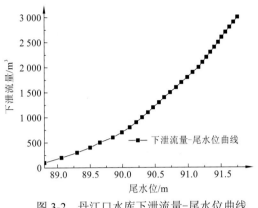

图 3-2　丹江口水库下泄流量-尾水位曲线

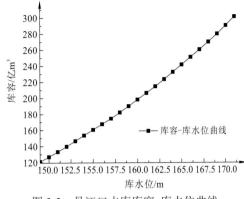

图 3-3　丹江口水库库容-库水位曲线

在南水北调中线供水后，水库将依次为汉江中下游用水（生活供水及生态需水）、清泉沟灌溉供水及南水北调中线供水。其中，南水北调中线供水量约占丹江口水库年平均入库径流量的 26.36%（图 3-4（b）），占比较大。清泉沟多年平均各旬供水量及南水北调中线供水量和汉江中下游用水见图 3-4（a）。而由丹江口水库历史径流序列可知，历史上丹江口水库曾遭遇不少枯水情况，见表 3-2。其中，1966 年、1997 年、1999 年和 2001 年水库年径流量均不大于 190 亿 m³，属于极端枯水情况。在上述极端枯水情况下，水库的多用水户供水任务将面临较大缺水风险，水库天然入库径流无法满足所有用水户的需求（其中南水北调中线每年约调出 95 亿 m³，水库各用水户总需水量约达 267 亿 m³）。

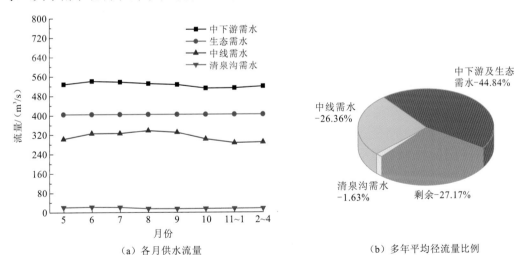

（a）各月供水流量　　　　　　　　　（b）多年平均径流量比例

图 3-4　清泉沟供水、南水北调中线供水、汉江中下游用水及其占多年平均径流量比例

表 3-2　丹江口水库历史部分枯水年径流情况

年份	径流量/亿 m³	年份	径流量/亿 m³	年份	径流量/亿 m³
1966	179	1978	228	1986	240
1995	223	1997	165	1999	142
2001	190	2002	227	2006	228

　　基于上述丹江口水库有限的分配不均的降水资源、南水北调中线通水后增加的供水任务、大坝加高后水库增加的库容调蓄能力和多年调节性质，原有的年尺度的水库优化调度研究和供水发电方案均将不再适用。首先，由大坝加高导致的水库对径流的调节能力显著增加要求调度决策者在进行长期乃至多年尺度的优化调度时，应充分考虑入库径流年际间的联系与变化，从而更好地利用多年调节水库的库容调节能力进行年际间径流的调蓄，提高中线供水保证率。因此，作为优化调度模型的输入条件，如何基于历史信息准确地把握入库径流统计特征及年际变化特性，是做好丹江口水库多年优化调度的基础。其次，加高后若仍按原先的年尺度进行水库调度策略研究，将会造成不能充分利用水库调蓄能力且部分情况下水资源浪费的局面。丹江口水库历史径流显示其径流年际和年内变化较大，尽管加高后水库调蓄能力增强，年内径流过程对水库调度的影响相对较小，但其年际间入库径流的不确定性对水库调度的影响依旧不可忽视。针对上述枯水年丹江口水库入库径流难以满足多用水户供水的问题，在入库径流有限的情况下，如何充分考虑历史调度信息，推求符合水库调度决策者和用水户心理的供水策略，做好调度期内各阶段供水量配置，使得水库总体供水效益最优、南水北调中线供水保证率最高是丹江口水库加高后调度任务的重中之重。

　　本节以丹江口水库为例，基于水库历史径流特征分析，综合考虑大坝加高及南水北调中线工程通水后导致的水库基本特征参数、调度任务、调节性质等改变，开展多供水需求下的多年调节水库多目标优化调度研究。

3.1.1　入库径流特征

　　水文随机模拟是根据已知的观测资料建立能预测未来水势变化的随机模型，并由模型随机模拟大量序列用以水文系统分析及水资源规划及管理[1]。丹江口水库加高后面临着中下游生态需水及生活供水、清泉沟灌区农业供水及南水北调中线供水等多项供水任务。在丹江口水库入库径流特征分析的基础上，根据已有历史径流序列建立合适的径流随机模拟模型，准确把握入库径流年际变化特性，并通过分析可能发生的径流情况进行水库加高后的水资源合理规划和配置是丹江口水库加高后多年优化调度的基础工作。

　　针对丹江口水库径流特征分析，通过径流年际变化特征分析、年内变化特征分析、上游调蓄水库对入库径流影响分析及大坝加高后对径流调节能力变化 4 个方面进行。其中，年际变化特征分析采用径流单累计曲线来分析入库径流年际一致性，采用 5 年滑动平均和 Kendall 秩次相关法分析入库径流年际整体趋势，采用累计距平法和有序聚类分析法进行入库径流年际阶段性的研究；年内变化特征分析采用完全调节系数和不均匀系数分析入库径流年内不均匀性，采用集中度和集中期来分析径流年内集中程度，采用相对和绝对变化幅度分析径流年内变化幅度，具体见图 3-5。

　　此外，通过分析上游调蓄水库建成前后丹江口水库入库径流变化，揭示汉江上游调蓄水库对丹江口入库径流的影响；通过分析丹江口水库大坝加高后库容等特征变化来推求其对入库径流调节的影响。

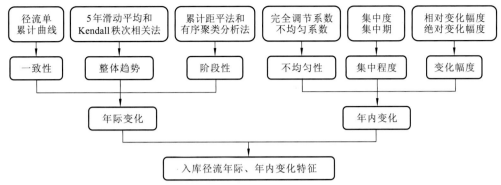

图 3-5　丹江口水库入库径流年际、年内特征分析技术路线

1. 入库径流年际变化特征

1）入库径流的一致性

以 1956～2009 年丹江口水库实测入库径流资料为基础,绘制出水库入库径流的单累计曲线(图 3-6)。由图 3-6 可知,累计径流随时间存在丰枯交替的周期性变化规律:1956～1964 年水库来水量处于较枯水段,累计径流量略低于趋势线;1964～1982 年水库累计径流量较上一阶段稍有回升,其走势与趋势线几乎一致;1982～1996 年水库来水量处于丰水段,累计径流量略高于趋势线;1996～2009 年流域来水量又呈现出减少的趋势,相距趋势线稍有偏离。总体而言,丹江口水库历史入库径流资料具有良好的一致性。

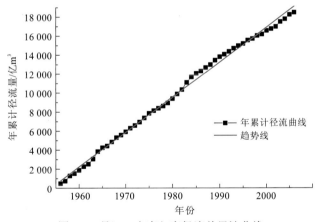

图 3-6　丹江口水库入库径流单累计曲线

2）年际变化的整体趋势

将年径流量、汛期（5～10 月）径流量这两类不同时间尺度序列进行 5 年滑动平均分析,得到序列实测年径流量和汛期径流量过程及其相应的 5 年滑动平均过程图,见图 3-7 和图 3-8。由图可知,两类序列的实测径流过程与相应的 5 年滑动平均过程均显示出丹江口水库入库径流年际间呈现出周期性的丰枯交替,且年际间径流量变化较大,自1992 年之后进入较长时间的较枯水期。

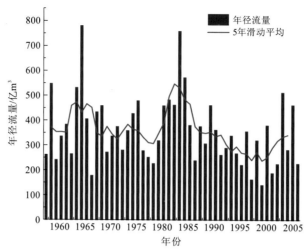

图 3-7 丹江口水库年入库径流过程

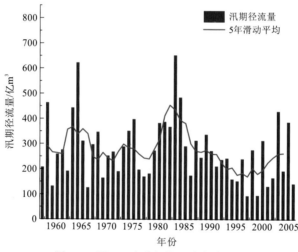

图 3-8 丹江口水库汛期入库径流过程

根据 1956～2009 年丹江口水库入库径流序列资料，采用 Kendall 秩次相关方法检验序列是否存在明显的变化趋势。经计算，年径流量、汛期径流量序列的 Kendall 标准化变量分别为 $M_年=-1.74$，$M_汛=-1.65$。取显著性水平 $a=0.05$，相应的检验临界值 $M_a=1.96$，可以得到 $M_年$、$M_汛$ 的绝对值均小于 M_a，表明了丹江口水库年径流量、汛期径流量减小趋势不明显，其仍处于正常的周期性的枯水阶段。

3）年际变化的阶段性

丹江口水库入库年径流的阶段性特征可利用累计距平法进行分析，计算公式为

$$LP_i = \sum_{i=1}^{N}(W_i - \overline{W}) \tag{3-1}$$

式中：LP_i 为累计距平值；W_i 为第 i 年的径流量；$\overline{W}$ 为序列平均径流量。

经分析，丹江口水库入库年径流量及汛期径流量累计距平变化过程相似。图 3-9 为

水库入库年径流累计距平曲线，可以看出 1956～1962 年、1965～1975 年、1985～1989 年及 2002～2006 年间累积曲线出现交替上升或下降，说明在这些时段内丰水期和枯水期交替出现，且持续时间不长，一般不超过 3 年，但 1962～1965 年、1979～1985 年分别出现了长达 4 年、6 年的显著丰水期，1975～1979 年、1989～2002 年分别出现了持续 5 年、14 年的显著枯水期。因此，分别以 1965 年、1976 年、1990 年为节点，分析各阶段的径流变化情况，见表 3-3。

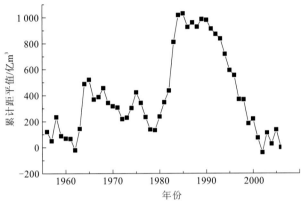

图 3-9　丹江口水库入库年径流累计距平曲线

表 3-3　1956～2009 年各阶段入库径流量均值

流量	1956～1964 年	1965～1975 年	1976～1989 年	1990～2006 年	1956～2009 年
年径流量 $W_年$/亿 m³	425.74	365.62	399.79	295.59	362.26
汛期径流量 $W_汛$/亿 m³	332.93	272.70	318.85	220.58	278.62
$W_汛/W_年$	0.78	0.75	0.80	0.75	0.77

由表 3-3 可以看出，相应于 1965～1975 年、1976～1989 年、1990～2006 年的年径流量变化幅度分别为 60.12 亿 m³、34.17 亿 m³、104.2 亿 m³，分别占前一阶段的 14.1%、9.3%、26.1%；汛期径流变化幅度分别为 60.23 亿 m³、46.15 亿 m³、98.27 亿 m³，分别占前一阶段的 18.1%、16.9%、30.8%。数据表明，1965 年后年径流量和汛期径流量有所减少，其中 1990 年以后，年径流量和汛期径流量减小幅度加大。此外，从整体序列来看，1956～1964 年年均径流量明显大于序列平均年径流量，为丰水段；1965～1975 年年均径流量与平均径流量比较接近，为平水段；1976～1989 年年均径流量稍大于序列平均径流量，为较丰水段；1990～2009 年年均径流量明显低于平均径流量，为枯水段。综上所述，丹江口水库年际间径流变化有明显的阶段性。

4）年际间丰枯交替情况

将丹江口水库（1956～2009 年）入库径流资料进行分析，将其划分为 5 个状态：特枯、较枯、平、较丰、特丰，分别用 1、2、3、4、5 表示。划分频率标准见表 3-4。

表 3-4 丹江口水库丰平枯等级划分表

名称	特丰水年	较丰水年	平水年	较枯水年	特枯水年
频率 p/%	<12.5	12.5～37.5	37.5～62.5	62.5～87.5	>87.5
划分区间/ (m³/s)	>519.3	384.1～519.3	301.7～384.1	219.4～301.7	<219.4

采用一步转移频数矩阵，统计丹江口水库历史入库径流年际丰枯状态变化。具体见式（3-2）。

$$\boldsymbol{F} = (f_{ij})_{5\times5} = \begin{pmatrix} 0 & 1 & 2 & 1 & 0 \\ 0 & 4 & 9 & 2 & 2 \\ 3 & 5 & 2 & 4 & 0 \\ 1 & 6 & 1 & 4 & 1 \\ 0 & 1 & 1 & 1 & 2 \end{pmatrix} \tag{3-2}$$

式中：f_{ij} 为某一历史年径流状态为第 i 状态时，其下一年历史年径流状态为第 j 状态的频数。通过式（3-3）将上述频数转化为概率值：

$$p_{ij} = \frac{f_{ij}}{\sum\limits_{j=1}^{5} f_{ij}} \tag{3-3}$$

具体结果为

$$\boldsymbol{P}^{(1)} = \begin{pmatrix} 0 & 0.25 & 0.5 & 0.25 & 0 \\ 0 & 0.235 & 0.529 & 0.118 & 0.118 \\ 0.214 & 0.357 & 0.143 & 0.286 & 0 \\ 0.077 & 0.461 & 0.077 & 0.308 & 0.077 \\ 0 & 0.2 & 0.2 & 0.2 & 0.4 \end{pmatrix} \tag{3-4}$$

由式（3-2）和式（3-4）可知丹江口水库历史年径流在年际的变化主要集中在：较枯+较枯、较枯+较丰、平+较枯、较丰+较枯、较丰+平及较丰+较丰等情况。由此可知，丹江口水库历史年径流序列出现连续枯水年的概率较小，出现较枯、平、较丰之间的组合较多，尤其是较枯+较枯和较丰+较丰组合情况，这将要求水库在大坝加高后能够充分利用增加的调蓄库容来调节年际间径流的变化，应对水资源的紧缺或剩余。

综上所述，丹江口水库历史年径流序列存在微弱的逐年减小趋势但并不显著，径流量年际变化较大且具有明显的阶段性，其年际的变化主要包括较枯、平、较丰之间的组合，其中连续较枯或连续较丰的组合将对水库多年尺度的优化调度提出更高的要求。

2. 入库径流年内变化特征

1）年内变化的不均匀性

本小节采用径流年内分配不均匀系数 C_u 和径流年内分配完全调节系数 C_r 来研究径流年内分配不均匀性，具体计算公式见式（3-5）和式（3-6）。

$$\begin{cases} C_{\mathrm{u}} = \dfrac{\sigma}{\overline{R}} \\ \sigma = \sqrt{\dfrac{1}{12}\left(\displaystyle\sum_{i=1}^{12}[R(t)-\overline{R}]^2 \right)} \\ \overline{R} = \dfrac{1}{12}\displaystyle\sum_{i=1}^{12} R(t) \end{cases} \tag{3-5}$$

式中：C_{u} 为径流年内分配不均匀系数；$R(t)$ 为年内各月径流量；$\overline{R}$ 为年内各月平均径流量。

$$\begin{cases} C_{\mathrm{r}} = \dfrac{\displaystyle\sum_{i=1}^{12}\varphi(t)[R(t)-\overline{R}]}{\displaystyle\sum_{i=1}^{12} R(t)} \\ \varphi(t) = \begin{cases} 0, & R(t) < \overline{R} \\ 1, & R(t) > \overline{R} \end{cases} \end{cases} \tag{3-6}$$

式中：C_{r} 为径流年内分配完全调节系数；$\varphi(t)$ 为月径流离差是非函数。

由式（3-2）、式（3-3）可以看出，C_{u}、C_{r} 越大，年内各月径流量相差越悬殊，径流年内分配越不均匀。经计算，丹江口水库年内入库径流分配指标：①不均匀系数 C_{u} 最小为 2006 年的 0.424，最大为 1958 年的 1.201，多年平均为 0.806，可知年内各月入库流量差异较大，年内分配较不均匀；②完全调节系数 C_{r} 最小为 1994 年的 0.182，最大为 1998 年的 0.427，多年平均为 0.316，可知入库流量年内分配比较集中，年内分配较不均匀。

表 3-5 为以十年为期计算得到的平均 C_{u} 和 C_{r} 值，其中 C_{u} 和 C_{r} 的变化规律基本相似，主要表现为 1956～1959 年、1960～1969 年、1970～1979 年及 1980～1989 年的不均匀性相对较大，而 1990～1999 年、2000～2009 年的不均匀性较小，因此可推断丹江口水库入库径流年内分配的不均匀性有减小的趋势。

表 3-5　丹江口水库入库径流年内分配不均匀性

时段/年	C_{u}	C_{r}	时段/年	C_{u}	C_{r}
1956～1959	0.949	0.353	1980～1989	0.819	0.342
1960～1969	0.824	0.312	1990～1999	0.749	0.284
1970～1979	0.799	0.310	2000～2009	0.766	0.316

2）集中程度

集中度 C_{d} 和集中期 D 是通过年内月径流资料来反映径流年内分配集中程度的两个常用指标。其将年内 12 个月的月径流量视为向量，其中矢量模长为该月径流值，所处月份作为该矢量的方向，用圆周方位表示（12 个月的方位指示角分别为 0°，30°，60°，…，330°），将各月径流矢量求和，合矢量方向为集中期 D，合矢量模与年径流量的比值为集中度 C_{d}。计算公式为

$$\begin{cases} C_d = \sqrt{r_x^2 + r_y^2} \Big/ \sum_{i=1}^{12} r_i \\ r_x = \sum_{i=1}^{12} r_i \sin\theta_i \\ r_y = \sum_{i=1}^{12} r_i \cos\theta_i \end{cases} \tag{3-7}$$

$$D = \arctan(r_x / r_y) \tag{3-8}$$

式中：r_x、r_y 分别为 12 个月径流矢量的分量之和所构成的水平、垂直分量；θ 为第 i 月径流的矢量角度。

由上述计算公式可知，C_d 的取值应在 0～1，C_d 越接近 1，径流越集中，径流量的年内分配越不均匀；C_d 越接近 0，径流越不集中，径流年内分配越均匀。经计算，丹江口水库多年平均集中度 C_d 为 0.424，入库径流比较集中，年内分配较不均匀。

表 3-6 为计算得到的不同时段的 C_d 和 D，可以看出：1956～1959 年和 1980～1989 年 C_d 值较大，1960～1969 年、1970～1979 年、1990～1999 年及 2000～2009 年 C_d 值较小。从序列（1956～2009 年）C_d 的变化来看，$C_{d\max}$=0.611（1958 年），$C_{d\min}$=0.174（1969 年），相差 3.5 倍，年际相差较大，但 C_d 序列整体上呈现出递减的趋势。就径流年内集中期 D 而言，1956～1959 年和 1990～1999 年径流集中期 D 为 7 月下旬；1970～1979 年、1980～1989 年和 2000～2009 年径流集中期 D 为 8 月上旬；1960～1969 年径流集中期 D 为 8 月中旬。

表 3-6　丹江口水库入库径流年内分配集中度 C_d 和集中期 D

时段/年	C_d	D	
		方位指示角	对应时段
1956～1959	0.507	184.59°	7 月下旬
1960～1969	0.376	207.21°	8 月中旬
1970～1979	0.414	200.16°	8 月上旬
1980～1989	0.476	204.28°	8 月上旬
1990～1999	0.400	185.70°	7 月下旬
2000～2009	0.421	199.84°	8 月上旬

3）变化幅度

选定相对变化幅度 C_m 和绝对变化幅度 ΔR 来衡量丹江口水库入库径流的年内变化幅度，表 3-7 为计算得到的 C_m 和 ΔR。从径流年内相对变化幅度看，C_m 在 1956～1959 年和 1960～1969 年较高，1970～1979 年、1980～1989 年、1990～1999 年和 2000～2006 年较低；逐年而论，C_m 年际变化较大，$C_{m\max}$=57.38（1958 年），$C_{m\min}$=2.71（1959 年），且整体存在降低趋势。从径流年内绝对变化幅度看，ΔR 在 1956～1959 年、1960～1969 年和 1980～1989 年较高，1970～1979 年、1990～1999 年和 2000～2006 年较低；逐年而

言，ΔR 年际变化也较大，ΔR_{max}=226.60 亿 m^3（1964 年），ΔR_{min}=21.16 亿 m^3（2001 年），且整体存在降低趋势。综上所述，丹江口水库年径流序列年内径流变化幅度有所减小。

表 3-7　丹江口水库入库径流年内相对变化幅度 C_m 和绝对变化幅度 ΔR

时段/年	C_m	ΔR/亿 m^3	时段/年	C_m	ΔR/亿 m^3
1956~1959	23.35	107.90	1980~1989	12.79	99.59
1960~1969	18.01	101.06	1990~1999	13.20	58.45
1970~1979	12.44	73.64	2000~2006	14.72	74.53

综上所述，丹江口水库历史年径流序列在年内变化幅度有所减小，径流年内分配较不均匀（主要集中在 7 月下旬至 8 月中旬），然而由于加高后丹江口水库调蓄库容增加，径流的年内分配及变化幅度对多年调节水库而言影响将会减小。

3. 上游调蓄水库对丹江口入库径流的影响

丹江口水库上游具有较大调节性能的大中型水库有陕西省的石泉水库（1975 年建成）和安康水库（1992 年建成），湖北省的有季调节型水库黄龙滩（1976 年建成）、松树岭（2006 年建成）和年调节型水库陡岭子（2003 建成）、潘口（2011 建成）、鄂坪（2006 年建成）等。其中位于汉江干流对丹江口水库调蓄有较大影响的水库主要为石泉水库和安康水库，因此研究主要以石泉和安康水库建成时间为节点，进行上游调蓄水库如丹江口入库径流年内、年际的影响分析。

1）上游调蓄水库对丹江口入库径流的年际影响

入库径流的一致性方面，从图 3-6 可知上游调蓄水库的建成运行对丹江口水库的入库径流一致性并未产生明显影响；从年际变化的整体趋势来看，虽然丹江口入库径流自 1992 年之后即进入较长时间的枯水期，但经过 Kendall 秩次相关方法检验可知丹江口水库年径流量、汛期径流量减小趋势不明显，其仍处于正常的周期性的枯水阶段，因此可得出上游调蓄水库并未在丹江口入库径流年际变化的整体趋势上产生较大影响。

2）上游调蓄水库对丹江口入库径流的年内影响

年内变化的不均匀性方面，由表 3-5 可知丹江口水库入库径流年内分配的不均匀性自石泉水库建成（1975 年）之后呈现出减小趋势，自安康水库建成（1992 年）之后减小趋势更为明显。集中程度方面，由表 3-6 可得自 1975 年之后，集中程度 C_d 整体上呈现出递减的趋势，但入库径流集中期并未发生明显变化；变化幅度方面：由表 3-7 可知自 1975 年之后相对变化幅度 C_m 和绝对变化幅度 ΔR 整体存在降低趋势，1992 年安康水库建成运行以后降低趋势更为明显。

综上所述，上游调蓄水库的建成并投入运行，对丹江口水库入库径流在年际变化上的影响不大，对于径流年内变化的影响主要体现在使得入库径流在年内变化趋于均匀，径流集中程度降低，但集中期尚未发生明显变化。由于丹江口水库加高后水库调蓄库容增加，年内径流分配对多年尺度的调度影响较小，上游水库的建成和调蓄将降低年内径流变化对水库多年调度的影响程度，并在一定程度上有利于丹江口水库多年优化调度开展。

4. 丹江口水库加高后对径流调节的影响

丹江口水库加高后，大坝坝高由原来的 162 m 加高至 176.6 m，正常蓄水位由 157 m 升高到 170 m，死水位由 139 m 升高到 150 m，夏汛（6 月 21 日～8 月 20 日）汛限水位由 149 m 抬升到 160 m，秋汛（8 月 21 日～9 月 30 日）汛限水位为 152.5 m 抬升到 163.5 m。因此，相对应的水库总库容由加高前的 209.48 亿 m³ 增至 339.1 亿 m³，兴利库容由原来的 102.2 亿 m³ 增加至 163.6 亿 m³，两者分别增加了 129.62 亿 m³ 和 61.4 亿 m³。具体丹江口水库特征水位及特征库容对比数据见表 3-8。显然，加高后丹江口水库由原先的不完全年调节转变成了多年调节水库，水库总库容和兴利库容大大增加，其应对入库径流年际和年内变化的能力也相应提高。

表 3-8 丹江口水库加高前后特征水位及库容对比表

参数名称	加高前	加高后	改变值
正常蓄水位/m	157.0	170.0	13
设计洪水位/m	160.0	172.2	12.2
校核洪水位/m	161.4	174.35	12.95
死水位/m	139.0	150.0	11.0
防洪限制水位/m	149/152.5	160/163.5	11.0/11.0
总库容/亿 m³	209.48	339.1	129.62
兴利库容/亿 m³	102.2	163.6	61.4
死库容/亿 m³	72.3	126.9	54.6

在水库防洪能力方面，大坝加高后水库调洪能力显著增加。表 3-9 给出了丹江口水库加高前后水库调洪性能参数比较，由表可知，加高前水库夏秋汛调洪库容分别为 88.68 亿 m³、66.48 亿 m³，而加高后水库夏秋汛调洪库容分别为 111 亿 m³、106.5 亿 m³，分别增加了 22.32 亿 m³ 和 40.02 亿 m³ 调洪库容。尤其是秋汛调洪库容增幅达 60.2%，大大提高了丹江口水库秋季防洪能力。

表 3-9 丹江口水库加高前后防洪调控性能参数比较

库容	加高前/亿 m³	加高后/亿 m³	增加值/亿 m³	增加幅度/%
夏汛调洪库容	88.68	111.0	22.32	25.2
秋汛调洪库容	66.48	106.5	40.02	60.2

在供水方面，由于丹江口水库加高后将承担中下游生活需水和生态需水、清泉沟供水及南水北调供水等供水任务，其平均多年平均供水总量将达到 267 亿 m³。这对丹江口水库的供水调蓄能力提出了更高的要求，而水库加高后其兴利库容相较加高前增加了 60.1%，其增加的库容将对径流调节起到较大的作用。图 3-10 中实心点为水库历史各年径流量减去水库年总供水量后的绝对值，虚线为加高后丹江口水库兴利库容，实线为加高前的兴利库容。由图可知，加高后丹江口水库具备的兴利库容可调蓄 72.3% 的历史年

径流量,而加高前的比例仅有 55.6%。显然,加高后水库兴利库容对水库入库径流调节能力显著增加。

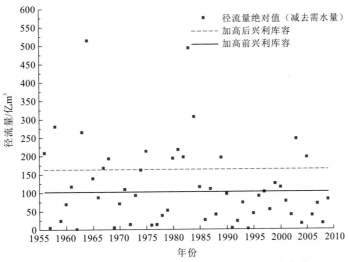

图 3-10　丹江口水库加高前后兴利库容调蓄能力变化

图 3-11 为在不考虑水库汛期弃水等情况下估算的丹江口水库大坝加高前后多年水库库容消落情况。其纵坐标计算方式为:假设水库在初始计算年份由死水位起调,将水库年入库径流与年需水量相减后得到的差值从历史年份 1956 年开始进行累加,直至 2009 年为止。其中,当累加值超过兴利库容时,取值为兴利库容,当累加值为负数时,取值为 0。由图 3-11 可知,在大坝加高前水库库容彻底放空次数为 3 次,而加高后仅为 2 次。此外,在 54 年累加计算期间,加高后的库容变动幅度在枯水期明显小于加高前,由此可知加高后的水库调蓄能力及其应对枯水期供水风险的能力显著增大。

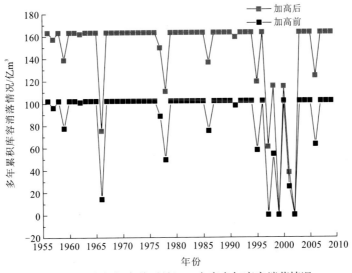

图 3-11　大坝加高前后丹江口水库多年库容消落情况

综上所述，大坝加高后随着水库调蓄库容的增加，其应对径流年际变化的能力也显著增加，因此如何高效利用加高后的兴利库容，对水库新增的南水北调中线供水服务显得至关重要。

3.1.2 基于 EEMD-AR 的水库年径流随机模拟

1. 基于 EEMD-AR 的年径流随机模拟原理

在进行年径流序列随机模拟前，应先进行序列组成成分分析及识别，从而分辨出序列中的确定性成分和随机成分。若序列通过平稳性检验，即径流序列为平稳序列，则直接选用自回归（autoregressive，AR）模型或者其他模型均可达到较为理想的结果。若年径流序列经检验为非平稳序列，则建议选用集合经验模态（ensemble empirical mode decomposition，EEMD）法先将非平稳径流分解为若干个较平稳的固有模态函数（intrinsic mode function，IMF）分量和残差，再采用合适的 AR 模型及多项式分别模拟各 IMF 分量和残差，求和并还原原序列中确定性成分后获得较好的模拟径流序列。

EEMD 法主要分解步骤如下[2]。

（1）首先将服从正态分布的、有限幅值的白噪声序列 $w(t)$ 加入原始序列 $x(t)$ 中，从而得出新的合成序列 $y(t)$：

$$y(t) = x(t) + w(t) \tag{3-9}$$

（2）将新合成序列 $y(t)$ 进行经验模态分解（empirical mode decomposition，EMD）并得到对应的各 IMF 分量 c_j 和残差 r_n：

$$y(t) = \sum_{j=1}^{n} c_j + r_n \tag{3-10}$$

（3）重复步骤（1）和步骤（2）多次，得到多组新合成信号及相应的各 IMF 分量和残差。

（4）将所有加入白噪声后新序列分解后的各 IMF 分量取总体平均，得到最终的各 IMF 分量：

$$c_j' = \sum_{i=1}^{N} c_{ij} \Big/ N \tag{3-11}$$

若各序列经独立性检验后为独立的平稳随机序列，可考虑采用下述方法进行纯随机序列模拟。

1）服从正态分布的纯随机序列模拟

若剩余部分序列为服从正态分布的纯随机序列，则可通过式（3-12）进行服从正态分布的纯随机序列模拟。

$$x_t = \bar{x} + \sigma \xi_t \tag{3-12}$$

式中：$\bar{x}$ 和 σ 分别为序列 x_t 的均值和标准差。

2）服从 P-III 分布的纯随机序列模拟

若剩余部分序列为服从 P-III 分布的纯随机序列,则可通过 W-H 变换法进行随机模拟。

$$x_t = \bar{x} + \sigma \phi_t \tag{3-13}$$

式中

$$\phi_t = \frac{2}{C_{s_\phi}} \left(1 + \frac{C_{s_\phi} \xi_t}{6} - \frac{C_{s_\phi}^2}{36} \right)^3 - \frac{2}{C_{s_\phi}} \tag{3-14}$$

式中：C_{s_ϕ} 为偏态系数。

2. EEMD-AR 年径流分解

对剔除确定性成分后的丹江口水库 1956～2009 年入库径流序列,采用增广迪基-富勒（augmented Dickey-Fuller,ADF）检验法进行序列平稳性检验,可得 t 统计值为-1.01,大于 5%显著性水平的临界值-1.95,拒绝存在单位根的原假设存在单位根,即径流序列为非平稳序列。此外,ADF 检验得出的 p 值为 0.278 3,大于 0.05,也可得出非平稳序列的结论。因此,剔除确定性成分后的丹江口水库 1956～2009 年入库径流序列为非平稳序列,不宜直接采用 AR 模型,可采用 EEMD-AR 模型进行径流随机模拟和预报。

1）EEMD 法分解

采用 EEMD 法对剔除确定性成分后的丹江口水库 1956～2009 年入库径流序列进行分解,平均次数取为 1 000 次,噪声标准差为原始信号标准差的 0.20 倍。处理后的丹江口年径流序列及 EEMD 法分解并处理后的 IMF1～IMF4 分量组及残差如图 3-12 所示。

（a）原序列随机项

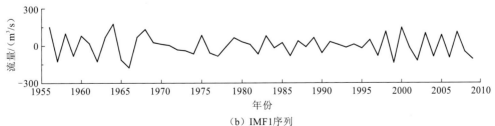

（b）IMF1序列

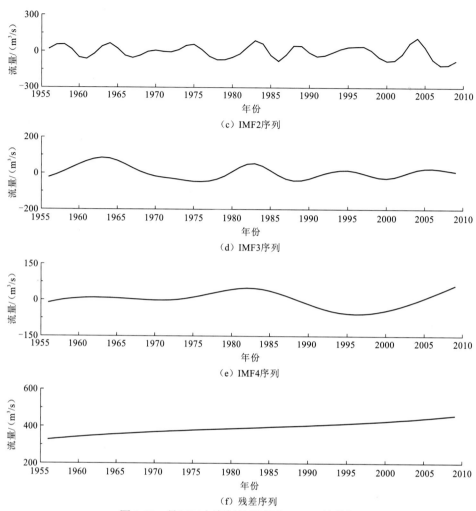

（c）IMF2序列

（d）IMF3序列

（e）IMF4序列

（f）残差序列

图 3-12　丹江口水库年径流序列 EEMD 法分解

若在噪声标准差为原始信号标准差的 0.20 倍下，将平均次数分别取为 50 次、100 次和 500 次，其相对 1000 次的变化幅度见表 3-10。在平均次数为 1000 次的情形下，分别取噪声标准差为原始信号标准差的 0.10 倍、0.15 倍、0.25 倍和 0.30 倍，其相对 0.20 倍的变化情况见表 3-11。由表 3-10 可知，当总体平均次数 N 在 500 次以上时，其相对变化较小，添加白噪声对结果干扰较小。由表 3-11 可知，当噪声幅度为 0.15 倍原始信号标准差时，其变化幅度较小，其余值均比推荐值（0.20 倍）较大。此外，由表 3-10 和表 3-11 可知，总体平均次数和噪声幅度变化对残差序列影响较小。

表 3-10　平均次数变化

平均次数	IMF1	IMF2	IMF3	IMF4	残差
50 次	0.13	1.31	0.88	0.26	0.01
100 次	0.07	0.42	0.83	0.11	0
500 次	0.05	0.09	0.09	0.07	0

表 3-11 噪声幅度变化

噪声幅度	IMF1	IMF2	IMF3	IMF4	残差
0.10 倍	0.09	0.38	0.65	0.21	0.01
0.15 倍	0.06	0.19	0.33	0.09	0
0.25 倍	0.07	0.13	0.73	0.18	0
0.30 倍	0.09	0.26	1.10	0.25	0.01

2）固有模态函数 ADF 检验

将分解后得到的各阶固有模态函数 IMF1～IMF4 进行 ADF 单位根法检验，具体检验结果见表 3-12。由表可知，经过成分剔除后的丹江口年径流序列依旧为非平稳序列，不能直接采用 AR 模型进行模拟。然而，经 EEMD 分解后的各阶固有模态函数的 t 值均小于显著性水平为 5%时对应的临界值，且 p 值均小于 0.05，即各阶固有模态函数 IMF1-IMF4 均为平稳序列，可用 AR 模型进行随机模拟。

表 3-12 各阶固有模态函数 ADF 检验结果表

序列	t 检验	p 检验	结论
原序列随机项	-0.75	0.39	非平稳
IMF1	-11.7	0	平稳
IMF2	-6.15	0	平稳
IMF3	-4.37	0	平稳
IMF4	-2.03	0.041	平稳

3. 基于 EEMD-AR 的丹江口水库年径流随机模拟

经上述分解的丹江口水库年入库径流序列，最终分解为各阶固有模态函数 IMF1～IMF4 和残差 R，且 IMF1～IMF4 均为平稳序列。利用这些序列模拟丹江口水库年径流。第一，对经 EEMD 法分解后的残差序列 R 进行多项式模拟，得到残差 R 的多项式模拟公式。第二，对于处理后的 IMF1～IMF4 序列，进行 AR 模型的识别、建模及模拟。第三，将各阶固有模态函数 IMF1～IMF4 的模拟结果与残差 R 模拟结果叠加，并还原原序列中确定性成分后获得最终的基于 EEMD-AR 模型的丹江口水库年径流模拟序列。

1）残差序列 R 的多项式模拟

采用多项式对 EEMD 法分解后的残差序列进行模拟。模拟结果见图 3-13 及式（3-15）。

$$x_t = 0.0012t^3 - 0.093t^2 + 4.14t + 323.64 \qquad (3-15)$$

式中：x_t 为残差项模拟值；t 为年份序号。

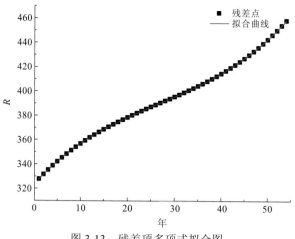

图 3-13　残差项多项式拟合图

2）F1-IMF4 序列 AR 模型建立

（1）序列独立性检验。对于 EEMD 法分解后的 IMF1～IMF4 序列，通过计算序列自相关系数，来确定各序列是否为独立或者相依序列，具体计算结果见图 3-14～图 3-18。由下述各图可知，经 EEMD 法分解后的 IMF1～IMF4 均为相依序列，可采用 $AR(p)$ 模型进行模拟。而分解前的原序列随机项为独立序列，不宜直接采用 $AR(p)$ 模型模拟。

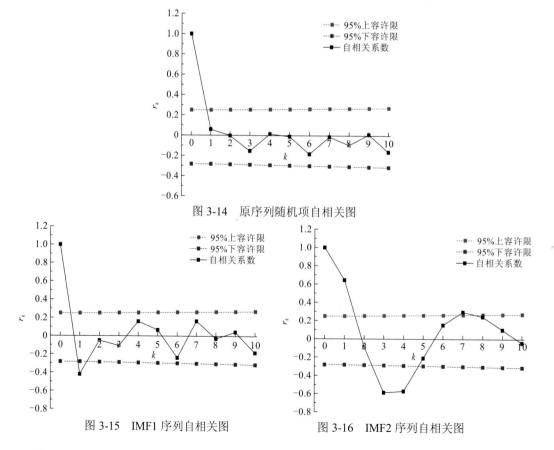

图 3-14　原序列随机项自相关图

图 3-15　IMF1 序列自相关图　　　　图 3-16　IMF2 序列自相关图

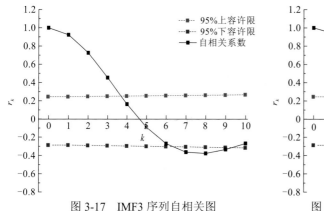

图 3-17　IMF3 序列自相关图

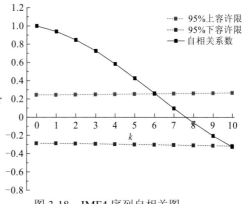

图 3-18　IMF4 序列自相关图

（2）模型阶数确定。采用赤池信息准则（Akaike information criterion，AIC）对序列 IMF1～IMF4 进行模型阶数选择，根据 Yule-Walker 方程计算不同模型阶数 p 下的 AIC 值，计算结果见表 3-13。由表 3-13 可知，根据 AIC 值最小原则及相应的偏态系数，最终选定 IMF1 序列采用正态 AR(3)模型、IMF2 序列采用正态 AR(4)模型、IMF3 序列采用偏态 AR(2)模型、IMF4 序列采用偏态 AR(4)模型进行随机模拟。若直接采用 AR 模型进行原序列随机项模拟，则 $p=1$ 时，AIC 值最小，但其模拟效果不能保证。

表 3-13　不同阶数 p 下 AIC 计算结果

序列	AR(1)	AR(2)	AR(3)	AR(4)	C_s
IMF1	938.27	931.58	920.91	921.71	0.018
IMF2	800.39	662.26	645.83	635.76	-0.051
IMF3	566.28	433.96	435.70	434.05	0.51
IMF4	514.04	505.62	501.43	499.47	-0.30

（3）MF1～IMF4 模态函数 AR 模型建立。建立 AR 模型模拟前，先采用式（3-11）对各模型进行独立性检验，取显著性水平 $a=5\%$，检验结果表明各模型纯随机序列检验均符合独立条件，可进行纯随机序列模拟。通过模型参数估计，建立各阶模态函数对应的 AR 模型，具体模型参数见表 3-14。

表 3-14　IMF1～IMF4 序列 AR 模型参数表

序列	$\bar{x}$	σ	φ_1	φ_2	φ_3	φ_4	模型
IMF1	0.57	84.11	-0.63	-0.46	-0.33		AR(3)
IMF2	-4.91	52.60	1.66	-1.75	0.89	-0.33	AR(4)
IMF3	6.08	35.33	1.71	-0.84			AR(2)
IMF4	1.23	31.18	1.11	-0.017	-0.017	-0.19	AR(4)

3）最终模拟序列生成

将各阶 IMF1～IMF4 模态函数的 AR 模型采用 Monte-Carlo 进行随机模拟，并将模拟结果与残差项模拟结果求和，并在此基础上还原原序列确定性成分（趋势、跳跃和周期等），即可得到大量丹江口水库年径流随机模拟结果，即

最终模拟序列 = IMF1～IMF4 模拟序列 + 残差模拟序列 + 原序列确定性成分

4. 随机模拟结果检验

表 3-15 为 100 组模拟结果序列各统计参数均值与丹江口水库历史实测年径流序列统计参数的比较结果。由表可知，在均值 $\bar{x}$、标准差 σ、变差系数 C_v、偏态系数 C_s 及一阶自相关系数 $r1$ 等统计指标方面，模拟序列与实测序列的绝对误差和相对误差均较小，其中相对误差均不超过 6%。因此，模拟序列能较好地保持原序列的统计特性，EEMD-AR 模型能较好地模拟丹江口水库年径流序列。

表 3-15　模拟结果检验表

项目	$\bar{x}$	σ	C_s	C_v	$r1$
实测序列	394.70	109.49	0.28	0.50	0.058
模拟序列	396.23	109.20	0.28	0.47	0.061
绝对误差	1.53	−0.29	0	−0.03	0.002
相对误差	0.39%	−0.26%	0	−6%	3.4%

5. 基于 EEMD-AR 的丹江口水库年径流预报

1）预报模型建立

基于 EEMD-AR 模型丹江口水库年径流随机模拟模型的基础上，预留 2006～2009 年的丹江口水库历史年入库径流进行预报模型检验。残差 R 序列采用多项式（3-15）进行预报。将表 3-14 中的参数代入式 AR(p)中，EEMD 分解后的 IMF1～IMF4 序列的随机模拟模型公式分别如式（3-16）～式（3-19）所示。

IMF1 序列的 AR(3)预报模型
$$x_t = -0.57 - 0.63(x_{t-1}+0.57) - 0.46(x_{t-2}+0.57) - 0.33(x_{t-3}+0.57) + \varepsilon_t \quad (3-16)$$

IMF2 序列的 AR(4)预报模型
$$x_t = -4.91 - 1.66(x_{t-1}+4.91) - 1.75(x_{t-2}+4.91) + 0.89(x_{t-3}+4.91) \\ -0.33(x_{t-4}+4.91) + \varepsilon_t \quad (3-17)$$

IMF3 序列的 AR(2)预报模型
$$x_t = 6.08 + 1.71(x_{t-1}-6.08) - 0.84(x_{t-2}-6.08) + \varepsilon_t \quad (3-18)$$

IMF4 序列的 AR(4)预报模型
$$x_t = 1.23 + 1.11(x_{t-1}-1.23) - 0.017(x_{t-2}-1.23) - 0.017(x_{t-3}-1.23) \\ -0.19(x_{t-4}-1.23) + \varepsilon_t \quad (3-19)$$

2）预报结果

将各 IMF1-IMF4 序列和残差 R 序列预报结果与确定性成分叠加后，可得最终预报径流序列。表 3-16 为基于 EEMD-AR 模型的丹江口水库 2006～2009 年预测结果检验

表，取允许误差为 20%，可知 2006～2009 年的入库径流预报值均能满足中长期水文预报的精度，说明基于 EEMD-AR 模型丹江口年径流预报模型可较好地预报水库未来 4 年的年径流情况。

表 3-16　预报结果检验表

年份	实测值/亿 m³	预测值/亿 m³	绝对误差/亿 m³	相对误差/%
2006	332.90	371.73	-38.83	12
2007	500.20	411.03	89.17	18
2008	356.36	399.43	-43.07	12
2009	345.35	324.57	20.78	6

3.1.3　多供水需求下水库中长期优化调度

大型多年调节水库的多目标优化调度对梯级效益的实现起到决定性作用，也是保证水库长期正常运行的关键。而对于丹江口水库而言，其在加高后水库由原来的不完全年调节性质转变为多年调节性质，水库的调度目标也从原先的发电供水而转变为多用水户供水。如何有效利用新增兴利库容，合理设置起调水位及年末消落水位等关键库水位，从而做好多供水需求下的丹江口水库多年优化调度显得尤为重要。

1. 多供水需求下丹江口水库多年优化调度模型

丹江口水库多年优化调度模型采用供水效益最高的同时发电效益最大作为目标函数。模型约束条件主要包括：水量平衡约束、最大需水量约束、库水位约束等。模型求解方法为考虑汛限水位变动的变时间步长的动态规划算法。模型目标函数、约束条件等具体形式如下[3]。

1）目标函数

将各目标转化为经济效益并采用权重法来统一度量。本模型的目标函数为供水效益最高同时发电效益最大。目标函数表达式为

$$\max F = \sum_{j=1}^{J}\sum_{i=1}^{I} q_{ij}^{ws} \times \Delta t \times C_1 + \sum_{i=1}^{I} 9.81\eta \times q_i^{rr} \times \rho \times H \times \Delta t \times C_2 / 3\,600 \qquad (3\text{-}20)$$

式中：q_{ij}^{ws} 为 i 时段第 j 用水户的供水流量；q_i^{rr} 为 i 时段发电流量；η 为发电系数，其根据水头的变化而变化，由上下游水位由线性插值计算得到；Δt 为计算时间步长；H 为发电水头；C_1 和 C_2 分别为水价和电价。

2）约束条件

（1）水量平衡约束

$$V_i = V_{i-1} + \left(q_i^{in} - q_i^{rr} - \sum_{j=1}^{J} q_{ij}^{ws} \right) \times \Delta t \qquad (3\text{-}21)$$

式中：V_i 为第 i 时段末的库容；V_{i-1} 为第 i 时段初的库容；q_i^{in} 为第 i 时段的平均入库流量；J 为用水总量。

（2）各类用水户最小供水量约束。水库蓄水以满足中下游生态需水、生活用水、清泉沟供水、南水北调中线供水及发电需求用水为先后优先顺序来进行水量分配。针对大坝下泄，以大坝下游河道生态需水为最小下泄约束；针对其他用水户，以非负值作为最小供水约束。

$$\begin{cases} q_i^{\text{rr}} \geqslant D_i^{\min}, & i=1,2,\cdots,I \\ q_{ij}^{\text{ws}} \geqslant 0, & i=1,2,\cdots,I, \quad j=1,2,\cdots,J \end{cases} \quad (3\text{-}22)$$

式中：$D_i^{\min}$ 为下游河道生态需水量。

（3）各类用水户最大需水量约束。针对清泉沟灌溉供水和南水北调中线供水，以实际用户需水量为最大需水量约束；针对大坝下泄，采用机组最大下泄流量作为大坝下泄流量最大约束：

$$\begin{cases} q_i^{\text{rr}} \leqslant Q_i^{\max}, & i=1,2,\cdots,I \\ q_{ij}^{\text{ws}} \leqslant D_{ij}^{\text{ws}}, & i=1,2,\cdots,I, \quad j=1,2,\cdots,J \end{cases} \quad (3\text{-}23)$$

式中：$Q_i^{\max}$ 为 i 时段机组最大下泄流量；D_{ij}^{ws} 为 i 时段 j 用水户实际需水量。

（4）库水位约束。汛期水位应按不同时期的防汛（夏汛、秋汛）要求使得最高库水位不超过汛限水位，非汛期时段库水位约束为介于死水位和正常蓄水位之间。

$$\begin{cases} Z_{\min} \leqslant Z_{\text{nfs}} \leqslant Z_{\max} \\ Z_{\min} \leqslant Z_{\text{fs}} \leqslant Z_{\text{fc}} \end{cases} \quad (3\text{-}24)$$

式中：Z_{nfs} 为非汛期水库库水位；Z_{fs} 为汛期水库库水位；$Z_{\max}$ 为水库正常蓄水位；Z_{fc} 为水库汛限水位；$Z_{\min}$ 为水库死水位。

3）模型求解

本小节采用改进的动态规划算法以多时间尺度的方法降低了求解模型计算维数。根据历史径流与加高后各方需水对比分析，丹江口水库加高后在历史入库径流情况下，3个水文年内进行一次完整的蓄放调度的比例为 96.15%。因此，本小节采用 3 年作为丹江口水库多年调度周期进行丹江口水库加高后的多年优化调度研究。整个调度周期为 3 年并划分为 24 个计算时段。由于水库非汛期期间入库径流较为平稳，且多年调节水库自身调节能力较强，这种简化方法在精度上是满足要求的。

根据丹江口水库防汛要求，水库库水位在 6 月 21 日～8 月 20 日将控制在 160 m 的夏季低汛限水位，于 8 月 21～9 月 1 日慢慢滑升至 163.5 m 的秋季高汛限水位并维持至9 月 30 日。基于此，模型计算步长划分可见示意图 3-19。此外，水库状态变量（即库水位、库容）被离散化为 400 等份，且该计算过程在配置为 Intel(R) Core(TM) i5-2400 CPU，4.00 GB RAM 的计算机上采用 MATLAB 2010 平台进行。

2. 丹江口水库多年随机径流序列生成

为实现丹江口水库多年随机模拟径流序列的生成，首先采用适线法推求丹江口水库

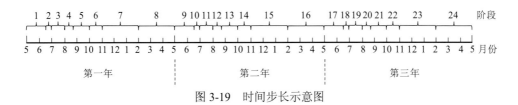

图 3-19　时间步长示意图

单年典型年年内径流分配过程和不同频率下的丹江口水库多年典型入库径流量；其次通过 3.1.2 小节中建立的 EEMD-AR 模型和 Monte-Carlo 方法随机生成合成丹江口水库多年入库径流序列；最终采用已有的典型年内分配过程和多年典型入库径流量对随机生成的入库径流进行划分和年内分配，得到 5×500 组不同频率下的丹江口水库 3 年入库径流作为模型输入变量。

1）丹江口水库典型年入库径流过程

将丹江口水库 1956～2009 年实测入库径流量组成统计序列，采用适线法进行频率分析，从而求出指定频率的设计年径流量，并通过同倍比缩放，得出不同频率下典型年年内入库径流过程及径流总量，如表 3-17 所示。

表 3-17　不同频率下丹江口水库典型年年内入库流量分配　　　　（单位：m^3/s）

频率	5 月	6 月	7 月	8 月	9 月	10 月	11 月	12 月	1 月	2 月	3 月	4 月
10%	841	1 625	4 035	1 369	6 899	2 614	969	627	417	398	353	515
25%	2 090	546	1 302	2 073	3 778	3 588	728	498	278	285	460	663
50%	1 527	1 695	1 404	2 438	1 556	569	638	451	332	463	716	1 135
75%	760	2 921	1 444	1 629	968	309	166	162	268	171	490	711
90%	580	796	3 082	751	731	347	340	198	234	188	242	408

注：按水文年从 5 月开始。

2）丹江口水库多年典型入库径流量

表 3-18 为基于 1956～2009 年丹江口水库历史径流资料推求得到的不同频率下丹江口水库典型年入库径流总量及多年典型平均入库径流量。

表 3-18　丹江口水库多年典型入库径流量

频率/%	3 年平均径流量/亿 m^3	频率/%	3 年平均径流量/亿 m^3
10%	$Q>462.8$	75%	$269.6<Q\leqslant316.2$
25%	$369.2<Q\leqslant462.8$	90%	$Q\leqslant269.6$
50%	$316.2<Q\leqslant369.2$		

3）合成序列实用性检验

表 3-19 为历史 3 年径流组合和 3 年合成序列短序列检验法的统计结果比较。由表 3-19 可知，合成序列对比历史序列在均值、变差系数 C_v、偏差系数 C_s、标准差 SD 及一阶自相关系数 $r1$ 等统计特征值上的相对误差均不超过 0.42%。因此，EEMD-AR 模型能够较好地模拟丹江口水库入库径流特征，合成随机序列可应用于本研究中。

表 3-19   基于短序列检验的 3 年合成序列统计参数对比

序列	平均值/m³	C_s	C_v	标准差	$r1$
合成序列	299.831	0.328	0.313	93.702	-0.426
历史序列	299.784	0.327	0.313	93.866	-0.428

4）入流组合

图 3-20 列举了入流为 50%频率下合成随机序列的分布情况，由图可知，合成随机序列的入库径流总量均匀分布于 50%频率对应的入流总量区间。因此，该随机合成序列是具备代表性的。此外，表 3-20 给出了 5×500 组合成 3 年序列的入流组合统计结果。由表可知，合成随机序列包括了所有理论上可能的 3 年年际间入流组合，说明合成序列在年际间入流组合上具有完备性。

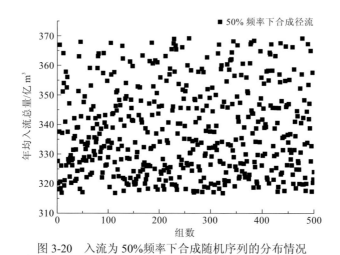

图 3-20   入流为 50%频率下合成随机序列的分布情况

表 3-20   入流组合统计结果

频率	可能组合	总计
特丰	①+①+①/②/③/④/⑤；①+②+②/③/④/⑤；①+③+③/④；②+②+②/③	13
较丰	①+①+⑤；①+②+②/③/④/⑤；①+③+③/④/⑤；①+④+④/⑤；②+②+②/③/④；②+③+③/④；③+③+③	16
平	①+②+⑤；①+③+④/⑤；①+④+④/⑤；②+②+③/④/⑤；②+③+③/④/⑤；②+④+④；③+③/④；③+④+④	15
较枯	①+④+⑤；①+⑤+⑤；②+③+⑤；②+④+④/⑤；②+⑤+⑤；③+③+③/④/⑤；③+④+④/⑤；④+④+④	14
特枯	①+⑤+⑤；②+④+⑤；②+⑤+⑤；③+④+⑤；③+⑤+⑤；④+④+④/⑤；④+⑤+⑤；⑤+⑤+⑤	11

①：单年为特丰水年；②：单年为丰水年；③：单年为平水年；④：单年为较枯水年；⑤：单年为特枯水年。

3.1.4　水库多年调节策略及其影响因素

1. 起调水位影响

对于多年调节水库而言，不同的起调水位会对应不同的水库运行效益指标，通过分析不同水库运行效益指标变化可推求起调水位对多年调度水库调度的影响。为了排除水量要素对优化调度结果的影响，将调度期末的最终末水位（final water level，FWL）设定为与起调水位（start water level，SRL）相同，即 FWL=SRL。

在水库供水效益方面，采用总缺水综合指标（scarce index，SI）进行衡量比较。图 3-21 展示了不同起调水位在不同频率入库径流情况下总 SI 的变化情况。其中，总 SI 为一个综合缺水衡量指标，包括汉江中下游用水缺水（生态缺水和生活供水缺水）、清泉沟缺水和南水北调中线缺水，其计算公式见式（3-25）。

$$SI = \frac{100}{I}\left[\sum_{i=1}^{I}\left(\frac{TS_{i1}}{D_{i1}^{ws}}\right)^2 + \sum_{i=1}^{I}\left(\frac{TS_{i2}}{D_{i2}^{ws}}\right)^2 + \sum_{i=1}^{I}\left(\frac{TS_{i3}}{D_{i3}^{ws}}\right)^2\right] \tag{3-25}$$

式中：I 为水库调度时段数；$D_{i1,2,3}^{ws}$ 分别为第 i 时段汉江中下游生态和生活用水需水、清泉沟需水和南水北调中线需水；$TS_{i1,2,3}$ 分别为第 i 时段汉江中下游生态和生活用水缺水、清泉沟缺水和南水北调中线缺水。

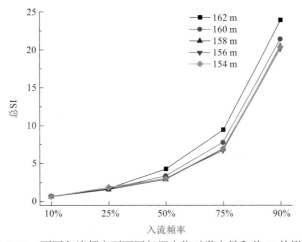

图 3-21　不同入流频率下不同起调水位对发电量和总 SI 的影响

由图 3-21 可知，总 SI 在起调水位为 162 m 和 160 m 时明显大于其他 3 种起调水位对应的总 SI 值，而在起调水位为 158 m、156 m 和 154 m 时三者之间相差不大。当起调水位较高时，根据起调水位等于调度期末水位的设定（FWL=SRL），水库第三年供水库容和调节库容将随着起调水位的增加而减少，且其恢复至调度末水位所需的蓄水也将增大。因此，随着起调水位的升高，总 SI 指标将显著增加且供水短缺主要集中于调度期第三年。当起调水位较低时，在特别干旱年份，较低起调水位对应的初始预存库容将难以满足所有用水户的需水要求。这将导致调度期第一年的汉江中下游供水（生态和生活供水）和南水北调中线供水易出现较为严重的缺水现象。图 3-22 给出了 500 组模拟特枯入库径流序列下，起调水位分别为 158 m、156 m 和 154 m 时对应的汉江中下游供水分布情况。如图 3-21 和图 3-22 所示，虽然起调水位为 156 m 和 154 m 时对应的总 SI 与 158 m 时几乎相同，然而当调度期第一年为特枯年份时，汉江中下游供水将无法得到保证，其概率分别为 5.8%（SRL=156 m）和 9.4%（SRL=154 m）。此外，在连续枯水年情形下，过低的起调水位将增加水库持续破坏运行的风险。

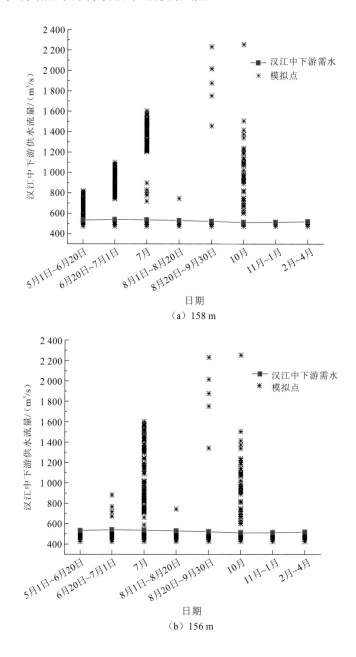

（a）158 m

（b）156 m

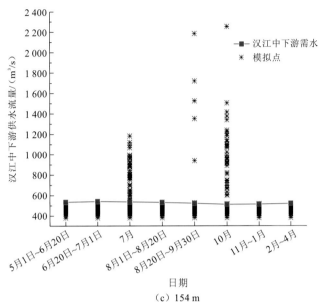

（c）154 m

图 3-22　入流频率为 90%时不同起调水位对应的汉江中下游供水分布

　　在发电效益指标方面，采用 3 年累计发电量来进行不同调度方案的发电效益衡量。图 3-23 展示了不同起调水位在不同频率入库径流情况下水库 3 年累计发电量的变化情况。由图 3-23 可知，水库 3 年累计发电量随着起调水位的增加而增加，其是由起调水位增加引起的平均发电水头增加而导致的。然而，在特丰、较丰及平水年情况下，不同起调水位对应的累计发电量几乎相同。由此可知，在入流较丰的情况下，水库起调水位的变动对水库发电量影响较小。

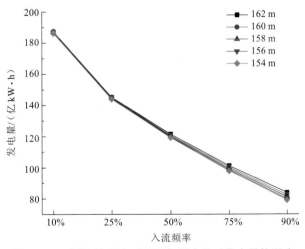

图 3-23　不同入流频率下不同起调水位对发电量的影响

　　在蓄满率方面，图 3-24（a）给出了不同频率入库径流情形下，不同起调水位对水库蓄满率的影响。如图 3-24（a）所示，水库蓄满率随着入流量的减少而降低。除起调水位为 154 m 时，在入流较枯情形下蓄满率略有降低以外，其余不同入流和起调水位

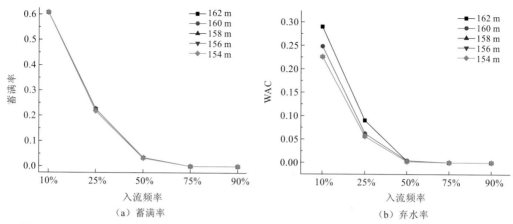

图 3-24　不同入流频率下，不同起调水位对水库 3 年蓄满率和调度期第一年水库弃水率的影响

情况下蓄满率几乎相同，这主要是水库进入夏季防洪时汛限水位（160 m）对水库蓄水量的限制作用导致的。在入流较丰的情形下，水库将在夏季汛限水位启动前增大下泄从而满足防汛要求，若采用较高的起调水位将导致水库弃水率增加。图 3-24（b）展示了不同入流频率条件下，不同起调水位对应的水库调度期第一年的弃水率情况。其中，水库弃水率 WAC 计算公式为

$$WAC = \frac{\sum_{m=1}^{M} a_{mi}}{M} \tag{3-26}$$

$$a_{mi} = \begin{cases} 1, & \exists i \in 1,\cdots,12, \quad \text{s.t.} \ q_{mi}^{rr} > Q_i^{\max} \\ 0, & \forall i \in 1,\cdots,12, \quad \text{s.t.} \ q_{mi}^{rr} < Q_i^{\max} \end{cases} \tag{3-27}$$

式中：$M = 500$，为模拟序列长度；q_{mi}^{rr} 是第 m 组模拟序列在第 i 时段包括发电流量在内的总下泄流量。

如图 3-24（b）所示，当起调水位为 162 m 和 160 m 时，在入流较丰的情况下，其对应的水库弃水率明显高于其他起调水位对应的弃水率。较高的起调水位将导致汛前调节库容减小，从而使得第一年汛期前水库为满足防汛要求而大量弃水。此外，图 3-24（b）也可从另一方面说明蓄满率在不同起调水位下的变化情况，即当来流较丰时，由于夏季防洪要求和汛限水位的限制，水库弃水率较大，不同起调水位对应的蓄满率相差无几；而当来流较枯时，夏季汛限水位的限制作用减小，水库弃水率降低，水库蓄满率也因来流减少而降低。结合图 3-24（a）和图 3-24（b），可得知水库蓄满率主要与入流条件、汛限水位有关，而起调水位对其影响较小。为提高水库蓄满率，调度决策者可考虑采用动态汛限水位或汛末提前蓄水等措施来增加中小洪水的利用率，从而减小汛期水库弃水量。

此外，根据图 3-21 和图 3-24（b），水库弃水和用水户供水短缺在入库径流较丰的情况下同时存在，原因如下：尽管水库在 3 年调度期内入库径流总体表现为较丰，若其分布为调度期第一年特丰而调度期第三年特枯的情形，即表 3.20 中所示的①+①+⑤或①+

②+④/⑤的入流组合，属于不利于水库调度的入库径流组合。在上述不利入库径流组合情况下，调度期第一年多余的入流将由于防洪和汛限水位限制等原因不能服务于调度期后期水库的供水任务中，且此情形下水库弃水率将随着起调水位的增加而增加。若在调度期末库水位回归于起调水位，则在上述不利年际入库径流组合下调度期第三年的供水短缺风险将会大大增加，且这一现象将随着起调水位的递增而加剧。在这种情况下，调度决策者需面临以下抉择：①通过降低调度期末水位来满足水库各用水户需水，然而这将增加水库在下一个调度期连续破坏运行的风险（若遇连续枯水年序列）；②保持调度期末水位不变，承担现阶段的供水损失，从而避免下一个调度期的调度风险。

综上所述，过高的起调水位将削减水库的调蓄库容，且在设定起调水位与调度期末水位相等的前提下不利于丹江口水库多年优化调度。过低的起调水位将导致水库调度期第一年供水短缺风险的增加，水库发电量和蓄满率的降低，且该不利影响将可能延续至整个调度期。因此，综合各方面指标的表现，起调水位 158 m 被推荐为大坝加高后的丹江口水库多供水需求下的最优起调水位，其既具备一定的初始供水库容，亦留有一定的调节库容来应对入流等不确定因素带来的风险。此外，起调水位的确定若结合较为精确的水文预报，其将为调度决策者提供更为可靠的决策依据，即当预报结果显示下一个调度期来流整体较丰时，最优起调水位可比推荐值 158 m 略小。反之，当预报结果显示下一个调度期来流整体较枯时，可在满足基本各方供水的前提下，采用比推荐值 158 m 略大的值作为下一个调度期的起调水位。

2. 入流不确定性影响

本小节从发电效益、蓄满率、供水效益等方面入手，分析入流不确定性因素对水库多年调度的影响。值得注意的是，基于上述起调水位影响的分析和研究，且为排除水量因素的影响，下述各方案的讨论和评价建立在起调水位为 158 m 且调度期末水位等于起调水位的基础上。

1）发电效益

图 3-25 给出了不同频率入库径流下水库 3 年累计发电量的最大值、最小值、平均值及相应的标准差。由图 3-25 可知，无论是最大值、最小值还是均值曲线，水库 3 年累计发电量均随着入库径流的增加而增加。由累计发电量最小值曲线可知，在丹江口水库大坝加高后，在特枯、较枯、平、较丰、特丰等不同频率入库径流情况下，水库 3 年累计发电量分别至少可达 70 亿 kW·h、80 亿 kW·h、100 亿 kW·h、130 亿 kW·h、175 亿 kW·h。而由累计发电量最大值曲线可知，在丹江口水库大坝加高后，在特枯、较枯、平、较丰、特丰等入库径流情况下，水库 3 年累计发电量分别至多可达 102 亿 kW·h、122 亿 kW·h、141 亿 kW·h、180 亿 kW·h、210 亿 kW·h。此外，由累计发电量标准差曲线可知，在特枯年份发电量标准偏差仅为 0.65，明显小于其他入库径流频率对应的标准差值，由此可推断水库入流不确定性的影响是随着水库入库径流的减少而减小。其原因如下：在特枯入流年，水库入流只能满足汉江中下游生态和生活用水和清泉沟用水等基本需求，不足以满足南水北调中线的全部供水要求。在此情况下，丹江口电站的发电流量主要取决于

较为稳定的汉江中下游生态供水和生活用水，这将导致水库3年累计发电量在特枯入库径流下呈现较为稳定的发电水平，因此其相应的标准差也将减小。

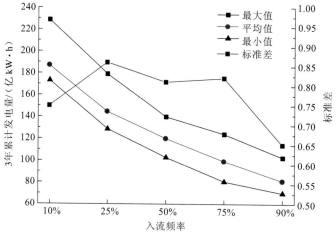

图 3-25 不同频率入库径流下丹江口水库 3 年累计发电量的
最大值、最小值、平均值及相应的标准差

此外，将不同频率下 3 年入库径流量小于序列径流量均值，且累计发电量大于序列累计发电量均值的序列从整体序列中挑选出来，并命名为序列 S1。图 3-26 显示在入库径流频率为 10%、25% 和 50% 时，挑选出来的 S1 序列和全系列中的单年径流量分布的比较结果。由图 3-25 可知，S1 序列中的单年入库径流量变化范围普遍小于全序列的变化幅度，即序列 S1 中的 3 年径流序列年际间变化相对较为平稳，这表明稳定的年际入流过程有利于水库累计发电量的增加。

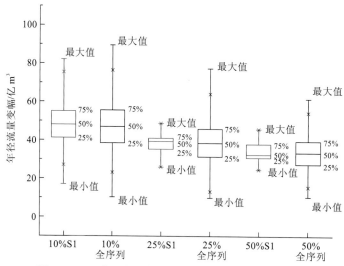

图 3-26 S1 序列与全序列的单年入库径流量分布比较

2）蓄满率

表 3-21 列出了模拟序列在不同频率入库径流下的水库蓄满率情况。由表 3-21 可知，在入库径流频率为 10%、25%和 50%时，3 年调度期内水库在汛末实现一次蓄满的概率分别为 100%、100%和 99.4%。这意味着在入流较丰的情况下，经过丹江口水库自身调蓄能力的调节，水库可实现 3 年内至少一次蓄满（汛末达到正常蓄水位 170 m）。而在入库径流频率为 75%和 90%时，水库模拟序列实现 3 年内至少一次蓄满的概率分别降至 80.6%和 29.8%。在入流较枯和特枯的情况下（75%、90%），水库在调度期内每年汛末均蓄满的概率为 0，而在入流丰和较丰的情况下（10%、25%），水库在调度期内每年汛末均蓄满的概率分别为 60.8%和 22.6%，远远大于入流较枯的蓄满情况。此外，相同的规律也可在水库两年蓄满率的数据中体现。值得注意的是，在入流特枯的情况下，水库 3 年均不能蓄满的概率高达 70.2%，即在 3 年调度期内，即使加高后丹江口水库调蓄能力增加，依旧有 70.2%的概率由于入流限制使得水库在每年汛末均不能达到正常蓄水位。综上所述，水库蓄满率的高低主要取决于入库径流的多少。

表 3-21　不同入库径流频率下水库蓄满率情况

入库径流频率	P_3	P_2	P_1	P_0
特丰（10%）	60.8%	99.8%	100%	0
较丰（25%）	22.6%	89.4%	100%	0
平（50%）	3.4%	59.2%	99.4%	0
较枯（75%）	0	14.8%	80.6%	19.4%
特枯（90%）	0	0	29.8%	70.2%

P_3 为 3 年内水库每年汛末均蓄满的概率；P_2 为 3 年内水库两年汛末达到蓄满的概率；P_1 为 3 年内水库至少一年汛末达到蓄满的概率；P_0 为 3 年内水库每年汛末均不能达到蓄满的概率

将调度期内每年汛末均能使得水库蓄满的序列从整体序列中挑选出来，并命名为序列 S2。图 3-27 表示在入库径流频率为 10%、25%和 50%时，挑选出来的 S2 序列和全系列中的单年径流量分布的比较结果。与图 3-26 类似，S2 序列中的单年度入库径流量变化范围普遍小于全序列的变化幅度，即序列 S2 中的 3 年径流序列年际变化相对较为平稳。由此可以推断，平稳的年际间径流过程是提高丹江口水库水库蓄满率的关键要素。

3）供水效益

图 3-21 显示了水库供水缺口主要发生在入流较枯的情形下，尤其是入库径流频率为特枯时。因此，水库供水效益的分析主要根据入库径流为特枯时，南水北调中线供水缺供情况进行。图 3-28 显示了 500 组 3 年特枯合成序列的总 SI 的分布情况。由图 3-28 可知，当入库径流为特枯时，水库总 SI <12 的比例为 34.4%，其中总 SI <12 意味着整个调度期内水库南水北调中线供水整体缺水量小于 50 亿 m³。中度供水不足的序列（12 <总 SI <42）占总体序列的 56.8%，其中总 SI 介于 12～42，意味着调度期内水库南水北调中

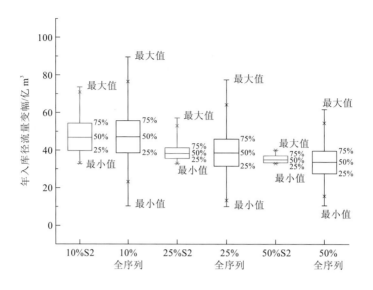

图 3-27 S2 序列与全序列的单年入库径流量分布比较

线供水整体缺水量介于 50 亿~100 亿 m³。而重度供水不足的总 SI > 42 的序列占全序列
的 8.8%，其中总 SI > 42 意味着调度期内水库南水北调中线供水整体缺水量大于 100 亿 m³。
综上所述，可以推断当水库入库径流为特枯时，丹江口水库南水北调中线供水风险普遍
存在，且中高缺水风险的比重较大。

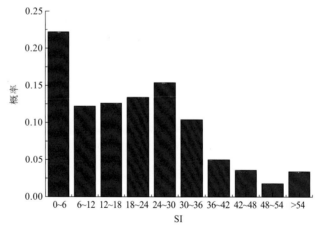

图 3-28 特枯合成序列总 SI 指标的分布情况

为了进一步研究丹江口水库南水北调中线供水在特枯入流情形下年内缺水风险分布
的情况，采用中线月供水保证率指标进行衡量，其计算公式见式（3-28）和式（3-29）。
图 3-29 显示了 500 组特枯模拟序列下水库南水北调中线月供水保证率的分布情况。由
图 3-29 可知，水库南水北调中线供水在非汛期的供水保证率约为 56%~70%，而汛期时
其保证率约为 80%~91%，即中线供水保证率在非汛期时明显低于汛期。由此可知，丹
江口水库南水北调中线供水缺口在非汛期更可能发生，水库调度决策者应更加注重水库

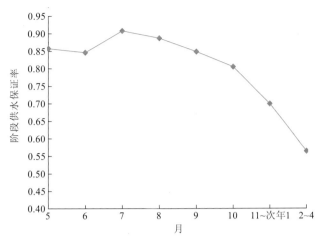

图 3-29　特枯模拟序列下南水北调阶段供水保证率分布情况

非汛期的供水形势，并尽量利用汛期存余水量用于非汛期供水。

$$\mathrm{GR}_i = \frac{\sum_{m=1}^{M}\sum_{n=1}^{3} b_{mni}}{3m} \tag{3-28}$$

$$b_{mni} = \begin{cases} 1, & q_{mni2}^{\mathrm{ws}} \geqslant D_{i2}^{\mathrm{ws}} \\ 0, & q_{mni2}^{\mathrm{ws}} < D_{i2}^{\mathrm{ws}} \end{cases} \tag{3-29}$$

式中：q_{mni2}^{ws} 为第 m 组模拟序列在第 n 年的第 i 阶段时水库南水北调中线供水流量。

经上述分析，可总结考虑入流不确定性因素和多供水需求下丹江口水库多年调度策略如下：首先，当丹江口水库入库径流较丰时（入流序列频率为 10%、25% 和 50%），通常情况下仅依靠水库入流和自身多年调蓄能力就能满足水库多用水户供水及发电等任务。在此情形下，调度决策者可将调度重点聚焦于水库发电效益最大化上，即水库调度期前期在满足各用水户需水要求、电站保证出力及防洪要求的基础上尽量减少多余下泄，并在调度期后期集中下泄，从而抬高平均发电水头获取较大的累计发电量。其次，当丹江口水库入库径流较枯时（入流序列频率为 75% 和 90%），若不动用水库原有库容，则各用水户的需水要求难以同时满足，尤其是南水北调中线供水风险较大。因此，调度决策者应尽可能发挥丹江口水库多年调节库容的调蓄作用，在丰水期尽量存储多余水量补充库容用于枯水期各用水户供水，并在必要时及时动用水库原有库容来减小各用水户的供水缺口。

3. 汛限水位影响

由上述分析可知，在入流序列为较枯或入流序列年际组合不利于水库调度时，丹江口水库非汛期供水风险很大。因此，对于调度决策者而言，如何更好地利用汛期中小洪水资源并服务于非汛期水库供水是值得探索的。为了充分利用中小洪水资源，水库调度决策者在不增加水库防洪风险的基础上基于水库径流预报成果可以通过暂时提高水库汛限水位来充分利用汛期水量，从而缓解水库非汛期的供水压力。

对于丹江口水库而言，为了改善枯水年序列下水库南水北调中线供水的紧张形势，采用暂时提高水库夏季和秋季汛限水位（夏季：160～160.5 m，秋季：163.5～164 m）的方法来寻求提高汛限水位对于各指标（累计发电量、蓄满率和总 SI）的影响。所谓的基于预报结果的暂时提升水库汛限水位措施，此处以丹江口水库为例做以下简要说明。在汛期，水库调度决策者可暂时将汛限水位分别从 160 m 提高至 160.5 m（夏汛）和 163.5 m 提高至 164 m（秋汛），其对应的库容涨幅分别为 4.1 亿 m^3 和 4.5 亿 m^3。一旦预报即将有洪水入库，假设预报期为 3 天，则丹江口水库下泄流量需超过洪水入库流量 5 200 m^3/s，使水位在洪水来临前降至原汛限水位 160 m 或 163.5 m。对于丹江口水库而言，其汛期平均入流和水库最大允许下泄流量分别为 1 800 m^3/s 和 15 000 m^3/s，显然满足上述预泄的过流能力要求。因此，基于预报结果的暂时提升水库汛限水位来存储汛期水资源的方法在水库防洪安全方面是可行的。

图 3-30 显示了不同幅度提高汛限水位对总 SI 指标和累计发电量的影响。如图 3-30 所示，总 SI 随着汛限水位抬升幅度的增加而降低，而水库累计发电量则随着汛限水位提升幅度的增加而减少，这意味着提升水库供水效益的同时将会以一定的发电效益为代价。由于水库汛限水位的抬升将导致汛期蓄水增加，且增加的蓄水可用于非汛期水库供水，因此汛限水位每抬升 0.1 m 其对应的总 SI 将减小 0.11，意味着南水北调中线供水将增加 83 万 m^3/月。然而在发电效益方面，当入库径流为特枯时，每提升 0.1 m 汛限水位将导致水库累计发电量减少 215 万 kW·h/月。这是因为原先超过汛限水位而用于发电的水量在汛限水位抬升后被水库存留并用于非汛期的南水北调中线供水，从而使得发电用水和发电量减少。此外，在蓄满率指标方面，小幅提升汛限水位对蓄满率的影响不大。对于加高后担负中线供水任务的丹江口水库而言，供水任务已然优先于发电任务，因此牺牲小部分的发电效益来改善水库非汛期南水北调中线供水状况是值得考虑的。因此，综上所述，在不增加水库防洪风险的前提下，基于水库径流预报成果暂时提高水库汛限水位来存储汛期洪水资源，从而缓解水库非汛期供水压力，在水库遭遇连续枯水年径流序列时是可行的。

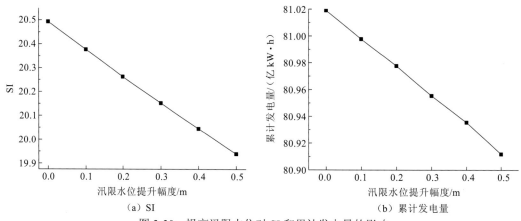

（a）SI　　　　　　　　　　　（b）累计发电量

图 3-30　提高汛限水位对 SI 和累计发电量的影响

4. 年末消落水位分布

为了充分利用多年调节水库的库容调蓄能力，合理使用调度期内水库库容，年末消落水位分布规律的研究显得至关重要。本小节将在起调水位为 158 m 的基础上，根据不同频率入流情况，进行丹江口水库调度期内各年末水位分布规律的研究。图 3-31 为不同入库径流频率下丹江口水库调度期内第一年年末水位分布情况。由图 3-31 可知，总体而言，入流特丰、较丰和平时水库第一年年末水位分布相较于入流较枯、特枯时更为集中。当入库径流序列为特丰序列时，第一年年末水位分布主要集中于 162～168 m；当入库径流序列为较丰序列时，第一年年末水位分布主要集中于 162～168 m；当入库径流序列为平水年序列时，第一年年末水位分布主要集中于 160～166 m。然而，当入库径流序列为较枯或特枯序列时，第一年年末水位分布较为分散。这是由于当入流较枯时，水库本身调蓄库容作用和入流量有限，即容易面临无水可调的局面，时常会为了满足各方基本供水而调用库容，年末水位分布规律相对不集中。

图 3-32 给出了入库径流频率为较丰、平及特枯时，丹江口水库调度期内第二年年末水位分布情况。与图 3-31 相比，丹江口水库调度期内第二年年末水位在入流较丰时整体趋势与第一年年末水位的分布规律基本一致，主要分布在 162～166 m，但其集中程度明显较低，原因可归结于第一年水库的自身调蓄作用和不同的第一年入流条件。

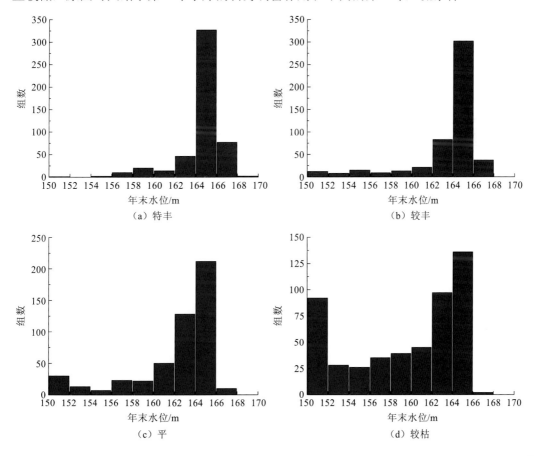

（a）特丰　　　　　　　　　　（b）较丰

（c）平　　　　　　　　　　（d）较枯

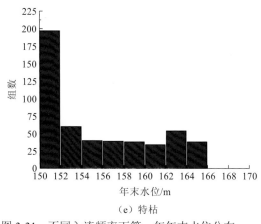

（e）特枯

图 3-31　不同入流频率下第一年年末水位分布

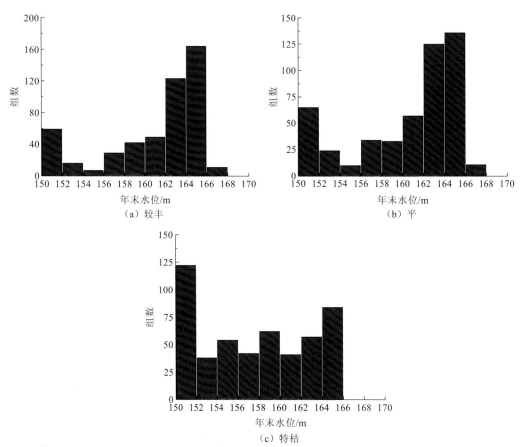

（a）较丰

（b）平

（c）特枯

图 3-32　不同入流频率下第二年年末水位分布

　　由上述分析可知，丹江口水库在入流较丰时，其调度期内第一年年末水位分布规律较为明显，因此采用累计发电量、3 年蓄满率及总 SI 进一步探讨其分布特征。表 3-22 总结了入流频率为特丰、较丰及平等情况下水库上述各评价指标在不同区间的第一年年末水位的表现。由表 3-22 可知，水库入库径流序列分别为特丰、较丰及平时，第一年年末水位分别在 162～166 m，164～166 m 和 162～164 m 上相对于全序列而言累计发电量更多，3 年蓄满率更高且总 SI 更低。因此，将 162～166 m 作为入库径流为特丰时水库第一年年末水位的推荐区间，将 164～166 m 作为入库径流为较丰时水库第一年年末水位的推荐区间，而将 162～164 m 作为入库径流为平水年序列时水库第一年年末水位的推荐区间。

表 3-22　入流频率为特丰、较丰及平等情况下水库各评价指标和第一年年末水位

入流频率	发电量	全系列	第一年年末水位			
			160～162 m	162～164 m	164～166 m	166～168 m
特丰	累计发电量/(亿 kW·h)	187.1	187.3	187.4	187.4	185.5
	P_3	60.8%	50%	72.3%	71.3%	20.78%
	SI	0.70	0	0	0.29	2.35
较丰	累计发电量/(亿 kW·h)	144.7	140.1	143.4	146.0	148.0
	P_3	22.6%	0	40.96%	26.49%	0
	SI	1.62	0	0.23	1.56	4.59
平	累计发电量/(亿 kW·h)	120.0	117.5	120.0	122.2	122.7
	P_3	3.4%	0	5.47%	4.72%	0
	SI	2.94	0.81	0.73	3.77	5.92

3.2　大型枢纽发电–通航水力耦合模型及响应

3.2.1　电站调峰对河道通航的影响分析及调控策略

大型水利枢纽运行时，因泄流量大，调峰调频等需要，通常产生复杂的水力现象。目前，研究水利工程水流流动的方法可分为 4 类：现场观测或监测、解析解、物理模拟和数值模拟。模拟流态的方法有物理模拟和数值模拟两种类型[4]。物理模拟即比尺模拟，其实验效果直观明显，可信度较高，故以其直观性和物理概念明确一直受到水利工程界的重视，但其模拟程度往往受模拟试验手段和比尺关系的限制，而且实施工程量大，费用比较高，试验时间、周期也相对较长，更重要的是缺乏方案上的灵活性；而数值模拟手段能弥补这种不足，运用相应的水流泥沙数学模型对河道水流进行模拟，对改善流态的各种工程措施进行验证，可以无限量地提供研究结果的细节，便于优化设计，这就体现了数值模拟的灵活性，并且可以大幅度地减少完成新设计所需的时间和成本。水流数值模拟是以水流运动和河床演变控制方程为基础，以数值方法和计算机技术为手段，通

过对流态的数值模拟计算，解决水利工程所关心的问题。

针对三峡—葛洲坝梯级水利枢纽联合运行特征，建立了梯级日优化调度模型，在确保航运安全和其他约束下，寻求梯级电站总出力最大的日运行方式，以充分发挥大型水利枢纽的发电调峰潜力。

本小节首先根据可能遭遇的三峡下泄流量和葛洲坝坝前控制水位，计算 16 种组合工况下三峡—葛洲坝之间河道的最大表面比降和最大表面流速。计算结果表明，流速和比降都会随着流量的增加而不断加大，如图 3-33、图 3-34 所示。由此可见，三峡泄流产生的非恒定流在一定的流量范围内是不会妨碍下游河段的通航，但是超过一定的泄流限制则必将严重影响下游河段的通航。

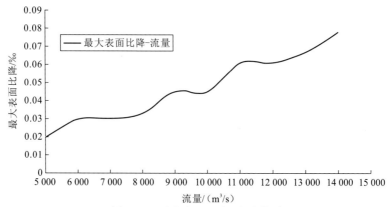

图 3-33　最大表面比降-流量关系

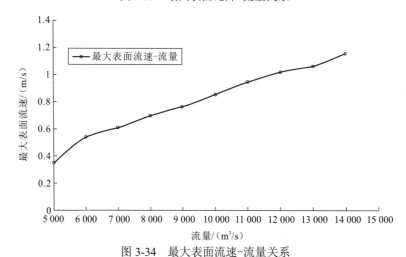

图 3-34　最大表面流速-流量关系

其次，针对三峡—葛洲坝梯级水利枢纽联合运行特征，以两电站联合调度的发电量最大作为目标函数建立了梯级日优化调度模型，采用了逐步优化算法进行求解。优化模型考虑了水量平衡约束、库容和水位限制等物理约束。河道水流流动采用一维水流水力学计算模型，不考虑三峡至葛洲坝间的支流汇入，但考虑了两坝间的水流时滞。计算结果表明，先将三峡电站的坝前水位抬高到一定高程，然后通过集中放流、放空库容的调度方式，可获得两电站的最大发电量。

最后，检验优选的三峡下泄流量过程引起的非恒定流对航运的影响。以流量变化最为剧烈的第 24 时段为例，计算各断面的最大水位分钟变率，如图 3-35 所示。

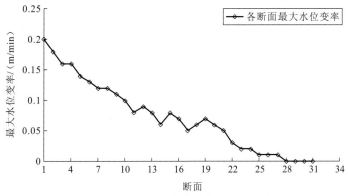

图 3-35　最大水位变率随断面变化曲线

计算发现，三峡—葛洲坝间河道最危险河段出现在第 16～17 断面，其最大水面比降为 0.033‰，最大表面流速为 0.7 m/s。将河道的最大比降、最大表面流速和最大水位分钟变率与《三峡梯级水电联合调度技术设计规范》中对通航的要求进行比较，可知这种优化决策的出力放流过程是可以满足具体航道的通航条件的。

3.2.2　枢纽发电对引航道及口门区通航运行条件的影响

向家坝水电站是金沙江下游河段最末 1 个梯级，电站距下游宜宾市 33 km，离水富县城 1.5 km。工程的开发任务以发电为主，同时改善航运条件，兼顾防洪、灌溉，并具有拦沙和对溪洛渡水电站进行反调节等作用[4]。向家坝水电站坝址控制流域面积 45.88 万 km^2，占金沙江流域面积的 97%。最大坝高 162.00 m，正常蓄水位 380.00 m，死水位 370.00 m，水库总库容 51.63 亿 m^3，调节库容 9.03 亿 m^3，为不完全季调节水库。电站装机容量 6400 MW，多年平均发电量 308.80 亿 kW·h。

枢纽工程 500 年一遇（$P=0.2\%$）设计洪水洪峰流量 41 200 m^3/s，5 000 年一遇（$P=0.02\%$）校核洪水洪峰流量 49 800 m^3/s。电站正常蓄水位 380.00 m、校核洪水位 381.86 m、死水位及汛限水位 370.00 m。枢纽工程主要由挡水建筑物、泄洪排沙建筑物、左岸坝后引水发电系统、右岸地下引水发电系统、通航建筑物及灌溉取水口等组成。枢纽布置形式如图 3-36 所示。

向家坝枢纽所在河段河床地形条件及通航条件均较为复杂，且该枢纽又紧邻宜宾市河段，涉及众多的关键技术问题，包括通航建筑物的运用与水库发电优化调度对长江干线航道条件的影响等关键技术问题。特大型水利枢纽发电、航运等运行工况与近坝河道水力过程有着密切的动力关系，且呈高维、时变、非线性复杂特性。解释枢纽运行动态

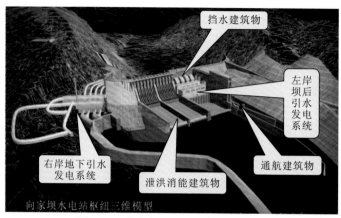

图 3-36　向家坝水电站枢纽布置形式

行为间复杂水力耦合机理，对于枢纽运行安全具有十分重要的地位，并能满足运输需求，开发金沙江航运潜能，对促进西南地区社会经济发展均具有十分重要的意义[5]。

　　针对向家坝水利枢纽工程引航道通航水流特点，采用平面二维非恒定流数学模型，分别模拟向家坝枢纽在不同运行方式下上游和下游引航道口门区的水流条件，在此基础上研究枢纽发电和通航的水力耦合机理[6-7]。

　　本小节首先研究了向家坝引航道口门区的水流条件对向家坝通航运行的影响。使用 MIKE 21 水动力学模型模拟向家坝多年平均流量下上下游的水流情况。模型的计算区域和网格剖分如图 3-37 所示。

（a）上游模型范围示意图

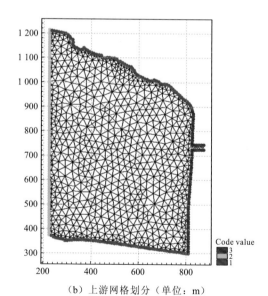

（b）上游网格划分（单位：m）

（c）正常水位的下游模型　　　　　（d）下游网格划分（单位：m）

图 3-37　上下游计算区域和网格剖分

根据向家坝水库调度规程可知，水库在枯水期（9 月～次年 1 月、6 月），上游水位维持在正常蓄水位 380 m 运行，其多年的月平均流量为 9880 m³/s，其中 9 月的流量最大；汛期（7～9 月）上游水位维持在汛限水位 370 m 时，其多年的月平均流量为 9970 m³/s，其中 8 月流量最大。此外，根据向家坝的通航限值条件，对最小通航流量（1200 m³/s）与最大通航流量（12000 m³/s）两种工况进行数值模拟。拟定的上、下游模型的计算工况分别见表 3-23。

表 3-23　上、下游计算工况

工况	上游水位/m	上游流量/（m³/s）	下游水位/m	下游流量/（m³/s）
1	380	9 880	265.8	1 200
2	370	9 970	277.25	12 000

模型上边界条件为定流量，下边界条件为定水位。上下游引航道模拟结果如图 3-38所示。

计算结果表明，对上游引航道而言，两种工况下上游引航道口门区均没有出现回流的情况，流态状况较为良好，水位未出现较大的水位变幅；工况 1 纵向流速有一些波动，但其最大纵向流速不超过 0.14 m/s，工况 2 最大纵向流速为 0.3 m/s，两种工况下纵向流速均小于口门区纵向流速限值 2.0 m/s 的要求；工况 1 的横向流速基本稳定在 0.06 m/s，工况 2 的横向流速基本稳定在 0.11 m/s 左右，两种工况下均满足横向流速一般要求不大于 0.3 m/s 的限值要求。

综合分析可得，在上游引航道的原布置方案下各水流要素较为良好，可以很好地满足航运需要。

对下游引航道而言，水力模拟表明，两种工况下下游引航道口门区均出现一定的回流情况，但回流流速较小，最大值均不超过 0.3 m/s，满足回流流速小于 0.4 m/s 的限值

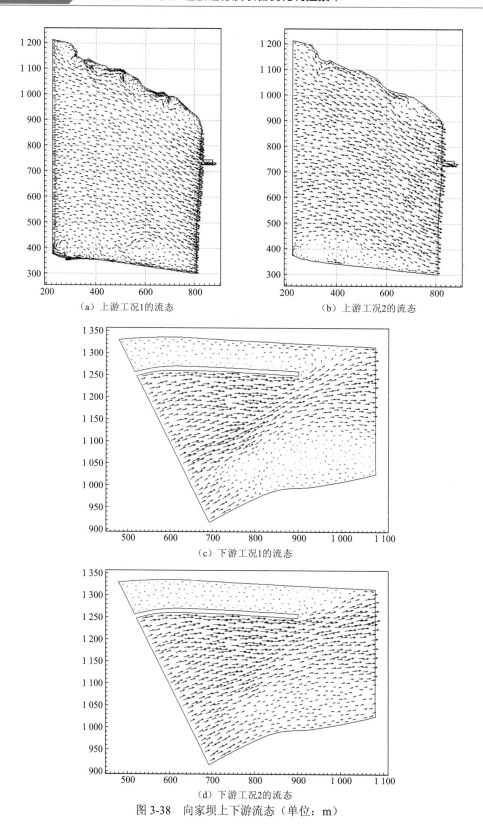

（a）上游工况1的流态

（b）上游工况2的流态

（c）下游工况1的流态

（d）下游工况2的流态

图 3-38　向家坝上下游流态（单位：m）

要求；两种工况下的水位均会趋于稳定，未出现较大的水位变幅情况；工况 1 纵向流速 0.7～1.8 m/s，工况 2 纵向流速为 0～1.8 m/s，两种工况下纵向流速均小于口门区纵向流速限值 2m/s 的要求；工况 1 的横向流速 0～0.15 m/s，满足横向流速小于 0.3 m/s 的限值要求，工况 2 的横向流速基本稳定在 0.1～0.7 m/s，局部区域最大横向流速超过了 0.3 m/s 的限制要求，需要限制泄流过程。

　　向家坝水电站的主要功能是发电，同时兼顾航运。由于向家坝的通航建筑物为升船机，在其工作运行时不会产生水力要素的较大改变。此外，在自然状态下河道日流量较为稳定，只有在枯水期电站进行日调节时下游流量波动明显。为此在研究向家坝枢纽的发电、通航运行的水力耦合响应特性时，主要研究电站枯水期时日调节所产生的非恒定流对下游航道的影响，以便确定向家坝合适的日调节工况，既满足发电需求也满足航运需求。

　　枯水期时，向家坝水电站主要承担系统峰荷，出力与下泄流量变幅较大。向家坝电能消纳的主要市场为华东电网，根据电网负荷统计可知，电网典型日负荷曲线呈现出典型的双峰特征，中午 11 点左右出现第一个高峰期，下午 19 点左右出现日最高峰，如图 3-39 所示。考虑到华东电网的日负荷特性和机组运行特点的要求，本小节根据电网负荷峰谷出现时间和日负荷波动形状，首先拟定了两种极限工况。第一种工况时，日调节最小流量为 1500 m³/s，最大下泄流量拟定为 4750 m³/s；第二种工况时，日调节最大流量达到最大引用流量 7100 m³/s，此时最小下泄流量为 3800 m³/s。在两种极限流量工况的包络范围内再拟定了三种工况，分别记为工况 a、工况 b 与工况 c，考虑五种日发电调节流量对航运的影响。五种工况的流量过程如图 3-40 所示。

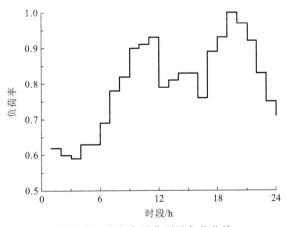

图 3-39　华东电网典型日负荷曲线

　　采用 MIKE 21 分别模拟 5 种工况下航运水流条件，计算的上边界条件为日调节流量过程，下边界条件为给定水位，结果见表 3-24。

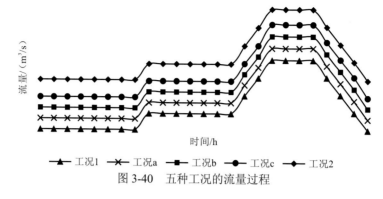

图 3-40 五种工况的流量过程

表 3-24 五种工况的数值模拟结果

工况	流态	纵向流速/(m/s)	横向流速/(m/s)
工况 1	无回流	0~1.5	0~0.22
工况 a	无回流	0~1.7	0~0.4
工况 b	无回流	0~1.8	0~0.5
工况 c	有回流≤0.3 m/s	0~1.9	0~0.55
工况 2	有回流≤0.3 m/s	0~1.9	0~0.7

从表 3-24 可以看出,在 5 种工况下,流态与纵向流速方面均能满足基本的航运需要,但是在横向流速方面工况 b、工况 c 与工况 2 均超限,为此仅考虑工况 1 与工况 a 下的水力耦合特性,以确定满足航运要求的最大发电量的日调节方式。

由于向家坝水库为季调节水库,在其正常蓄水位 380 m 时相应库容为 50 亿 m³,调节库容达 9 亿 m³,在一天的来流与泄流变化过程内水位变幅不大,可认为上游水位在一天内恒定不变。为此,假定上游水位为正常蓄水位 380 m 恒定不变,下游水位根据各工况下边界水位过程线取定,流量根据各工况的流量过程线取定,两种工况的流量过程线见图 3-41。根据水电站出力计算公式 $N=AQH$,可计算出向家坝枯水期典型日调节工况 1 平均出力为 2442 MW,日发电量为 6100 万 kW·h;工况 a 平均出力为 2914 MW,日发电量 7285 万 kW·h。为此可采用工况 a 作为满足航运条件的最大出力日调节工况。

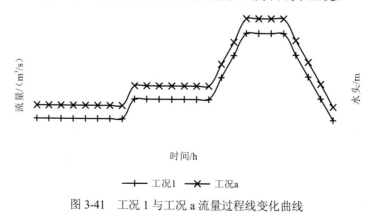

图 3-41 工况 1 与工况 a 流量过程线变化曲线

3.3　耦合多安全约束的梯级水电站运行多目标优化调控模型

水电站运行时需在满足安全要求基础上进行发电效益优化，本节主要考虑因素包括泄洪诱发振动安全及泄洪闸下游水力防冲安全。

具体运行优化调控研究过程为[6-8]：①建立水电站运行（泄洪诱发振动安全及泄洪闸下游水力防冲安全）安全因子的隶属度函数度量标准，建立以上述水电站运行安全因子为安全度计量方式的梯级水电站优化调控模型。②通过现场原型观测、模型试验及数值模拟方式相结合得到各安全因子量化指标：构建泄洪诱发振动安全因子量化方式和泄洪振动安全流量剩余空间约束；构建水力防冲安全因子量化方式和下游水力安全闸门开度组合约束。分析电站运行特性结合上述约束设置梯级水电站调控准则。③设置最悲观泄洪调控方式和最乐观泄洪调控方式对梯级水电站洪水期优化调控问题进行决策。④以锦屏梯级水电站作为研究对象进行优化分析，对各等级洪水来流量的调控结果进行对比得到两种调控方式的优缺点，得到最优调控策略。

3.3.1　梯级水电站运行多目标优化调控模型

本小节提出水电站运行安全因子的概念，通过对同一时空条件下的水电站运行安全进行量化并在梯级水电站优化调控模型中进行表征，应用隶属度函数概念对水电站运行安全因子进行度量[9]。

1. 调控模型目标函数及约束条件

本小节以锦屏一级、二级水电站作为研究对象，二级电站为一级电站的反调节水电站。耦合多安全约束的梯级水电站优化调控模型如下，主目标为洪水调控过程中发电量最大，目标函数表达式

$$O_1 = \max \left\{ \sum_{t=1}^{n_{\text{total}}} \left[\sum_{j=1}^{n^{\text{A}}} f_{\text{A}}^{q,h\sim p}(q_{jt}^{\text{A}}, h_t^{\text{A}}) + \sum_{j=1}^{n^{\text{B}}} f_{\text{B}}^{q,h\sim p}(q_{jt}^{\text{B}}, h_{jt}^{\text{B}}) \right] \cdot \Delta T \right\} \tag{3-30}$$

式中：A 和 B 分别代表梯级电站中的枢纽水电站和反调节水电站。$f_{\text{A}}^{q,h\sim p}(q_{jt}^{\text{A}}, h_t^{\text{A}})$、$f_{\text{B}}^{q,h\sim p}(q_{jt}^{\text{B}}, h_{jt}^{\text{B}})$ 为拟合的枢纽水电站和反调节水电站的水头-流量-出力关系式。q_{jt}^{A}、q_{jt}^{B} 分别为枢纽水电站和反调节水电站第 j 台发电机组第 t 时段的发电流量；h_{jt}^{A} 为枢纽水电站第 j 台发电机组第 t 时段的水头；h_{jt}^{B} 为反调节水电站第 j 台发电机组第 t 时段的发电水头。n^{A} 为枢纽水电站机组台数；n^{B} 为反调节水电站机组台数。ΔT 为本模型的时间步长，$\Delta T = 3\,\text{h}$，n_{total} 为本模型时段数。

水电站运行安全度目标量化如下：

$$U_{\text{vibration}} = \max\left\{\sum_{t=1}^{n_{\text{total}}} [\mu_{\text{vibration}}(q_{st}^{\text{A}})] / n_{\text{total}}\right\} \tag{3-31}$$

$$U_{\text{flush}} = \max\left\{\sum_{t=1}^{n_{\text{total}}} [\mu_{\text{flush}}(q_{st}^{\text{B}})] / n_{\text{total}}\right\} \tag{3-32}$$

式中：$U_{\text{vibration}}$ 为枢纽水电站泄洪诱发振动安全度目标；$\mu_{\text{vibration}}$ 为泄洪诱发振动安全因子；q_{st}^{A} 为枢纽水电站 t 时段泄洪流量。U_{flush} 为反调节水库下游水力安全度目标；μ_{flush} 为下游水力防冲安全因子；q_{st}^{B} 为反调节电站 t 时段泄洪流量。

上述目标受限制于以下约束：

（1）水量平衡约束

$$v_t^{\text{A}} = v_{t-1}^{\text{A}} + (Q_{\text{int}}^{\text{A}} - q_{zxxt}^{\text{A}})\Delta T \tag{3-33}$$

$$v_t^{\text{B}} = v_{t-1}^{\text{B}} + (q_{zxxt}^{\text{A}} - q_{zxxt}^{\text{B}})\Delta T \tag{3-34}$$

式中：v_t^{A} 为枢纽水库第 t 时段末的库容；v_{t-1}^{A} 为枢纽水库第 t 时段初的库容；v_t^{B} 为反调节水库第 t 时段末的库容；v_{t-1}^{B} 为反调节水库第 t 时段初的库容；$Q_{\text{int}}^{\text{A}}$ 为枢纽水电站第 t 时段的上游来流量；q_{zxxt}^{A} 为枢纽水电站第 t 时段的总下泄流量；q_{zxxt}^{B} 为反调节水库第 t 时段的总下泄流量。

（2）水力水量联系方程

$$\begin{cases} l_t^{\text{A}} = f_{\text{A}}^{q,z\sim l}(q_{zxxt}^{\text{A}}, z_t^{\text{B}}) \\ q_{zxxt}^{\text{A}} = q_t^{\text{A}} + q_{st}^{\text{A}} \end{cases} \tag{3-35}$$

$$\begin{cases} l_t^{\text{B}} = f_{\text{B}}^{q\sim l}(q_{zxxt}^{\text{B}}) \\ q_{zxxt}^{\text{B}} = q_t^{\text{B}} + q_{st}^{\text{B}} \end{cases} \tag{3-36}$$

式中：l_t^{A} 为枢纽水电站第 t 时段的尾水位；l_t^{B} 为反调节水电站第 t 时段的尾水位；$f_{\text{A}}^{q,z\sim l}$ 为枢纽水电站尾水位关于其总下泄流量和反调节水电站水位的关系式；q_t^{A} 为枢纽水电站第 t 时段发电流量；$f_{\text{B}}^{q\sim l}$ 为反调节水库尾水位关于其总下泄流量的关系曲线；z_t^{B} 为反调节水库第 t 时段末的库水位；q_t^{B} 为反调节水电站第 t 时段发电流量。

发电流量约束

$$q_{jt\min}^{\text{A}} \leqslant q_{jt}^{\text{A}} \leqslant q_{jt\max}^{\text{A}} \quad q_{jt\min}^{\text{A}}, \quad q_{jt\max}^{\text{A}} = f_{\text{A}}^{h\sim q}(h_t^{\text{A}}), \quad 1 \leqslant j \leqslant n^{\text{A}} \tag{3-37}$$

$$q_{jt\min}^{\text{B}} \leqslant q_{jt}^{\text{B}} \leqslant q_{jt\max}^{\text{B}} \quad q_{jt\min}^{\text{B}}, \quad q_{jt\max}^{\text{B}} = f_{\text{B}}^{h\sim q}(h_{jt}^{\text{B}}), \quad 1 \leqslant j \leqslant n^{\text{B}} \tag{3-38}$$

式中：$q_{jt\min}^{\text{A}}$、$q_{jt\max}^{\text{A}}$ 分别为枢纽水电站第 t 时段第 j 台发电机组的最小和最大发电流量；$q_{jt\min}^{\text{B}}$、$q_{jt\max}^{\text{B}}$ 分别为反调节水电站第 t 时段第 j 台发电机组的最小和最大发电流量；$f_{\text{A}}^{h\sim q}$、$f_{\text{B}}^{h\sim q}$ 分别为枢纽水电站和反调节水电站的水头和发电流量之间关系式。

（3）溢弃流量约束：

泄洪振动安全流量剩余空间约束

$$Q_{\text{environmental}} \leqslant q_{st}^{\text{A}} \leqslant q_{st\max}^{\text{A}}, \quad q_{st\max}^{\text{A}} = f_{\text{A}}^{z\sim q}(z_t^{\text{A}}) \tag{3-39}$$

$$\sum_{t=1}^{n_1} q_{st}^{\text{Acurrent}} = n_1 \cdot Q_{\text{vibration}} - \sum_{t=1}^{n_1} (\delta_t^{\text{current}} \cdot 10^8 / \Delta T) \tag{3-40}$$

$$\sum_{t=n_1+1}^{n_{\text{total}}} q_{st}^{\text{Afuture}} = (n_{\text{total}} - n_1) \cdot Q_{\text{vibration}} - \sum_{t=n_1+1}^{n_{\text{total}}} (10^8 \cdot \delta_t^{\text{future}} / \Delta T) \tag{3-41}$$

下游水力防冲安全约束

$$0 \leqslant q_{st}^{\text{B}} \leqslant q_{st\max}^{\text{B}}, \quad q_{st\max}^{\text{B}} = f_{\text{B}}^{z\sim q}(z_t^{\text{B}}) \tag{3-42}$$

$$O_k^t = f_{\text{B}}^{z,q,k\sim o}(z_t^{\text{B}}, q_{st}^{\text{B}}), \quad 0 \leqslant q_{st}^{\text{B}} \leqslant q_{st\max}^{\text{B}} \tag{3-43}$$

式中：z_t^{A} 为枢纽水库第 t 时段末水位；$f_{\text{B}}^{z\sim q}$，$f_{\text{B}}^{z\sim q}$ 分别代表枢纽水库和反调节水库的水位和泄流能力之间关系；$q_{st\max}^{\text{A}}$ 为枢纽水库第 t 时段最大溢弃流量；$q_{st\max}^{\text{B}}$ 为反调节水库第 t 时段最大溢弃流量；$\delta_t^{\text{current}}$、$\delta_t^{\text{future}}$ 分别为现阶段和未来阶段泄洪振动安全流量剩余空间。n_1 为现阶段时段数，n_{total} 为两阶段总时段数；q_{st}^{Acurrent} 为现阶段枢纽水库第 t 时段泄洪流量；q_{st}^{Afuture} 为未来阶段枢纽水库第 t 时段泄洪流量。$Q_{\text{vibration}}$ 为泄洪振动安全流量上限。$f_{\text{B}}^{z,q,k\sim o}$ 为保证闸门下游河道形成淹没式水跃基础上，明渠段闸底板不被冲蚀和河床段导墙不被淘刷的闸门最优开度式；O_k^t 为 t 时段 k 号闸门的开度。

（4）水库库容和库水位约束

$$z_{\min}^{\text{A}} \leqslant z_t^{\text{A}} \leqslant z_{\max}^{\text{A}}, \quad z_t^{\text{A}} = f_{\text{A}}^{v\sim z}(v_t^{\text{A}}) \tag{3-44}$$

$$z_{\min}^{\text{B}} \leqslant z_t^{\text{B}} \leqslant z_{\max}^{\text{B}}, \quad z_t^{\text{B}} = f_{\text{B}}^{v\sim z}(v_t^{\text{B}}) \tag{3-45}$$

式中：$z_{\min}^{\text{A}}$、$z_{\max}^{\text{A}}$ 分别为枢纽水库汛限水位和防洪高水位。$z_{\min}^{\text{B}}$、$z_{\max}^{\text{B}}$ 分别为反调节水库最低水位和最高水位。$f_{\text{A}}^{v\sim z}$，$f_{\text{B}}^{v\sim z}$ 分别代表枢纽电站和反调节电站的水位和库容之间关系式。

（5）电站出力约束

$$P_{jt\min}^{\text{A}} \leqslant p_{jt}^{\text{A}} \leqslant P_{jt\max}^{\text{A}}, \quad P_{jt\max}^{\text{A}} = f_{\text{A}}^{h\sim p}(h_t^{\text{A}}), \quad j=1,2,\cdots,n^{\text{A}} \tag{3-46}$$

$$P_{jt\min}^{\text{B}} \leqslant p_{jt}^{\text{B}} \leqslant P_{jt\max}^{\text{B}}, \quad P_{jt\max}^{\text{B}} = f_{\text{B}}^{h\sim p}(h_t^{\text{B}}), \quad j=1,2,\cdots,n^{\text{B}} \tag{3-47}$$

式中：p_{jt}^{A} 为枢纽水电站第 t 时段第 j 台发电机组出力；p_{jt}^{B} 为反调节水电站第 t 时段第 j 台发电机组出力；$P_{jt\min}^{\text{A}}$、$P_{jt\max}^{\text{A}}$ 分别为枢纽水电站第 t 时段第 j 台发电机组最小和最大出力；$P_{jt\min}^{\text{B}}$、$P_{jt\max}^{\text{B}}$ 分别为反调节电站第 t 时段第 j 台发电机组最小和最大出力；$f_{\text{A}}^{h\sim p}$、$f_{\text{B}}^{h\sim p}$ 分别代表枢纽电站和反调节电站的水头和出力之间关系式。

（6）水头约束

$$h_{jt}^{\text{A}} = z_t^{\text{A}} - l_t^{\text{A}} - \Delta h_{jt}^{\text{A}}, \quad j=1,2,\cdots,n^{\text{A}} \tag{3-48}$$

$$h_{jt}^{\text{B}} = z_t^{\text{B}} - l_t^{\text{B}} - \Delta h_{jt}^{\text{B}}, \quad j=1,2,\cdots,n^{\text{B}} \tag{3-49}$$

式中：Δh_{jt}^{A} 为枢纽水电站第 j 台发电机组第 t 时段水头损失；Δh_{jt}^{B} 为反调节水电站第 j 台发电机组第 t 时段水头损失。其中式（3-49）中的 Δh_{jt}^{B} 采用如下公式计算：

$$Q_{fix[(i+1)/2]^\#} = q_{i^\#} + q_{(i+1)^\#}, \quad i=2n-1, n \in N^+ \tag{3-50}$$

$$\Delta h_{i^\#} = a_{fix[(i+1)/2]^\#}(Q_{fix[(i+1)/2]^\#})^2 + b_{i^\#}(q_{i^\#})^2 + c_{i^\#}(q_{i^\#})^2 \tag{3-51}$$

式中：$Q_{fix[(i+1)/2]^\#}$ 为引水隧洞 $fix[(i+1)/2]^\#$ 的发电流量；而 $q_{i^\#}$、$q_{(i+1)^\#}$ 为引水隧洞 $fix[(i+1)/2]^\#$ 中两台发电机组的发电流量（发电机组和引水隧洞的编号对应关系为机组

$i^{\#}$ 和 $(i+1)^{\#}$ 对应隧洞 $fix[(i+1)/2]^{\#}$); $a_{i^{\#}}$、$b_{i^{\#}}$ 和 $c_{i^{\#}}$ 分别为水力单元 $i^{\#}$ 中引水隧洞、高压管道和尾水隧洞中的水头损失系数; $\Delta h_{i^{\#}}$ 为 $i^{\#}$ 发电机组的水头损失。

2. 水电站运行安全因子

由于水电站运行安全度的度量均是在未发生具体破坏时的考虑,而水电站泄洪期运行是一个复杂、非线性、非平稳的调控过程,这一过程除受到库区各种难以统一量化的各类水力边界条件影响外,另一主要影响因素为径流预报不确定性。面对大多数模糊不清、难以具体量化的现象或者指标时,模糊集是用来表达对此种研究对象进行定性评价的手段和方法。将模糊数学中的隶属度函数概念引入到该调控模型中来量化水电站运行安全因子。

假设调度期可以分为可预测阶段和不可预测阶段,可预测阶段视为当前期,不可预测阶段视为未来期。风险来源于未来时段的不可预测因素。因此,可以定义枢纽水库泄洪诱发振动安全因子 $\mu_{\text{vibration}}$ 的隶属度函数为

$$\mu_{\text{vibration}}(q_{st}^{A}) = 1 - \left(\sum_{t=1}^{n_1}\left\{\omega\int_{\delta_t^{\text{current}}}^{+\infty}\frac{\exp\left[-\frac{(\varepsilon_t^{\text{current}})^2}{2\cdot(\sigma_t^{\text{current}})^2}\right]}{\sigma_t^{\text{current}}\sqrt{2\pi}}\,\mathrm{d}\varepsilon + (1-\omega)\left(\frac{V_{\max}-V_t^{\text{current}}}{V_{\max}-V_{\min}}\right)^m\right\}\right)\bigg/2n_1$$
$$- \left(\sum_{t=n_1+1}^{n_{\text{total}}}\left\{\omega\int_{\delta_t^{\text{future}}}^{+\infty}\frac{\exp\left[-\frac{(\varepsilon_t^{\text{future}})^2}{2\cdot(\sigma_t^{\text{future}})^2}\right]}{\sigma_t^{\text{future}}\sqrt{2\pi}}\,\mathrm{d}\varepsilon + (1-\omega)\left(\frac{V_{\max}-V_t^{\text{future}}}{V_{\max}-V_{\min}}\right)^m\right\}\right)\bigg/2(n_{\text{total}}-n_1)$$

(3-52)

式中:ε 为计算振动风险的概率密度函数所对应积分变量; ω 为泄洪振动风险权重系数; $\sigma_t^{\text{current}}$ 和 σ_t^{future} 分别为现阶段和未来阶段时段 t 的上游来流量预报不确定性的方差; V_t^{current} 和 V_t^{future} 分别为现阶段和未来阶段时段 t 的库容。n_1 和 n_{total} 分别为现阶段和两阶段的时段数; $V_{\max}$ 和 $V_{\min}$ 分别为防洪高水位和汛限水位所对应的水库库容。

为保证泄洪闸下游的水力防冲安全,可先对其下泄流量进行削峰处理。由于泄洪诱发振动问题往往相对防冲问题对流量更为敏感,因此其流量上限较水力安全流量上限低,枢纽水库的泄洪流量峰值在泄洪诱发振动安全因子的量化中已得到控制。而下游反调节水库在面对较大来流量时水库调蓄能力极小基本可以忽略,因此反调节水库泄洪流量峰值也得到有效控制。故而反调节水库下游水力防冲安全因子的量化目标使得闸门调控工作量最小。引入模糊集中的隶属度函数概念后的量化方法如下:

$$\mu_{\text{flush}}(q_{st}^{B}) = \begin{cases} 0, & q_{st}^{B} > q_{st\,\max}^{B} \\ \sum_{k=1}^{n_{\text{gate}}}\left(1-\left|\frac{O_k^{t+1}-O_k^t}{\Delta O_k^{\max}}\right|\right), & Q_{\text{environmental}} < q_{st}^{B} < q_{st\,\max}^{B} \\ 1, & q_{st}^{B} < Q_{\text{environmental}} \end{cases}$$

(3-53)

式中：$Q_{\text{environmental}}$ 为减流河段生态流量需求量；下游水力防冲安全因子的隶属度函数为 μ_{flush}，其物理意义为若 q_{st}^{B} 大于泄流能力上限 $q_{st\,\text{max}}^{\text{B}}$ 则有漫坝风险，此时设置其水力防冲安全因子隶属度函数为 0；若泄洪流量 $q_{st}^{\text{B}} < Q_{\text{environmental}}$ 则下泄流量完全通过生态流量泄放洞进行下泄，完全不需启用泄洪闸，此时水力防冲安全因子设置为 1；当 q_{st}^{B} 在上述两者之间时，需要进行闸门开度调控来对泄洪流量进行调节。闸门 k 两时段最大开度差值符合下游水力防冲安全约束与闸门调控规范，小于 $\Delta O_k^{\max}$（m）。n_{gate} 为闸门总数。

3. 两种调控方式决策变量的确定

针对上文构建的多目标优化调控模型采用以下两种方式进行调控。

（1）考虑最悲观泄洪风险，考虑最大泄洪流量，梯级电站发电流量均值为电站各水头下最大发电流量的最小值，梯级电站需要调峰。对电站整体泄流量实行先分配后优化策略：先确定电站优化期间泄洪流量总和与发电流量总和，再进行优化。决策变量设置如下：枢纽电站发电流量 q_t^{A}、枢纽电站溢弃流量 q_{st}^{A}、反调节电站水库库容变化量 Δq_t^{B}、反调节电站发电流量 q_t^{B}。

（2）考虑较乐观泄洪风险，分配泄洪振动安全流量剩余空间时将枢纽水库发电流量初始均值考虑为各水头最大发电流量最大值，梯级电站不需要调峰。对电站整体下泄流量实行先优化后分配策略：先对电站整体下泄流量进行时间尺度上优化再分配给电站发电流量和泄洪流量。即按照每时刻电站总下泄流量和水库水位对应的最大发电流量进行电站发电流量再分配。决策变量如下所示：枢纽电站总下泄流量 q_{zxt}^{A}、反调节电站水库库容变化量 Δq_t^{B}。

3.3.2　模型求解步骤和调控准则提取方法

泄洪诱发振动安全问题风险的宏观调控方式主要为对冲策略，泄洪流量不均匀下泄；下游水力安全问题的整体优化导向为洪水削峰，最理想状态为均匀下泄。两泄洪安全度目标互相冲突。针对"发电水量和泄洪水量"先分配后优化调控方式，首先对两泄洪安全度目标进行 Pareto 优选。在最大化安全度基础之上对发电流量序列进行优化，具体优化步骤如图 3-42 所示。

针对"发电水量和泄洪水量"先优化后分配调控方式。由于电站发电不需要调峰所以没有优化空间，发电目标作为整体泄流量序列优化后而确定的从属目标置于两冲突的安全度目标之外。因此具体优化步骤如图 3-43 所示。

3.3.3　模型应用实例

以锦屏梯级电站作为研究对象进行耦合多安全约束的梯级电站优化调控策略研究。根据锦屏一级电站设计洪水成果表中（表 3-25）的洪水特征值，对 1998 年典型洪水过程进行放大得以下洪水过程线。

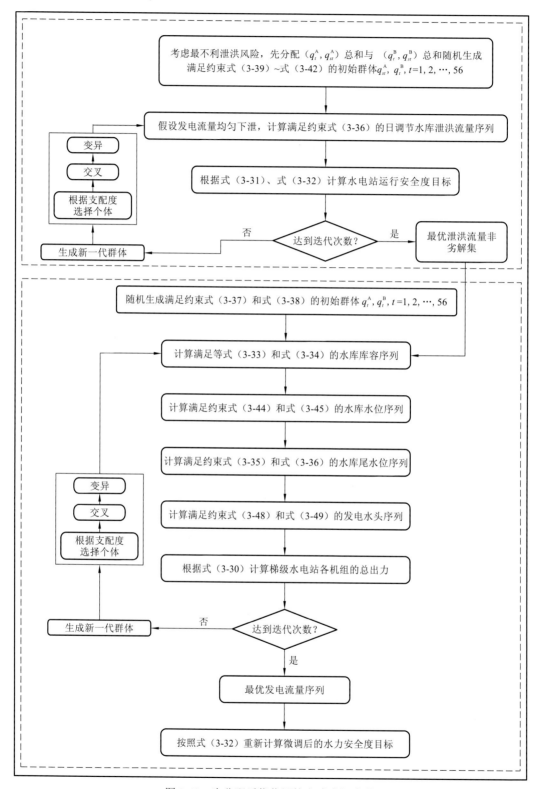

图 3-42 先分配后优化调控方式求解步骤

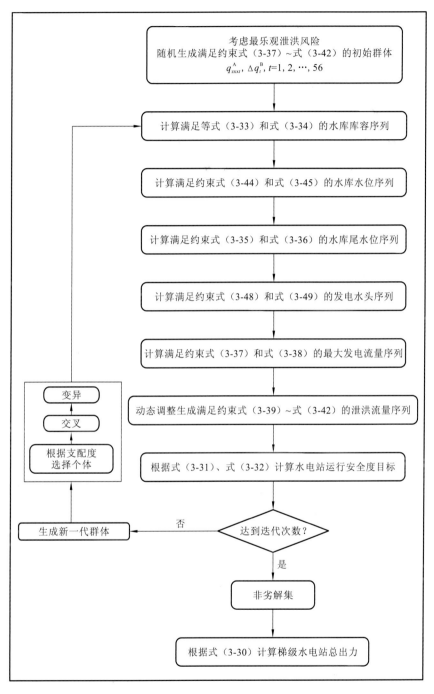

图 3-43　先优化后分配调控方式求解步骤

表 3-25 锦屏一级电站（洼里站）设计洪水成果表

项目	均值	C_v	C_s/C_v	$Q_p/\%$			
				0.5	1	2	3.33
$Q_m/（m^3/s）$	5 700	0.29	4	11 700	10 900	10 000	9 370
W1/亿 m^3	4.72	0.28	4	9.47	8.82	8.15	7.64
W3/亿 m^3	13.4	0.28	4	26.9	25	23.1	21.7
W7/亿 m^3	27.9	0.31	4	59.9	55.4	50.8	47.3

如图 3-44 所示，选取 4 种典型频率洪水（工况 1：20 年一遇；工况 2：10 年一遇；工况 3：5 年一遇；工况 4：2 年一遇）的来流量过程作为 4 种代表工况的入库流量输入到耦合多安全约束的梯级水电站优化调控模型中。调控工况其他参数设置如下：由于是梯级电站洪水调控，枢纽水库起调水位设置为锦屏一级水库汛限水位 1 859.06 m，最高水位设置为锦屏一级水库防洪高水位 1 882.6 m。下游反调节水库锦屏二级水库无防洪任务且主要通过五孔泄洪闸泄洪，因此水位设置主要从机组发电出力不受阻和泄洪能力角度考虑，设置参数及原则见本小节"2）下游水力安全约束提取"所述。

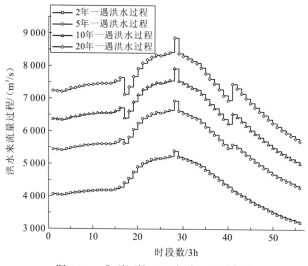

图 3-44 典型调控工况上游入流量条件

1. 水电站运行安全约束提取

本小节以锦屏一、二级水电站为例，提取具体运行安全约束如下。

1）泄洪诱发振动安全约束提取

为提取锦屏一级水电站水垫塘振动安全约束，采集现场原型观测工况如表 3-26 所示。每种工况各传感器测点布置如图 3-45 所示，传感器型号采用 LFD-0.35-5-V（H）-WP 防水高精度动位移传感器，观测水垫塘各测点泄流引起竖向振动位移均方根情况如图 3-46 所示。

表 3-26　水垫塘振动观测工况

编号	工况	泄流坝段泄流量/（m³/s）	水库上游水位/m
1	4#深孔全开	1 090	1 880
2	2#/4#深孔全开	2 080	1 880
3	2#/4#/5#深孔全开	3 270	1 880
4	1#/2#/4#/5#深孔全开	4 360	1 880
5	1#/2#/3#/4#/5#深孔全开	5 450	1 880
6	2#/3#/4#/5#深孔全开	4 360	1 880
7	2#/3#/4#深孔+2#/3#表孔全开	5 190	1 880
8	2#/4#深孔+2#/3#表孔全开	4 100	1 880
9	1#/2#/3#/4#表孔全开	3 840	1 880
10	2#表孔局开 25%	329	1 880
11	2#表孔局开 50%	671	1 880
12	3#表孔局开 25%	329	1 880
13	3#表孔局开 50%	671	1 880
14	3#表孔全开	980	1 880

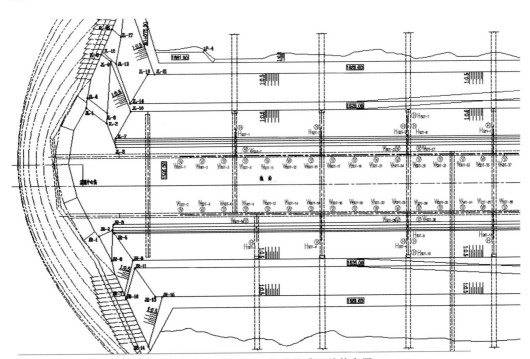

图 3-45　水垫塘振动位移传感器总体布置

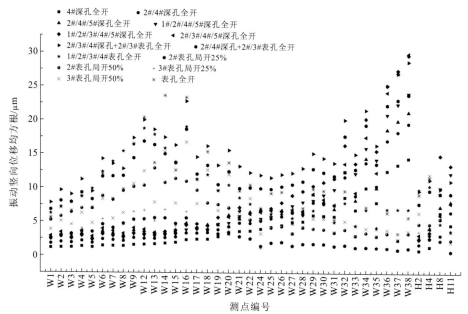

图 3-46　水垫塘各工况测点振动位移均方根

根据 2016 年发布的《混凝土坝安全监测技术规范》（DL/T 5178—2016）将大坝安全状态的描述为正常状态、异常状态、险情状态三级。借鉴到水垫塘底板泄洪诱发振动安全评价体系中来定性描述水垫塘底板的运行状态。

正常状态：指各监测预警指标的变化在正常状态下的指标范围之内。

异常状态：指主要监测预警指标的测量值出现异常，影响正常使用的状态。

险情状态：指监测预警指标的测量值偏离正常状态范围较大，若按设计的条件继续运行将出现重大安全事故的状态。

根据原型观测成果，借鉴其他工程经验和课题组已有成果，可以基本界定锦屏一级水垫塘底板安全预警各等级下各预警指标的范围，如表 3-27 所示。

表 3-27　锦屏一级水电站水垫塘泄洪诱发振动安全指标

等级指标	正常状态	异常状态	险情状态
振动竖向位移均方根	<30 μm	30～60 μm	>60 μm

结合图 3-46 各测点竖向振动位移均方根及预警指标标准，根据泄洪诱发振动安全约束理论，可得锦屏一级电站泄洪诱发水垫塘振动安全流量上限为 4 346 m³/s，如图 3-47 所示。

2）下游水力安全约束提取

锦屏二级水库是日调节类型，经专门的试验论证且工程运行一段时间后，水库下游冲刷等情况较理想，未出现冲刷破坏等危及建筑物和边坡的情况。因此式（3-42）和式（3-43）水力安全约束转换为闸门调控规程约束，优化闸门运行方式。五孔泄洪闸和生态流量泄放洞的泄流能力和开度曲线如图 3-48 和图 3-49 所示。根据闸门调控规程有以下原则。

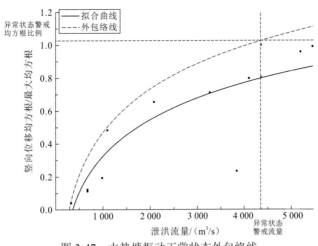

图 3-47　水垫塘振动正常状态外包络线

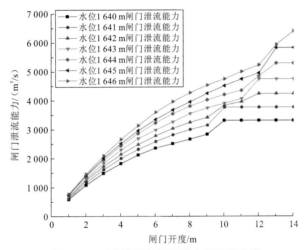

图 3-48　五孔泄洪闸泄流能力和开度曲线

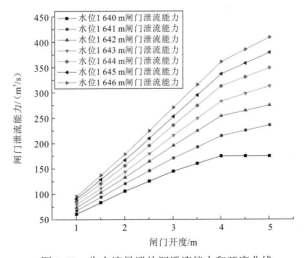

图 3-49　生态流量泄放洞泄流能力和开度曲线

（1）为了满足电站闸址下游河段的生态用水需要，每天通过生态流量泄放洞按要求下泄生态流量。生态流量泄放洞要求两孔闸门同步开启，当库水位在 1 646.0 m 及以上时，生态流量泄放洞两孔闸门一般情况开度最大不超过 3 m。

（2）当泄洪闸弧门开启泄洪时，生态流量泄放洞闸门关闭不参与泄洪。

（3）考虑到上游来水量可能会经常变动，为方便运行控制，在 5 孔闸门均局部开启的条件下，可通过调节其中部分闸门开度，以适应上游来水的变化，闸门之间开度差控制在 3 m 以内。

模型中按照闸门启闭规程：五孔泄洪闸均匀开启，在时段间调整时式（3-53）中 $\Delta O_k^{\max}$ 对应数值为 3 m。

五孔泄洪闸均匀开启，闸门泄流能力随水位基本呈线性变化；泄洪流量量级越高，相同流量变化所对应的闸门调控工作量越大。所以应首先控制泄洪流量量级，进一步再控制流量波动程度。而泄洪流量峰值在泄洪诱发振动安全约束中已得到严格控制，所以本小节研究对象中为控制电站下游水力防冲安全度只需控制泄洪流量波动程度。

3）梯级水电站运行调控准则设定

图 3-50 和图 3-51 所示为锦屏一级电站和锦屏二级电站各水头下的最大发电流量。153 m 是锦屏一级水电站发电机组的最小水头，240 m 是最大水头，机组最大发电流量出现在水头 200 m 处。279.2 m 是锦屏二级水电站所有发电机组的最小水头，318.8 m 是最大水头，机组最大发电流量出现在 287.5 m 处。

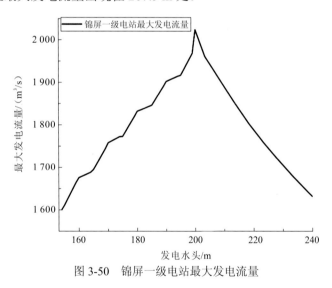

图 3-50　锦屏一级电站最大发电流量

如图 3-52 所示为锦屏一级水电站在不同水头下最大出力。在水头 200 m 之前，最大出力基本呈线性增长；在水头 200 m 之后，最大出力为 3 600 MW，电站无出力受阻问题。如图 3-53 所示，锦屏二级电站总允许出力在 287.5 m 之后达到 4 800 MW。

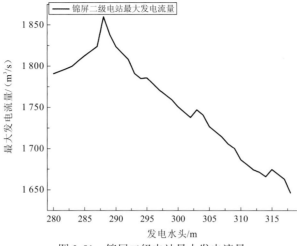

图 3-51　锦屏二级电站最大发电流量

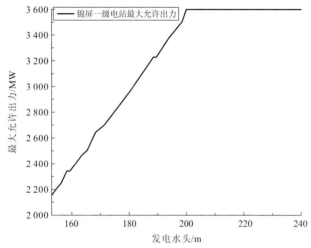

图 3-52　锦屏一级电站各水头最大允许出力

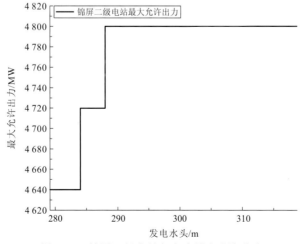

图 3-53　锦屏二级电站各水头最大允许出力

如图 3-54 所示，三条黑线在锦屏一级电站下泄流量相等时比较，锦屏二级水库水位越高，锦屏一级电站发电流量上限越大。深色线和浅色线在锦屏一级电站下泄流量相等时比较，锦屏一级水库水位越低，锦屏一级电站发电流量上限越大。其原因如图 3-50 所示，当锦屏一级水库在洪水期运行时（如 1 860 m 和 1 880 m），水头在 200 m 以上，锦屏一级电站水头越低，发电流量上限越高。

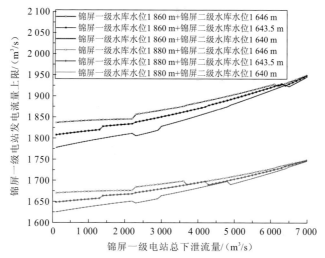

图 3-54　锦屏一级水电站不同水位及流量等级对应最大发电流量

综上所述，锦屏一级电站在运行期降低水位运行可增大机组最大发电流量，分担泄洪压力；降低水库防洪风险；机组无出力受阻问题，电站发电不受影响，因此，锦屏一级电站调控准则为增大现阶段泄洪流量，降低水位运行。

如图 3-55 所示为洪水期水量充足，锦屏二级电站 8 台机组都参与运行时，各总下泄流量对应的电站最大发电流量。通过锦屏二级水库各水位等级下的最大发电流量交点确

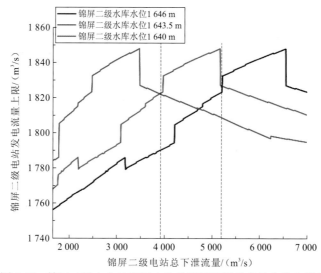

图 3-55　锦屏二级水电站不同水位及流量等级对应最大发电流量

定 2 条虚线，将图分为三部分。图中最左侧部分：水位越低，即水头越低，机组发电流量容量越大，锦屏二级电站总下泄流量利用率越高（如图 3-51 中水头大于 287.5 m 部分）。这是因为在总下泄流量较小时尾水位低，水头损失小，造成电站水头相对较大。图中最右侧部分：当总下泄流量增大到一定程度，水位越高，即水头越高，机组发电流量容量越大（如图 3-51 中水头小于 287.5 m 部分）。这是因为总下泄流量过大造成尾水位壅高，水头损失很大，电站水头较小。

综上所述，锦屏二级电站的发电流量利用率在总下泄流量较小时低水位运行较高；在总下泄流量中等时在中等水位利用率较高；在总下泄流量较大时高水位运行较高。因此在洪水期泄流量大于 4 000 m³/s 时水库处于中高水位运行电站发电流量较大，可为泄洪分担压力。

如图 3-56 所示为锦屏二级电站各水位等级下总下泄流量对应锦屏二级电站发电水头。如图 3-53 所示，287.5 m 为锦屏二级电站机组出力不受阻最小水头，其与三条曲线交点为机组出力受阻的限制流量。通过对比可发现，当锦屏二级电站运行水位处于正常蓄水位时，出力受阻流量较高，即锦屏二级电站整体下泄流量不超过 6 230 m³/s 的情况下锦屏二级电站出力均可达到 4800 MW。

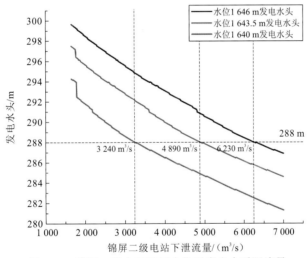

图 3-56　锦屏二级电站不同水位对应出力受阻流量

综上所述，为在总下泄流量中等或者较大时提高锦屏一级和锦屏二级电站发电流量利用率，分担泄洪压力；为使总泄水流量较大时锦屏二级电站机组出力受阻风险较小及为水库泄流能力考虑，锦屏二级电站调控准则设置为：运行初末水位设置为 1646 m，在运行过程中水库水位高于 1643 m 运行。

通过对 2015～2016 年汛期锦屏二级电站每小时精度运行数据进行统计得到图 3-57，由图可得锦屏二级电站来流量与泄水量之间具有很强的相关性，即锦屏一级电站的泄水量可很大程度地决定锦屏二级电站泄水量的趋势。

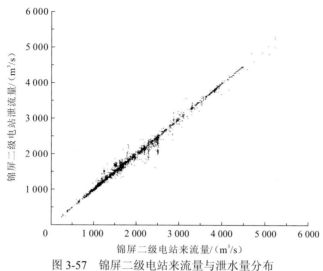

图 3-57　锦屏二级电站来流量与泄水量分布

综合上述梯级水电站运行调控准则，设置考虑多安全约束的电站调控方式如下。

调控方式一：考虑最悲观泄洪风险进行流量分配，即考虑锦屏梯级水库所面对的最大泄洪压力。锦屏一级、锦屏二级电站发电流量序列平均值为各水头下最大发电流量的最小值。剩余泄洪总水量按现在和未来阶段泄洪振动安全流量剩余空间分配，分别得到锦屏一级水库两阶段泄洪流量总和。泄洪流量根据上述调控准则（水位控制准则）具体分配给溢流坝段和泄洪闸门进行泄洪。

针对锦屏二级电站，在随机生成水库库容变化序列和电站发电流量序列后，由于每时刻锦屏二级电站发电流量上限也随着水头损失而变化，隧洞和有压管道水头损失又受制于该时刻的发电流量。因此极有可能存在生成发电流量大于该时刻水头所能承受最大发电流量情况。针对此种情况，如图 3-51 所示：当 $q_{287.5}^{B\,max} > q_t^B > q_{318.8}^{B\,max}$ 时，挑选在最小满发发电流量（水头 318.8 m 最大发电流量 $q_{318.8}^{B\,max}$）和最大满发发电流量（水头 287.5 m 发电流量 $q_{287.5}^{B\,max}$）之间的可使得该时段水库水位下锦屏二级电站发电量最大化的流量（q_{ideal}^B）。如果该时段锦屏二级电站发电流量决策变量大于此流量（$q_{287.5}^{B\,max} > q_t^B > q_{ideal}^B$），则令 $q_t^B = q_{ideal}^B$，将超过部分作为锦屏二级水库泄洪闸的下泄流量；如果锦屏二级电站发电流量小于此流量（$q_{ideal}^B > q_t^B > q_{318.8}^{B\,max}$），则对该区间内（$q_{318.8}^{B\,max}$，$q_{287.5}^{B\,max}$）每 0.5 m³/s 的流量变化刻度以锦屏二级电站出力由大到小进行排序，取此排序中第一个小于等于 q_t^B 的流量作为实际发电流量，超过部分作为锦屏二级水库泄洪闸的泄洪流量。如果锦屏二级电站发电流量没有超过该时刻水头最大发电流量的风险（$q_t^B < q_{318.8}^{B\,max}$），即该时段锦屏二级电站发电流量不做调整，在该时刻寻求最佳机组间分配方案得到电站最大发电量即可。

调控方式二：考虑最乐观泄洪风险进行流量分配，即考虑锦屏梯级电站所面对的最小泄洪压力。泄洪振动安全流量剩余空间的总和按照锦屏一级电站总下泄水量减去锦屏一级电站各水头最大发电流量的最大值对应水量的方式进行计算。锦屏一级电站整体下泄流量按照图 3-54 优先分配给机组最大发电流量需求；锦屏二级电站整体下泄流量也按照图 3-55 分配给机组最大发电流量需求来分担泄洪压力。剩余水量根据上述调控准则

（水位控制准则）具体分配给溢流坝段和泄洪闸门进行泄洪。

预报不确定性也在调控模型加以考虑。由图 3-44 可知洪水来流量峰值约为 10 000 m³/s，因此设置预报不确定性为来流量大小的 5%代表预报较为准确情况。由于当前径流预报较为准确时间范围为 3 天以内，所以视 7 天洪水过程的前 3 天为当前阶段，后 4 天为未来阶段。具体参数设置情况如下所示：$\sigma_t^{\text{current}} = (500 \times \Delta T)/10^8$（亿 m³），$\sigma_t^{\text{future}} = (1\,000 \times \Delta T)/10^8$（亿 m³）。

考虑到梯级电站间减流河段的生态流量需求，如式（3-39）所示，设定 4 种典型工况进行计算。工况 1、工况 2 为在汛末还占用水库重叠库容进行蓄水工况，区别为工况 1 将所有泄洪振动安全流量剩余空间分配给现阶段；工况 2 考虑到生态流量需求，对现阶段泄洪振动安全流量剩余空间设置上限。在现阶段最大化利用泄洪振动安全流量剩余空间后，将剩余空间分配给未来阶段。工况 3、工况 4 代表汛末水位回归汛限水位工况，区别为现阶段和未来阶段的泄洪振动安全流量剩余空间分配比例。按照上述两种调控方式对泄洪振动安全流量剩余空间进行分配情况如表 3-28 和表 3-29 所示。

表 3-28　电站泄水量先分配（悲观）调控方式下流量初始化

工况	$\sum\limits_{t=1}^{n_1} \delta_t^{\text{current}}$ /亿 m³	$\left(\sum\limits_{t=1}^{n_1} q_{zxxt}^{\text{A current}}\right)\Big/ n_1$ /(m³/s)	$\sum\limits_{t=n_1+1}^{n_{\text{total}}} \delta_t^{\text{future}}$ /亿 m³	$\left(\sum\limits_{t=n_1+1}^{n_{\text{total}}} q_{zxxt}^{\text{A future}}\right)\Big/ (n_{\text{total}} - n_1)$ /(m³/s)
工况 1	7.52	3 045	0	5 946
工况 2	10.49	1 900	2.01	5 364
工况 3	1.55	5 347	0.22	5 882
工况 4	1.73	5 279	8.07	3 610

表 3.29　电站泄水量后分配（乐观）调控方式下流量初始化

工况	$\sum\limits_{t=1}^{n_1} \delta_t^{\text{current}}$ /亿 m³	$\left(\sum\limits_{t=1}^{n_1} q_{zxxt}^{\text{A current}}\right)\Big/ n_1$ /(m³/s)	$\sum\limits_{t=n_1+1}^{n_{\text{total}}} \delta_t^{\text{future}}$ /亿 m³	$\left(\sum\limits_{t=n_1+1}^{n_{\text{total}}} q_{zxxt}^{\text{A future}}\right)\Big/ (n_{\text{total}} - n_1)$ /(m³/s)
工况 1	9.94	2 512	0	6 346
工况 2	10.49	2 300	4.43	5 064
工况 3	1.60	5 726	2.58	5 598
工况 4	1.78	5 660	10.44	3 324

2. 优化调控结果

由于本小节研究泄洪闸下游无水力防冲问题，所以水力安全度目标成为次要目标。挑选泄洪诱发振动安全度最优方案作为非劣解集代表输入下一层优化模型或者直接对发电目标进行计算。在保证最大化泄洪诱发振动安全度的基础上寻求发电目标的最大化，两种泄洪调控方式的优化结果如表 3-30 所示。

表 3-30　泄水量先分配后优化与先优化后分配调控方式典型情景的结果

方法	工况	泄洪诱发振动安全度目标	水力防冲安全度目标	总发电量/（亿度）
先分配后优化	工况 1	0.70	0.90	13.04
	工况 2	0.81	0.92	13.11
	工况 3	0.62	0.89	12.58
	工况 4	0.85	0.84	12.64
先优化后分配	工况 1	0.71	0.91	14.04
	工况 2	0.86	0.90	14.08
	工况 3	0.69	0.87	14.03
	工况 4	0.85	0.90	14.07

经分析可得：工况 1，通过先优化后分配梯级电站下泄流量的方式可在提高水电站运行安全度的基础上大幅度提高电站发电量；工况 2 和工况 3 以略微牺牲下游水力防冲安全度为代价提升了水库泄洪诱发振动安全度和水电站总发电量目标。工况 4 在保证泄洪诱发振动安全度的基础上提升了下游水力防冲安全度和水电站总发电量目标。综上所述，先优化后分配的调控方式在优化过程中灵活分配发电流量分担泄洪压力，因此优化结果占据很大的优越性。各工况具体解集如图 3-58～图 3-61 所示。

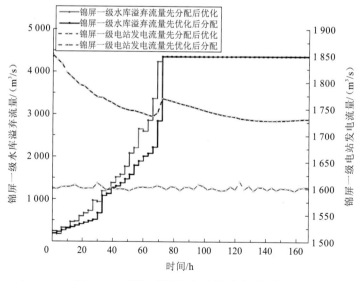

图 3-58　工况 1 锦屏一级电站泄流量解集

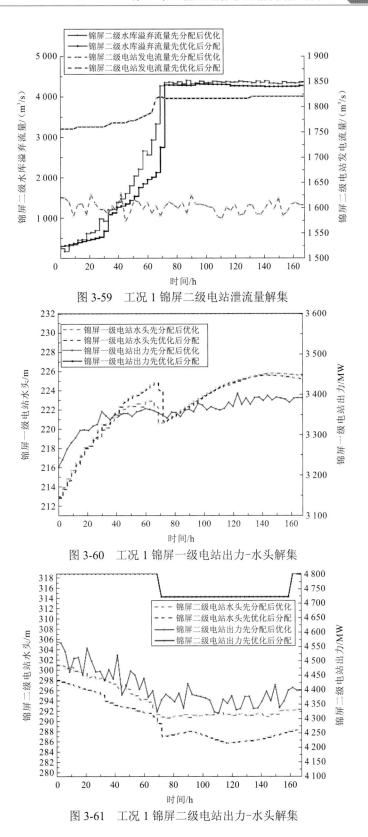

图 3-59   工况 1 锦屏二级电站泄流量解集

图 3-60   工况 1 锦屏一级电站出力-水头解集

图 3-61   工况 1 锦屏二级电站出力-水头解集

如图 3-58 所示，通过分析工况 1 解集可知，先优化后分配的调控方式可利用调控方式优势最大化每时刻发电流量分担泄洪压力，因此可在提高电站总发电量的基础上提升1%的泄洪诱发振动安全度。如图 3-59 所示，锦屏二级水库泄洪流量序列基本趋势与锦屏一级水库趋同（与图 3-57 反映现实情况相仿），先优化后分配调控方式在锦屏二级泄洪流量量级减小的基础上波动程度也有所降低，因此闸门调控工作量随之降低，下游水力防冲安全度提高 1%。

如图 3-60 所示，先优化后分配调控方式可随着锦屏一级水库水位序列确定后灵活分配发电流量最大化电站机组出力。如图 3-61 所示，先优化后分配调控方式由于锦屏二级电站发电流量规模较大造成发电水头损失较大，进一步造成水头较低，部分时段受到机组出力受阻影响。但是整体发电量相对先分配后优化的调控方式提升了 7.7%。

如图 3-62 所示，工况 2 与工况 1 区别为在现阶段考虑到生态流量需求，两种调控方式的现阶段泄洪振动安全流量剩余空间均为上限值，由于较乐观（先优化后分配）调控方式会有多余的发电流量作为泄洪流量下泄，因此先优化后分配的调控方式现阶段分担泄洪压力更大一些。但是由于该调控方式可以配置更大的发电流量，造成锦屏一级电站整体泄洪流量量级较小，所以其振动安全度提升了 5%。如图 3-63 所示，先优化后分配的调控方式虽然泄洪流量量级较小但是其波动程度相对较大，先优化后分配调控方式相对先分配后优化调控方式降低了 2%。

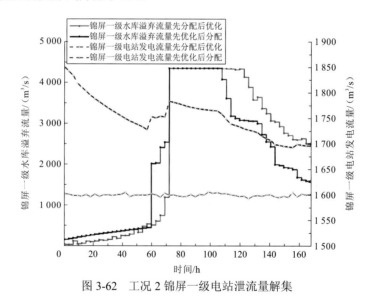

图 3-62　工况 2 锦屏一级电站泄流量解集

如图 3-64～图 3-67 所示，由于先优化后分配调控方式的锦屏一级水电站总下泄流量在泄洪前期较高，造成锦屏一级水电站水位在洪水前中期较低，更符合 3.3.2 小节所提取调控准则要求，此策略可增大锦屏一级电站发电流量容量，为泄洪分担压力，且能降低水库防洪风险。如图 3-65、图 3-67 所示，尽管按照 3.3.2 小节所述锦屏二级电站调控准则运行，但由于发电流量较大造成水头损失较高，水头较低，因此先优化后分配调控方式不可避免地出现了机组出力受阻现象。但是整体电站发电量还是高于先分配后优化调控方式 7.4%。

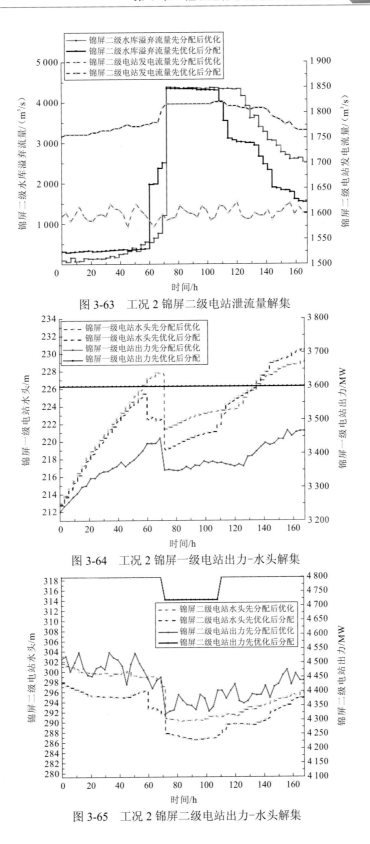

图 3-63　工况 2 锦屏二级电站泄流量解集

图 3-64　工况 2 锦屏一级电站出力-水头解集

图 3-65　工况 2 锦屏二级电站出力-水头解集

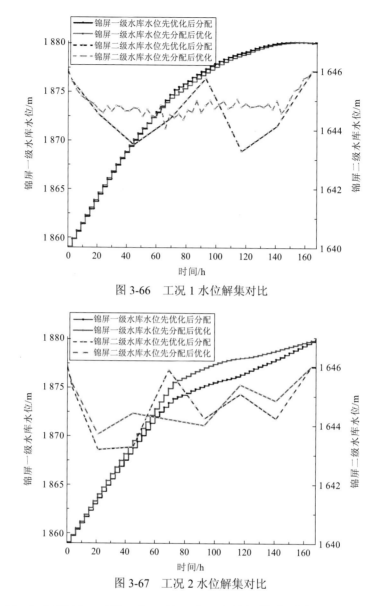

图 3-66 工况 1 水位解集对比

图 3-67 工况 2 水位解集对比

如图 3-66、3-67 所示，工况 1 和工况 2 中，电站调控准则在不与泄洪调控策略（泄洪振动安全流量剩余空间分配策略和下游水力安全泄洪调控策略）冲突情况下已被满足。

如图 3-68 所示，工况 3 先优化后分配的乐观调控方式对现阶段的紧急程度估计不足，分配了较少比例的剩余空间；进一步在分配过程中现阶段泄洪流量分担了初始分配的多余发电流量，造成现阶段泄洪压力较大。但是整体而言先优化后分配的调控方式能更好地适应前述所提锦屏一级水电站调控准则，进一步利用发电机组更大地分担泄洪压力，提升 7% 的泄洪诱发振动安全度。如图 3-69 所示，锦屏二级电站在先优化后分配的调控方式下锦屏二级电站泄洪流量随锦屏一级电站泄洪流量规模变小，根据水量平衡方程，锦屏二级电站在此调控方式下发电流量增大约 10% 会造成平均约 4m 的水头损失增长。

因此造成图 3-70 中两种调控方式之间的锦屏二级电站发电水头差，并且在发电水头较低时段造成锦屏二级电站机组出力受阻情况。此等级洪水按照先优化后分配调控方式的泄洪振动安全流量剩余空间分配给未来阶段的比例较大。按照调控准则中分析，下游水力防冲安全因子只随着泄洪流量波动程度增大而降低，虽然泄洪总量较小但是在未来阶段锦屏一级电站的泄洪流量波动较大，使得下游水力防冲安全度相对先分配后优化调控方式降低了 2%。如图 3-71 所示为锦屏一级电站在两种调控方式下的水头分布与电站出力情况，因为先优化后分配调控方式发电流量在整个调控期的量级较大，所以造成整体水头较低但是电站整体出力较高。同样锦屏二级电站也是相同情况，因此电站出力在此种调控方式下提升了 11.5%。

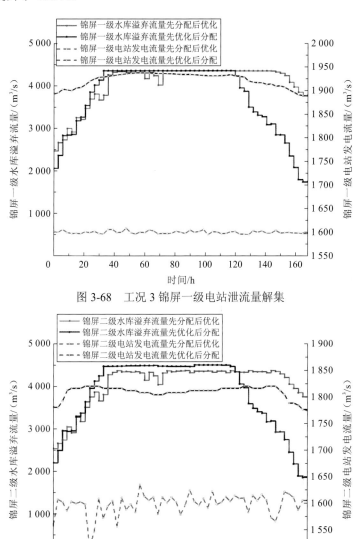

图 3-68　工况 3 锦屏一级电站泄流量解集

图 3-69　工况 3 锦屏二级电站泄流量解集

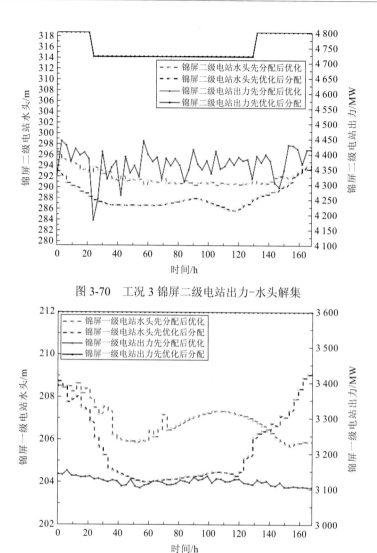

图 3-70　工况 3 锦屏二级电站出力-水头解集

图 3-71　工况 3 锦屏一级电站出力-水头解集

　　如图 3-72、图 3-73 所示，锦屏一级水库在先优化后分配调控方式下电站发电流量的最大化虽然分担了很大的泄洪压力，使得电站出力增大。但是由于此种调控方式优化后将现阶段剩余的发电流量分配给锦屏一级水库泄洪流量造成其峰值持续时间较长，造成振动安全度并没有提升。如图 3-74 所示，锦屏二级电站泄洪流量在未来阶段规模较小且波动程度较低，使得下游水力防冲安全度相对先分配后优化调控方式提升了 6%。由于先优化后分配的调控方式锦屏二级电站发电流量规模较大，因此锦屏二级电站水头损失较大进一步造成锦屏二级电站水头较低，如图 3-75 所示，先优化后分配的调控方式遭遇到图 3-53 中的锦屏二级电站出力受阻区。但是并未影响这种调控方式提升了 11.3%的电站整体发电量。

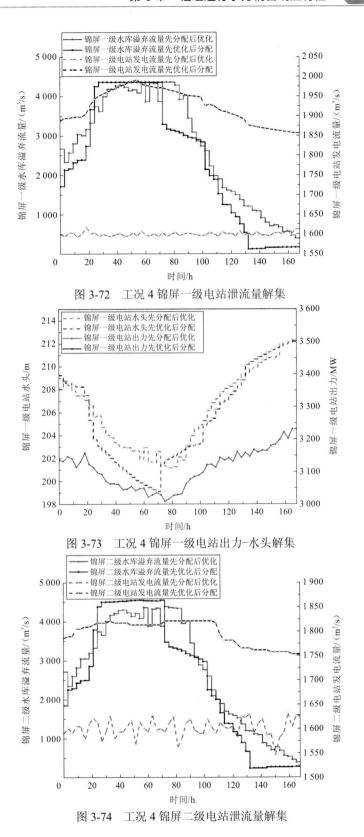

图 3-72　工况 4 锦屏一级电站泄流量解集

图 3-73　工况 4 锦屏一级电站出力-水头解集

图 3-74　工况 4 锦屏二级电站泄流量解集

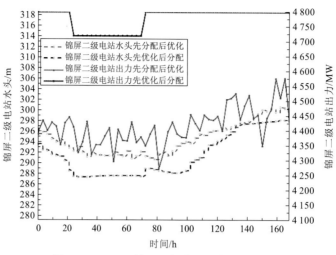

图 3-75　工况 4 锦屏二级电站出力-水头解集

如图 3-76 和图 3-77，工况 4 与工况 3 类似，洪水期末锦屏一级水库水位回归汛限水位。先优化后分配调控方式更符合梯级水电站运行调控准则。

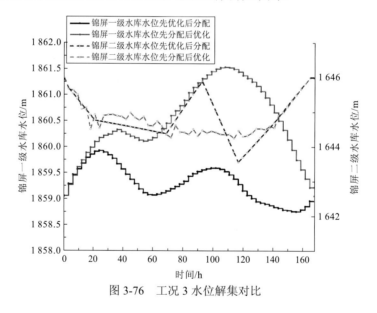

图 3-76　工况 3 水位解集对比

3. 耦合多安全约束的梯级水电站调控策略提取

上文所设置 4 种工况分别代表四种洪水类型，其调控策略总结如下。

面对最大等级洪水时，汛末锦屏一级水库水位为正常蓄水位，洪水过程后将多余蓄水量均匀下泄。采用先优化后分配的调控方式进行优化可在提升电站运行安全度的基础上提升发电量。最优调控策略为全部泄洪振动安全流量剩余空间被分配给现阶段。在面对次大等级洪水时，汛末锦屏一级水库水位为正常蓄水位，洪水过程后将多余蓄水量均匀下泄。采用先优化后分配的调控方式以略微牺牲下游水力防冲安全目标为代价较大幅

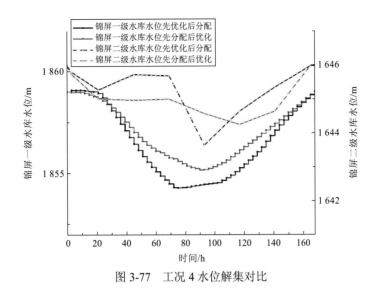

图 3-77　工况 4 水位解集对比

度提升了泄洪诱发振动安全目标和电站发电量目标。现阶段泄洪振动安全流量剩余空间为考虑到生态流量需求的剩余空间上限。在面对第三等级洪水来流量时,在洪水期末锦屏一级水库水位回归至汛限水位。采用先优化后分配的调控方式以略微牺牲下游水力防冲安全度为代价较大幅度提升了泄洪诱发振动安全度和电站发电量目标。现阶段分配泄洪振动安全流量剩余空间较小。在面对第四等级洪水来流量时,在洪水期末锦屏一级水库水位同样回归至汛限水位。采用先优化后分配的调控方式在保证泄洪诱发振动安全度的基础上较大幅度提升了下游水力安全度和电站发电量目标。现阶段分配泄洪振动安全流量剩余空间较小。

利用启发式算法优化出波动程度最小的泄洪流量序列和发电流量序列分别来最大化下游水力防冲安全度和电站发电量。

3.4　本章小结

长江上中游水资源非常丰富,干支流上已建或规划建设水利枢纽 80 余座,其中特大水利枢纽近 20 座。这些水利枢纽的水库分别承担着防洪、发电、供水、航运、灌溉等功能。本章选取具有不同主要兴利任务的典型水库,从供水、发电和航运等方面研究了这些水库的调度问题,为其他水库的运行提供参考。

在入库径流特征分析及随机模拟和预报基础上,本章首先以加高后的丹江口水库为例,开展多供水需求下的水库多年优化调度;接着,以三峡和葛洲坝梯级水电站调峰运行为例,研究了当前运行规则下电站调峰对航运的影响,并对即将投入运行的向家坝水电站在发电工况下引起的航运问题进行了模拟分析;最后,以锦屏梯级电站为研究对象,研究了水电站运行时引起的泄洪诱发振动安全及泄洪闸下游水力防冲安全问题,对各等级洪水来流量的调控结果进行对比分析,得到最优调控策略。

参 考 文 献

[1] 王文圣, 金菊良, 李悦清, 等. 水文水资源随机模拟技术[M]. 成都: 四川大学出版社, 2007.

[2] 时世晨, 单佩韦. 基于 EEMD 的信号处理方法分析和实现[J]. 现代电子技术, 2011, 1: 88-90.

[3] 孙萧仲. 多供水需求下水库多年调节策略和 hedging 优化调度方法研究[D]. 天津: 天津大学, 2016.

[4] 母德伟, 王永强, 李学明, 等. 向家坝日调节非恒定流对下游航运条件影响研究[J]. 四川大学学报 (工程科学版), 2014, 46(6): 71-77.

[5] 王永强, 母德伟, 李学明, 等. 兼顾下游航运要求的向家坝水电站枯水期日发电优化运行方式[J]. 清华大学学报(自然科学版), 2015, 55(2): 170-175.

[6] 叶海桃. 船闸引航道口门区流态的模型研究[D]. 南京: 河海大学, 2007.

[7] 周淑芹. 引航道口门区通航水流条件的研究[D]. 重庆: 重庆交通大学, 2008.

[8] 郭鑫宇. 耦合多安全约束的水电站运行优化调控研究[D]. 天津: 天津大学, 2019.

[9] CHEN J, ZHONG P A, ZHANG Y, et al. A decomposition‐integration risk analysis method for real-time operation of a complex flood control system[J]. Water resources research, 2017, 53(3): 2490-2506.

枢纽发电–泄洪–通航联合优化调度

4.1　枢纽短期发电计划编制

　　水电站短期发电计划编制主要解决以日为调度周期、以 15 min（或 1 h）为计算时段的水电站日调度计划编制问题。根据电网给定电站总负荷和国民经济其他部门综合利用要求，分析电网联合补偿调节所提供的各时段发电厂指导性电量，结合电站短期来水和人工负荷预测信息，考虑电站水量平衡、日调节水电厂发挥最大调峰能力等因素，建立以水电站发电量最大、发电效益最大或调峰量最大为目标的短期发电优化调度模型并进行求解。

4.1.1　短期发电计划编制方法

　　短期发电计划（即日发电计划）应在中期发电计划编制的基础上，参考水文气象预报及电网运行情况编制。与实际来水与预计值偏差较大情况，应根据电网实际情况及时对发电计划进行调整[1]。在短期计划制订过程中，由于溪洛渡、向家坝梯级电站间水力电力联系密切，上一级溪洛渡水电站的发电用水或弃水经一定延时将会影响下级向家坝水电站的发电和弃水，而向家坝水电站的水库调节能力和过水能力的限制又反过来影响溪洛渡水电站的用水计划，因此，溪洛渡、向家坝梯级发电计划编制应充分考虑梯级电站上下游的水力电力联系，以及溪洛渡、向家坝水电站之间的库容补偿及电力补偿关系，并以单库计划编制为基础进行出力计划制作。流程如图 4-1 所示。

　　根据目前接入系统的设计方案，溪洛渡左、右岸分别供电国家电网和南方电网，接受两个电网电力调度机构的调度管理（简称"一库两站两调"）。溪洛渡右岸电站主送南方电网，接受南方电网调度中心的调度，溪洛渡左岸电站主要供电华东地区，接受国家电力调度中心的调度。因此，应按溪洛渡水电站年内不同时期供电两个电网的电量、电力分配原则和分配方式要求来进行发电计划制作，最终得到在汛期、蓄水期、供水期不同时期，满足溪洛渡、向家坝梯级电站各种影响因素、易于实际操作的梯级电站日内运行方式或调峰运行方式。电站短期发电计划编制过程如图 4-2 所示。

　　具体操作步骤如下。

　　步骤 1：根据短期预报来水和水库的日初、末水位，由水量平衡求出电站平均出库流量；由电站的平均出库流量、下游电站的坝前水位求出电站的下游水位及毛水头，而后查表得单机预想出力和对应的单机引用流量。

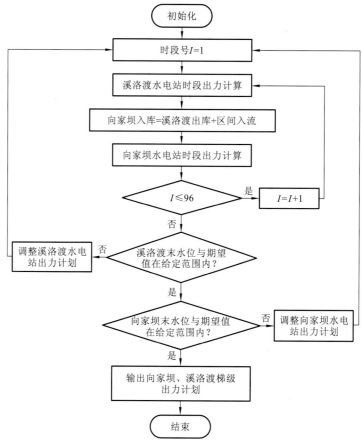

图 4-1　溪洛渡、向家坝梯级发电计划编制流程图

步骤 2：由单机引用流量查表得到电站的水头损失，进而得到电站的净水头，并以此求得电站各类型机组的单机预想出力，计算电站满发时总耗水量。

步骤 3：如果电站满发，各机组发电流量之和小于电站平均入库流量，则确定弃水，电站按弃水运行，转下一步；否则电站不弃水，电站按非弃水模式运行。

步骤 4：若电站上游水位达到极限，电站满发并弃水；否则，电站满发并按最大幅度提高电站上游水位。

步骤 5：计算电站平均出力，由电站日平均出力、电站调峰量、电网典型日负荷特性曲线及调整方式求得电站出力过程线；根据电站出力过程与入库流量过程，计算得到电站上游水位过程及出库流量过程。

步骤 6：当电站水位过程满足约束条件，则电站日发电计划编制完成。

4.1.2　发电量最大数学模型

由梯级水电站群天然出力特性的年内丰枯差距和电力系统负荷需求的年内相对平稳可知，天然情况下水电站群的出力很难满足负荷要求，具有日调节及以上能力的水电站

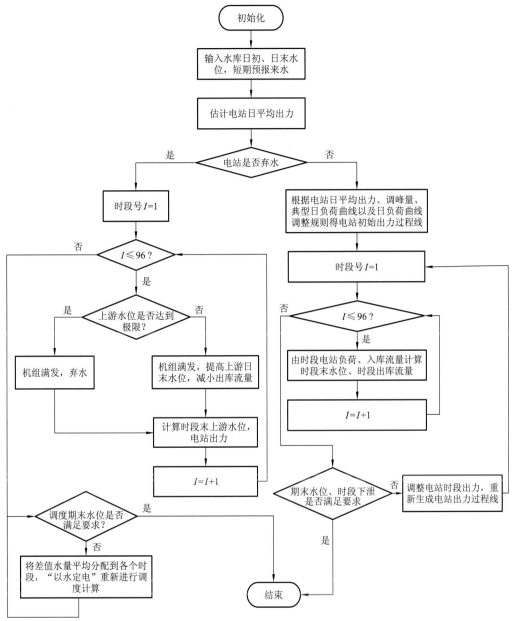

图 4-2　单库发电计划编制流程图

在非汛期一般会承担电力系统中的调频、调峰任务，为了保证电力系统安全稳定高效的运行，应使各水电站出力过程与电力负荷曲线尽可能保持一致。为此，建立基于日负荷曲线形式的溪洛渡、向家坝梯级水电站发电量最大模型，采用以电站的出力特性与系统负荷特性相匹配为目标的调度模式，充分考虑发电侧和需求侧的要求，根据日负荷曲线形状（其中溪洛渡水电站左岸与向家坝水电站采用同一种负荷曲线形式，溪洛渡水电站右岸采用另一种负荷曲线形式）及电站发电能力分配日内电站各时段出力，在保证电网负荷要求的前提下使得梯级电站发电量最大化。

1. 目标函数

$$E = \max \sum_{i=1}^{M_h} \sum_{t=1}^{T} N_i^t(Q_i^t, H_i^t) \cdot \Delta T \qquad (4\text{-}1)$$

式中：E 为水电站总发电量；N_i^t 为第 i 个水电站在第 t 时段的出力，由 Q_i^t，H_i^t 确定；Q_i^t 为第 i 个水电站在第 t 时段的流量；H_i^t 为第 i 个水电站在第 t 时段的水头；M_h 为梯级电站个数；ΔT 为时段时长；T 为时段数。

2. 约束条件

水量平衡约束

$$V_{i,t} = V_{i,t-1} + (I_{i,t} - Q_{i,t} - S_{i,t}) \cdot \Delta T \qquad (4\text{-}2)$$

式中：$V_{i,t}$ 为第 i 个水电站在第 t 时段的初库容；$I_{i,t}$ 为第 i 个水电站在第 t 时段的平均入库流量。

水库上游库容/水位约束（与水位日变幅限制结合）

$$VL_i^{\text{up}} \leqslant V_{i,t}^{\text{up}} \leqslant VU_i^{\text{up}} \qquad (4\text{-}3)$$

式中：$V_{i,t}^{\text{up}}$ 为第 i 个水电站在第 t 时段的上游库容；VU_i^{up} 为第 i 个水电站在第 t 时段的最大上游库容约束；VL_i^{up} 为第 i 个水电站在第 t 时段的最小上游库容约束。

水库下游水位约束

$$ZL_i^{\text{down}} \leqslant Z_{i,t}^{\text{down}} \leqslant ZU_i^{\text{down}} \qquad (4\text{-}4)$$

式中：$Z_{i,t}^{\text{down}}$ 为第 i 个水电站在第 t 时段的下游水位，ZU_i^{down} 为第 i 个水电站在第 t 时段的最大下游水位，ZL_i^{down} 为第 i 个水电站在第 t 时段的最小下游水位。

电站下泄流量约束

$$QL_{i,t} \leqslant (Q_{i,t} + S_{i,t}) \leqslant QU_{i,t} \qquad (4\text{-}5)$$

式中：$QU_{i,t}$ 为第 i 个水电站在第 t 时段的最大下泄流量，$QL_{i,t}$ 为第 i 个水电站在第 t 时段的最小下泄流量。

电站出力约束（溪洛渡水电站左右岸分别给出）

$$PL_{i,t} \leqslant P_{i,t} \leqslant PU_{i,t} \qquad (4\text{-}6)$$

式中：$P_{i,t}$ 为第 i 个水电站在第 t 时段的电站出力，$PU_{i,t}$ 为第 i 个水电站在第 t 时段的最大电站出力，$PL_{i,t}$ 为第 i 个水电站在第 t 时段的最小电站出力。

电站运行水头约束

$$HL_{i,t} \leqslant H_{i,t} \leqslant HU_{i,t} \qquad (4\text{-}7)$$

式中：$H_{i,t}$ 为第 i 个水电站在第 t 时段的电站水头，$HU_{i,t}$ 为第 i 个水电站在第 t 时段的最大电站水头，$HL_{i,t}$ 为第 i 个水电站在第 t 时段的最小电站水头。

控制末水位约束

$$Z_{i,\text{begin}} = Z_{i,\text{end}} \qquad (4\text{-}8)$$

式中：$Z_{i,\text{begin}}$ 为第 i 个水电站的上游初始水位，$Z_{i,\text{end}}$ 为第 i 个水电站的上游末水位。

电站出力变幅约束

$$\left|P_{i,t} - P_{i,t-1}\right| \leqslant PCH_i \tag{4-9}$$

式中：PCH_i 为第 i 个水电站的最大出力变幅。

水库上游水位变幅约束

$$\left|Z_{i,t}^{\mathrm{up}} - Z_{i,t-1}^{\mathrm{up}}\right| \leqslant ZUH_i \tag{4-10}$$

式中：$Z_{i,t}^{\mathrm{up}}$ 为第 i 个水电站在第 t 时段的上游水位，ZUH_i 为第 i 个水电站的上游水位最大变幅。

水库下游水位变幅约束

$$\left|Z_{i,t}^{\mathrm{down}} - Z_{i,t-1}^{\mathrm{down}}\right| \leqslant ZDH_i \tag{4-11}$$

式中：ZDH_i 为第 i 个水电站的下游水位最大变幅。

考虑到短期调度问题的复杂性，要设定一个非空的可行域往往非常困难，为此，将约束条件分为刚性约束（可破坏约束）和软约束（不可破坏约束）；短期发电计划编制模块依据溪洛渡、向家坝水电站调度规程要求，将水量平衡约束、水库下游水位约束、电站下泄流量约束、电站出力变幅约束、水库下游水位变幅约束、机组稳定运行约束、机组最大最小出力约束、单站机组检修/投产机组台数约束设为刚性约束，剩余均为软约束，当不存在可行解时对软约束进行逐级破坏。

3. 日负荷曲线调整形式

在满足各项约束条件的前提下采用调峰量不变的方法调整电站时段出力，调整后的日负荷曲线如图 4-3 所示。调峰量不变的调整方式即将典型负荷曲线整体向上或向下平移，既保证调峰量一定，又可调整整个调度周期的出力。

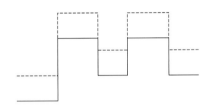

图 4-3　调峰量不变的负荷曲线调整

4. 基于预想出力的精细化调度方法

在单时段已知时段出库流量，将水量在开机机组间进行优化分配的预想出力精细化以水定电计算流程如下。

步骤 1：通过调节水量、入库流量和控制站水位（目前采用向家坝坝前水位）计算电站的出库流量和上下游水位，得到电站毛水头。

步骤 2：根据毛水头查找机组预想出力和稳定运行区，结合人工设定的出力约束，通过查机组的水头预想出力曲线得到各机组相应流量，计算水头损失得到净水头，判断净水头与毛水头之间的差值，不满足给定值则重新计算，最终得到各机组出力和流量范围。

步骤 3：在给定开机顺序和机组预想出力处耗水率排序的基础上，优先考虑给定开机顺序，兼顾机组发电效率，得到机组的最优开停机顺序。

步骤 4：根据可发电流量，按照得到的最优开机顺序，依次判断剩余流量是否大于当前机组满发流量，若是则给相应机组赋满发流量使其达到当前水头下的预想出力，同时可发电流量减去相应该机组发电流量；否则跳至下一台机组重复步骤 4 直至所有机组均遍历。

步骤 5：若剩余可发电流量大于 0，则计算已开机组的可调节流量和未开机组的最小开机流量；当剩余可发电流量与可调节流量之和大于最小开机流量且存在可用的未开机组，则增开所需开机流量最小的那台机组，并计算平均流量，转下一步；否则存在弃水转步骤 7。

步骤 6：若剩余可发电流量与可调节流量之和大于平均流量，则增开机组按照平均流量发电，其他已开机组按照可调节流量比例降低相应发电流量；若小于平均流量，则增开机组按照剩余可发电流量与可调节流量之和发电，其他已开机组按照可调节流量比例降低相应发电流量。

步骤 7：得到基于预想出力下的各机组流量和出力。

在使用预想出力精细化分配方法进行"以电定水"（已知发电任务 N、入流及时段初水位，求电站最小耗水量）计算时，需结合二分法对相应匹配流量进行迭代查找：①假设出力为 N 时电站发电流量为 $Q \in [Q_{\min}, Q_{\max}]$ 且 $Q = (Q_{\min} + Q_{\max})/2$；②调用上述"以水定电"精细化方法计算发电流量为 Q 时情形下对应的电站最优出力 N_1；③若 $|N_1 - N| > \varepsilon$，则假定的流量不满足要求，假如 $N_1 < N$，则 $Q_{\min} = Q$；否则 $Q_{\max} = Q$；令 $Q = (Q_{\min} + Q_{\max})/2$，转至步骤 2；④迭代结束，当前 Q 即为最优化流量，输出机组最优出力（流量）结果。

5. 溪洛渡水电站"一库两站两调"问题求解

溪洛渡水电站左右岸电厂分别向南方电网和国家电网供电，存在"一库两站两调"的情况，需要根据相应电网负荷要求确定左右岸不同的发电比例[2]。由于不同流量分配下的结果会存在一定差别，故应以电站不弃水为指导原则，将水量在左右岸进行合理分配，而不局限于所给定的左右岸电量分配比。相应处理流程如下。

步骤 1：由电站调度期平均来水及水库可调节容量计算电站平均出库，根据给定左右岸电量比例将出库水量分配至左右岸，水量初始分配为 Q_left 和 Q_right。

步骤 2：左岸精细化模拟：将右岸电站机组设为"假检修"状态，根据左岸总发电流量 Q_left，利用精细化模拟方法得到左岸机组流量和出力，同时计算左岸机组实际总发电流量 Qf_left。

步骤 3：右岸精细化模拟：将左岸电站机组设为"假检修"状态；重新计算右岸总发电流量 Q_right = Q_right + Q_left - Qf_left，根据右岸总发电流量 Q_right，利用精细化模拟方法得到右岸机组流量和出力，同时计算右岸机组实际总发电流量 Qf_right。

步骤 4：判断右岸是否有流量剩余，若是，则重新计算左岸发电流量进行精细化模拟，Q_left = Q_left + Q_right - Qf_right，得到新的左岸机组出力和流量；否则跳至下一步骤。

步骤 5：根据左右岸计算的机组出力和流量分配结果，得到电站出力和流量分配结果。

4.2　枢纽发电调度算法

4.2.1　动态规划算法

20 世纪 50 年代初美国数学家 Bellman 等[3]。在研究多阶段决策过程的优化问题时，提出了著名的最优化原理，把多阶段问题转化为一系列单阶段问题逐个求解，创立了解决这类问题的高效求解方法——动态规划算法。

应用动态规划算法必须满足最优化原理和无后效性。

（1）最优化原理：不论过去状态和决策如何，对前面的决策所形成的状态而言，余下的决策过程必须构成最优策略，即一个最优化策略的子策略总是最优的；一个问题满足最优化原理又称其具有最优子结构性质。

（2）无后效性：对于某个给定的阶段状态，之前各阶段的状态无法直接影响该阶段的决策，最优决策的选择只与当前的这个状态有关，即每个状态都是过去历史的一个完整总结。

水库发电调度问题满足最优化原理和无后效性条件，可应用动态规划算法求解。水库发电调度可以看成一个多阶段决策过程，以调度时段为阶段变量，水库水位或库容为状态变量，每个状态的决策变量为如何选择上一时段的水库水位或库容从而使该状态的水库累积发电量最大。

如图 4-4，对于第 t ($t=1, 2, 3,\cdots, T$)时段的调度决策，以 t 时段水库末水位 z_{t+1} 也就是 $t+1$ 时段水库初水位为状态变量，以 t 时段水库初水位 z_t 为决策变量，$F_t(\ )$ 记为时段 1 至 t 的最大累积效用函数，q_t 为 t 时段内入库水量，$f_t(z_t, z_{t+1}, q_t)$ 为 t 时段水库效用函数。动态规划的状态转移方程可表示为

$$F_t(z_{t+1}) = \max[F_{t-1}(z_t) + f_t(z_t, z_{t+1}, q_t)] \tag{4-12}$$

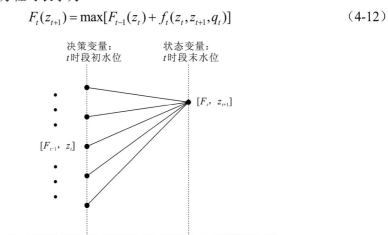

图 4-4　状态转移示意图

其中，发电调度中的时段水库效用函数 $f_t(z_t, z_{t+1}, q_t)$ 的表达式为

$$f_t(z_t, z_{t+1}, q_t) = K \cdot Q \cdot H \qquad (4\text{-}13)$$

式中：K 为水库出力系数；Q 为水库流量；H 为水头。

应用动态规划求解确定性水库发电调度的具体流程如下。

步骤 1：选定离散步长，在可行域内对水库水位进行离散，以调度时段 t ($t = 1, 2, 3, \cdots, T$) 为阶段变量，确定起始水位 z_{start} 和终止水位 z_{end}。

步骤 2：对于起始阶段 $t = 1$，决策变量 z_t 只有一个取值：z_{start}，各个状态变量 z_{t+1} 的最大累积效用函数 $F_t(z_{t+1}) = f_t(z_{\text{start}}, z_{t+1}, q_t)$。

步骤 3：对于剩余阶段 $t = 2, 3, 4, \cdots, T$，根据状态转移方程（4-12）求解各状态变量 z_{t+1} 对应的决策变量 z_t 及最大累积效用函数 $F_t(z_{t+1})$。

步骤 4：完成所有阶段计算，从 T 时段逆推获得最优决策链，推求水库时段最优运行过程。

4.2.2　逐步优化算法

逐步优化算法（progressive optimal algorithm，POA）在 1975 年由加拿大学者 Howson 和 Sancho 提出，是 DP 的一种改进算法[4]。POA 的思路是把具有 T 阶段 n 维的问题分解成 $T-1$ 个两阶段子问题，每个子问题的维数仍为 n 维，然后控制各决策变量进行循环搜索计算，直至得到满意的结果。POA 算法能把一个复杂的多阶段多变量决策问题化为一系列的两阶段单变量决策问题，从而使原问题的求解过程得到简化。

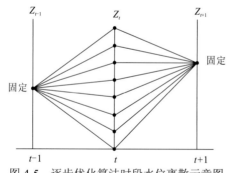

图 4-5　逐步优化算法时段水位离散示意图

采用 POA 求解水电站发电调度问题时，需要对水库可行运行水位范围进行离散，离散水库当前时段的水位，而固定其他时段水位过程，水库水位离散方法如图 4-5 所示。

对于以发电效益为目标的单一水库短期发电调度模型，采用 POA 进行求解时，首先需要确定较小离散精度，假设一个运行过程水位线，将此作为逐步优化寻优的初始解，然后进行迭代循环计算，具体求解流程如下。

步骤 1：假设一条可行的初始运行水位轨迹 $\{z_0, z_1, \cdots, z_T\}$。

步骤 2：固定 $t-1$ 和 $t+1$ 时刻的水位值 Z_{t-1} 和 Z_{t+1}，在时段 t 允许水位范围内离散 t 时刻的可调整水位值，验证安全运行约束条件，逐个计算可行的离散水位值，保存当前两个时段最优目标函数值，将对应的水位值替换为 t 时刻的水位值 $Z_{\text{best}}(t)$。

步骤 3：针对调度期的所有调度时段，从第一个时段依次计算直至最后一个时段，搜索最优水位值 $Z_{\text{best}}(t)$，使两时段的发电量最大化，获得本次迭代计算的最优运行过程 $\{Z_{\text{best}}(0), Z_{\text{best}}(1), \cdots, Z_{\text{best}}(T)\}$。

步骤 4：比较前后两次迭代计算得到的调度期总发电效益，若两者的差值在设定的

迭代精度范围之内，则计算结束，以 $\{Z_{best}(0), Z_{best}(1), \cdots, Z_{best}(T)\}$ 作为最终的运行水位过程；否则，将 $\{Z_{best}(0), Z_{best}(1), \cdots, Z_{best}(T)\}$ 作为新的初始运行过程，同时根据当前迭代次数收缩搜索廊道，缩小搜索范围，并返回步骤 2，重新开始迭代计算；直至符合计算所要求的精度值，停止迭代，得到最终优化结果。

4.2.3　粒子群算法

粒子群算法（particle swarm optimization，PSO）是由美国学者 Kennedy 和 Eberhart[5] 共同提出的一种智能优化算法，它通过模拟鸟类的觅食行为优化所需寻找的最优解，具有协同搜索和群体搜索的能力。与其他进化算法不同的是，PSO 利用速度和位置的更新策略及对自身和全局的记忆能力，避免了复杂的交叉、变异等操作。其速度和位置更新公式为

$$v_i(t) = w \cdot v_i(t-1) + C_1 \cdot r_1 \cdot (x_{p_i} - x_i) + C_2 \cdot r_2 \cdot (x_g - x_i) \tag{4-14}$$

式中：w 为惯性权重；C_1、C_2 为正的加速常数；r_1、r_2 为 $[0, 1]$ 均匀分布的随机数。x_{p_i} 为第 i 个粒子的个体极值；x_g 为全局极值；$v_i(t)$ 为粒子更新后的速度。

$$x_i(t) = x_i(t-1) + v_i(t) \tag{4-15}$$

式中：$x_i(t-1)$ 和 $x_i(t)$ 分别为粒子更新前、后的位置。

为有效利用粒子群算法框架求解多目标优化问题，国内外专家学者开展了大量研究，成果颇丰。Coello 等[6]基于外部档案集和自适应网格法，首次提出了多目标粒子群算法（multi-objective particle swarm optimization，MOPSO）；Sierra 等[7]对 MOPSO 进行了改进，引入拥挤距离、多项式变异及 ε-dominance 的概念，提高了算法的求解效率；Nebro 等[8]采用限制粒子飞行速度的优化策略做出了进一步的改进，提出了限速多目标粒子群算法（speed-constrained multiobjective particle swarm optimization，SMPSO），在非支配解集的求解质量和 Pareto 前沿的收敛速度两个方面均有提升。SMPSO 采用压缩因子消除对速度的边界限制，相应的速度计算公式由式（4-14）变为

$$v_i(t) = \chi[w \cdot v_i \cdot (t-1) + C_1 \cdot r_1 \cdot (x_{p_i} - x_i) + C_2 \cdot r_2 \cdot (x_g - x_i)] \tag{4-16}$$

$$\chi = \frac{2}{2 - \varphi - \sqrt{\varphi^2 - 4\varphi}} \tag{4-17}$$

$$\varphi = \begin{cases} C_1 + C_2, & C_1 + C_2 > 4 \\ 1, & \text{其他} \end{cases} \tag{4-18}$$

式中：χ 为压缩因子；φ 为控制参数。

另外，当速度越界时，相应地修正策略为

$$v_{i,j}(t) = \begin{cases} \Delta_j, & v_{i,j}(t) > \Delta_j \\ -\Delta_j, & v_{i,j}(t) \leqslant \Delta_j \\ v_{i,j}(t), & \text{其他} \end{cases} \tag{4-19}$$

$$\Delta_j = \frac{U_j - L_j}{2} \tag{4-20}$$

式中：$v_{i,j}(t)$ 为粒子 i 第 j 维变量的速度；U_j 和 L_j 分别为第 j 维变量速度的上下限。

与传统的多目标进化算法不同，SMPSO 不需要适应度赋值的过程，算法设计得到相应简化。但由于同时存在多个彼此不受支配全局最优解，SMPSO 从外部档案集中随机选择两个解，通过比较二者的拥挤距离获得全局极值。另外，为了防止算法陷入局部最优，SMPSO 采用多项式变异对 15% 的粒子进行变异操作。

SMPSO 求解短期多目标发电计划编制问题，同样选择水库水位为决策变量对粒子进行编码，采用"廊道"法随机生成初始解及不可行解修复策略，依据空间最优流量分配方法进行单时段"以水定电"出力计算，并修正不满足爬坡约束的出力过程。以相邻的两个时段为例，针对正向爬坡约束，选择合适的步长逐步降低第一时段的末水位，重新计算出力，反复迭代直至这两时段的出力满足上升限制为止；反向爬坡约束处理的方法与之相反，不再赘述。

综上所述，SMPSO 求解多目标短期发电计划编制问题的流程如图 4-6 所示，其步骤如下。

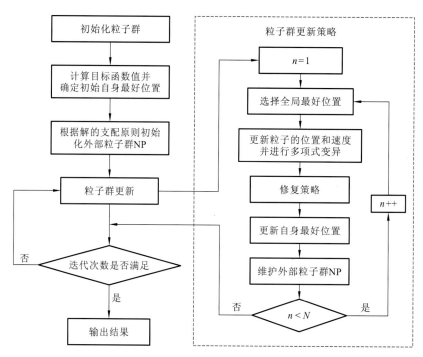

图 4-6 SMPSO 算法流程图

步骤 1：初始化粒子群。在可行空间内随机产生 N 个粒子，初始化其速度；计算每个粒子的目标函数值。

步骤 2：确定每个粒子的初始个体极值，即每个粒子本身的初始位置。

步骤 3：根据粒子的支配关系，得到彼此不受支配的部分粒子，并保存在外部粒子群 NP 中。

步骤 4：根据式（4-15）和式（4-16）更新每个粒子的位置和速度。

步骤 5：随机选择 15%的粒子，进行多项式变异。

步骤 6：采用修复策略修复不可行解，再次计算所有粒子的目标函数值。

步骤 7：更新粒子的自身最好位置 p_{best}。若新解支配 p_{best}，则进行替换；若新解与 p_{best} 彼此不受支配，则随机选择一个解作为新的 p_{best}。

步骤 8：根据粒子的支配关系及拥挤距离对 NP 进行更新和维护。

步骤 9：判断是否满足终止条件，若满足，输出外部粒子群 NP；否则，转到步骤 4 继续迭代。

4.3　枢纽发电–泄洪–通航运行风险

枢纽发电、泄洪、通航联合调度受水文、水力不确定性及工程、管理状态的不确定性的影响，不可避免地存在各种运行安全风险。研究团队初步调研确定枢纽发电、泄洪、航运联合运行的风险指标，为后续开展枢纽发电、泄洪、通航综合安全调度运行风险分析与多属性决策提供支持。

4.3.1　机组安全及稳定运行风险

水电机组振动情况是机组安全及稳定运行程度的突出反映，机组在不同水头及负荷段下存在不同程度的振动，且其振动程度可通过多个运行特征量进行反映。为此，拟在分析长期观测资料及真机试验数据的基础上，提取出能有效反映不同工况下机组稳定运行程度的典型运行特征量（如振动量、摆渡等），探求机组不同水头及负荷段工况与典型特征量之间的映射关系，进而对机组稳定运行程度进行量化描述，以指导机组安全运行；为兼顾水电机组运行的安全性与经济性要求，提出机组安全运行指标评价各电站机组的安全运行水平，构建电站机组安全运行评价模式，并通过模糊理论分析水电机组模糊综合稳定特性和机组综合稳定水平，将机组运行稳定程度转换为运行区内折算耗水量，以协调电站各机组安全运行要求与优化运行目标。

4.3.2　非恒定流的表征及其对航运的影响

水电站调峰非恒定流是一种重力长波和往复流的复合运动，有着极为复杂的态势和演变规律。经抽象概化，水体的这种运动可以由一系列水力要素的变化来表征，从而得知这些变化对通航构成的种种不利影响。在实体模型上进行水电站调峰恒定流和自航船模试验可以较为逼真地观察到这些变化对航行和停泊船体所产生的综合效应，并可详尽而较为准确地观测到相应参数的特征值和变化过程。

1. 水位变化

由于上游电站下泄流量和两坝间河段沿程水流边界的变化，而导致沿程水位发生着相应变化。在这种条件下，沿程水位是流量、位置和时间的函数，即 $H=f(Q, x, y, t)$。水位的这种变化通常用"日变幅"和"小时变率"这两个指标予以具体表征。过大的"日变幅"和"小时变率"将对船（舶）队的航行、停泊、码头作业、航道维护、航政管理产生一定程度的不利影响，有的电站在调峰期间可以使得相应下游河道的日变幅高达 7~8 m。因此要求对"日变幅"和"小时变率"规定一个合适的限值。

2. 流速变化

流速对航行船（舶）队产生阻力，对停泊船（舶）队产生冲击力，是表征河流通航水流条件的主要参数。由于上游高水头电站在调峰期间下泄非恒定流而在两坝间形成的波流运动使得流速的大小和方向发生周期性变化，在若干局部河段呈现出顺流、逆流、斜流、横流交相更迭的复杂态势。流速的这种变化，对航行船（舶）队的航态、舵效、舵角、漂角、对岸航速等产生一定程度的影响，因此也应根据不同船队的操纵性和功率，对流速规定一个适当的限值，并控制电站调峰水流的流速不对船（舶）队的航行和停泊产生不利影响。

3. 水面比降变化

水面比降对航行船（舶）队产生阻力，称比降阻力，并对停泊船（舶）队的平衡产生影响，因此水面比降是河流通航水流条件的重要参数。由于上游高水头电站调峰而在两坝间河段形成的波流运动使得水面比降的大小和方向发生周期性变化，水面的这种变化对航行和停泊船队的纵摇、横摇、升沉产生不利影响，从而影响到航行船队的操纵性和对岸航速及停泊船队的系缆力。因此亦应对水面比降规定一个适当的限值。

4. 流态变化

在上游高水头电站调峰运行过程中，将在两坝间的若干局部河段产生周期性回流、驻波、涌浪、翻泡、漩涡及水面的往复晃荡等不良流态。这种流态将对航行船队的航态和舵效及停泊船队的系缆力产生一定程度的影响。因此应通过模型试验和原型观测等方式对这种流态的生成和演变规律进行深入研究并提出改善措施。务必将流态对船队航行和停泊条件的影响控制在航运允许的范围内。

4.3.3 枢纽水力运行安全参数量化

查阅相关文献和标准，确定内河航道技术等级划分及尺度，如表4-1所示。

表 4-1　内河航道技术等级划分及尺度表

航道等级	驳船吨级/t	船型尺度 总长×型宽×设计吃水/m	航道尺度					
			天然及渠化河流			限制性航道		弯曲半径/m
			水深/m	单线宽度/m	双线宽度/m	水深/m	宽度/m	
1	3000	75×16.2×3.5	3.5~4.0	120	245			1050
				100	190			810
				75	145			800
				70	130	5.5	130	580
2	2000	67.5×10.8×3.4	3.4~3.8	80	150			950
				75	145			740
		75×14×2.6	2.6~3.0	35	70	4.0	65	540
3	1000	67.5×10.8×2.0	2.0~2.4	80	150			730
				55	110			720
				45	90	3.2	85	500
				30	60	3.2	50	480
4	500	45×10.8×1.6	1.6~1.9	45	90			480
				40	80	2.5	80	340
				30	50	2.5	45	330
5	300	35×9.2×1.3	1.3~1.6	40	75			380
				35	70	2.0	75	270
				22	40	2.5 / 2.0	40	260
6	100	26×5.2×1.8	1.0~1.2			2.5	18~22	105
		32×7.0×1.0		25	45			130
		32×6.2×1.0		15	30	1.5	25	200
		30×6.4（7.5）×1.0		15	30	1.5	28	220
7	50	21×4.5×1.75	0.7~1.0			2.2	18	85
		23×5.4×0.8		10	20	1.2	20	90
		30×6.2×0.7		13	25	1.2	26	180

4.3.4　水库下游航运条件

向家坝下游河道规划为 IV 级航道，仅新市镇—宜宾 105 km 河道常年保持通航，根据河流自然状况、航行条件和城镇的分布情况，习惯上以水富为界分为上下两段。中水和洪水期通航水流条件较好，航线平均流速在 1.5～2 m/s，平均水面比降在 0.18‰～0.234‰，如遇大洪水使水位变幅较大则影响船舶航行。而枯水期，由于航道尺寸较窄、流速急，并受向家坝水电站日调节运行所产生的非恒定流影响，通航水流条件较差。研究表明，在航道要求基本流量相同的情况下，下泄流量单位时段内变幅越大，则产生的非恒定流波峰越大，并影响码头安全作业和船舶的航行。下游河段内有水富港和宜宾港 2 座港口，两岸还分布有一些规模较小的码头。由于宜宾港距坝 33 km，相对较远，港区又位于岷江入汇口处，向家坝水电站下游非恒定流传播至宜宾港已基本趋于平稳，故对宜宾港的正常运行影响甚小，主要影响是水富港。为此，《向家坝水电站水库调度规程（试行）》规定及相关研究表明向家坝下游最低通航水位为 265.8 m，相应流量为 1200 m^3/s，最高通航水位为 277.25 m，相应流量为 12 000 m^3/s；且要求下游河道水位最大日变幅不超过 4.5 m/s，最大小时变幅不超过 1.5 m/h。

4.3.5　泄洪隧洞水力特性数值模拟

当前，数值模拟技术成为了研究泄洪洞水力特性的重要手段。泄水建筑物的水流特性一般具有三维性和紊动性，对于最常见的泄水建筑物——泄洪洞同时还具有自由表面。泄洪洞带曲线的自由表面，复杂的几何边界给三维数值模拟带来很大难度。

1845 年，斯托克斯提出描述流体运动规律的纳维-斯托克斯方程（Navier-Stokes equations，N-S 方程）。随着计算机技术和 CFD 理论发展，紊流数值模拟成为研究紊流的重要手段。1896 年，雷诺首先提出将流场中的变量分解为时均量和紊动量。此后所有的雷诺平均模型都遵循这一分解，这些模型也成为工程中广泛应用的模型。20 世纪 60 年代以来，人们提出了一些先进的数值模拟方法，如大涡模拟和直接数值模拟。这些方法对计算机的要求很高，目前应用尚有很大的局限性。为了弥补 RANS 模型的不足，学者们从新的角度对紊流进行数值模拟，提出了很多新方法，包括概率密度函数法，重整化群理论及 Lattice-Boltman 方法等。对于泄洪洞水力特性的研究方法和手段主要有数值模拟、物理模型和原型观测。这些方法各有优缺点，长期共存，有着互补的作用。

溪洛渡水电站位于金沙江中段，是一座以发电为主，兼有拦沙、防洪和改善下游河道航运条件等综合利用的大型水电站。水电站拦河大坝为混凝土双曲拱坝，最大坝高 278 m。枢纽最大下泄总流量达 52 300 m^3/s，有约 60% 的洪水通过坝身宣泄，40% 的洪水通过左、右岸各 2 条的常规"龙落尾"泄洪洞宣泄，溪洛渡泄洪洞采用有压弯洞后接无压泄洪洞方案布置，出口最大单宽流量达 278 m^3/（s·m），上、下游落差近 190 m，是目前国内最大规模的泄洪隧洞。在正常水位泄洪时其反弧段流速超过 40 m/s，最大流速近 50 m/s，泄洪洞防空蚀设计难度较大。而且电站消能河段河谷狭窄，枯水期水面宽仅 70～100 m，4 条常规泄洪洞出口消能区河道长度仅 200 多米，两岸边坡陡峻，洪水余能高度集中，消能防冲设计难度大，对挑流鼻坎的水力性能要求很高。

基于溪洛渡电站高水头、大流量的特点，采用标准 K-ε 紊流模型模拟泄洪隧洞的水力特性，标准 K-ε 模型的原理如下。

对于紊流流动，不可压流体时均运动方程为

$$\frac{\partial \overline{u_i}}{\partial t} + \overline{u_j} \frac{\partial \overline{u_i}}{\partial x_k} = \rho \overline{f_i} - \frac{\partial \overline{P}}{\rho \partial x_i} + \frac{\partial}{\partial x_j} \left(\gamma \frac{\partial \overline{u_i}}{\partial x_j} - \overline{u_i u_j} \right) \tag{4-21}$$

式中：$-\overline{u_i u_j}$ 为雷诺应力，是方程中的未知量；$\overline{u_i}$ 和 $\overline{P}$ 分别为平均速度分量和压力；$\overline{f_i}$ 为质量力；γ 为流体的动力黏度。

不可压缩流体时均流动的连续方程为

$$\frac{\partial \overline{u_i}}{\partial x_i} = 0 \tag{4-22}$$

由于在方程中出现了雷诺应力，方程（4-27）、方程（4-28）是不封闭的，即未知量的个数大于方程的个数，因此求解控制方程（4-27）、方程（4-28）的首要问题是确定雷诺应力 $-\overline{u_i u_j}$。

在标准 K-ε 紊流模型中，雷诺应力的计算并不采用它的模化方程，而是直接采用布西内斯克（Boussinesq）假设，即雷诺应力与平均场应变率应有如下关系：

$$-\overline{u_i u_j} = v_t \left(\frac{\partial \overline{u_i}}{\partial x_j} + \frac{\partial \overline{u_j}}{\partial x_i} \right) - \frac{2}{3} \delta_{ij} k \tag{4-23}$$

式中：涡黏系数 v_t 在 K-ε 模式中取 $v_t = C_\mu \dfrac{k^2}{\varepsilon}$，$C_\mu$ 为经验常数，k，ε 为自定义常数。

而紊流动能（$k = \frac{1}{2} \overline{u_i u_j}$）和耗散率 ε 采用模化方程：

$$\frac{\partial k}{\partial t} + \frac{\partial (u_i k)}{\partial x_i} = \frac{\partial}{\partial x_t} \left[\left(v + \frac{v_t}{\sigma_k} \right) \frac{\partial k}{\partial x_i} \right] + p_k - \varepsilon \tag{4-24}$$

$$\frac{\partial \varepsilon}{\partial t} + \frac{\partial (u_i \varepsilon)}{\partial x_i} = \frac{\partial}{\partial x_t} \left[\left(v + \frac{v_t}{\sigma_\varepsilon} \right) \frac{\partial \varepsilon}{\partial x_i} \right] + \frac{\varepsilon}{k} (C_{\varepsilon 1} p_k - C_{\varepsilon 2} \varepsilon) \tag{4-25}$$

式中：p_k 为由于平均速度梯度引起的紊动能生成项，$p_k = -\overline{\rho u_i' u_j'} \dfrac{\partial u_j}{\partial x_i}$。

方程（4-21）、方程（4-22）与方程（4-24）、方程（4-25）即构成了标准 K-ε 紊流模型，其中，C_μ 为经验常数，$C_\mu = 0.09$，σ_k 和 σ_ε 分别为 K 和 ε 的紊流普朗特数，$C_{\varepsilon 1}$ 和 $C_{\varepsilon 2}$ 为 ε 方程数。

4.4 本章小结

本章首先介绍了枢纽短期发电计划编制主要解决的问题，水电站日计划编制主要解决以日为调度周期、以 15 min（或 1 h）为计算时段的水电站日调度计划编制问题。根据电网给定电站总负荷和国民经济其他部门综合利用要求，分析电网联合补偿调节所提供的各时段发电厂指导性电量，结合电站短期来水和人工负荷预测信息，考虑电站水量平衡、日调节水电厂发挥最大调峰能力等因素，建立以水电站发电量最大、发电效益最大或调峰量最大为目标的日发电计划优化模型并进行求解。其次，开展水电站短期发电调度模型求解方法的研究，结合工程实际，制订发电计划时采用以水定电模型，实施发电计划时采用以电定水模型；然后，介绍了动态规划算法、逐步优化算法和粒子群算法用于制订最优发电计划过程中对模型进行求解。最后，研究团队初步调研确定了枢纽发电、泄洪、航运联合运行的风险指标，为后续开展枢纽发电、泄洪、通航综合安全调度运行风险分析与多属性决策提供支持。

参 考 文 献

[1] 水利部信息化工作领导小组办公室. 水利信息化标准指南[M]. 北京: 中国水利水电出版社, 2003.

[2] 王超. 金沙江下游梯级水电站精细化调度与决策支持系统集成[D]. 武汉: 华中科技大学, 2016.

[3] BELLMAN R. On the theory of dynamic programming[J]. Proceedings of the national academy of sciences of the United States of America, 1952, 38(8): 716-719.

[4] HOWSON H R, SANCHO N G F. A new algorithm for the solution of multi-state dynamic programming problems[J]. Mathematical programming, 1975, 8(1): 104-116.

[5] KENNEDY J, EBERHART R. Particle swarm optimization[C]. Proceedings of the IEEE International Conference on Neural Networks, 1995.

[6] COELLO C A C, PULIDO G T, LECHUGA M S. Handling multiple objectives with particle swarm optimization[J]. IEEE transactions on evolutionary computation, 2004, 8(3): 256-279.

[7] SIERRA M R, COELLO C A C. Improving PSO-Based Multi-objective Optimization Using Crowding, Mutation and ∈-Dominance[C]. International Conference on Evolutionary Multi-Criterion Optimization. Berlin: Springer, 2005.

[8] NEBRO A J, DURILLO J J, GARCIA-NIETO J, et al. SMPSO: a new PSO-based metaheuristic for multi-objective optimization[C]. Computational intelligence in miulti-criteria decision-making, 2009. mcdm '09. IEEE symposium on. IEEE, 2009.

枢纽发电、泄洪、通航联合优化调控模型

5.1 水库通航能力评估方法

大型水利枢纽在通航河流上修建后,由于水利枢纽对河流的截断,容易造成泥沙淤积等现象,也会导致船舶通航的航线发生较大的变化,水库的引航道不能直接连接到主航道上,所以需要在引航道口门区布置连接段,以保证船舶和船队顺利通过引航道到达主航道。水库引航道口门区和连接段水流环境的状况直接影响船舶能否顺利过坝,安全运行[1]。

然而水电站的经济运行,有时会对航道的通航情况产生很严重的影响,特别是在枯水期,一方面,由于河道水位偏低,河道水面偏窄,水流湍急,超出船舶安全通航的流速;另一方面,在水库日调节的过程下,水库下游产生非恒定流,水位变化剧烈,河道经常会出现复杂的流场情况,对于船舶驾驶员来说,难以判断是否可以安全通行[2]。因此,为了有效综合开发利用水库的发电效益和通航效益,需要对影响通航的水力要素进行研究和分析,并基于水库和河道的水力关系要素,进行通航能力的评估,为建立水库发电-通航多目标优化调度模型提供基础。

本节针对水力要素对船舶通航能力的影响进行研究,采用数值模拟方法对水库不同运行工况下河道的水流流态进行模拟。建立河道二维水动力模型,并采用有限体积法进行模型的求解,并借助 MIKE21 水动力学软件进行引航道口门区横向流速、纵向流速、回流速度、水流流态等水力要素的模拟。基于数值模拟的结果,提出考虑流速的通航能力评价法,并在此基础上,进一步完善评价方法,提出综合考虑流速和水位变化的通航能力评价法。

5.1.1 二维河道水动力模型

为了合理地评价和量化船舶的通航能力,需要在水库引航道区域,建立精细化的水动力模型,通过水动力模拟的方法,计算出不同时段、不同水库调度方案下的引航道不同区域的实时水位、流速、流场情况。

水库河道的水流运动问题通常属于明渠非恒定流问题,因此本章使用 MIKE21 FM 软件,建立水库引航道二维水动力模型。其中,MIKE21 是专业的二维自由水面流动模拟系统工程软件,适用于河道、河口和海岸地区的水力及其相关现象的平面二维仿真模拟。

1. 水动力模型控制方程

MIKE21 FM 平面二维非恒定流水动力模型是由三向不可压缩[3]和流体力学 N-S 方程[4]来描述其物理机制的，并服从静水压力假定和布西内斯克（Boussinesq）假定。

其对应的连续性方程为[5]

$$\frac{\partial h}{\partial t} + \frac{\partial hu}{\partial x} + \frac{\partial hv}{\partial y} = S \tag{5-1}$$

x 和 y 方向上的动量方程可以表示为[6]

$$\frac{\partial u}{\partial t} + u\frac{\partial u}{\partial x} + v\frac{\partial u}{\partial y} = -g\frac{\partial \eta}{\partial x} - gS_x + \frac{1}{h}\frac{\partial}{\partial x}\left(v_t h\frac{\partial u}{\partial x}\right) + \frac{1}{h}\frac{\partial}{\partial y}\left(v_t h\frac{\partial u}{\partial y}\right) \tag{5-2}$$

$$\frac{\partial v}{\partial t} + u\frac{\partial v}{\partial x} + v\frac{\partial v}{\partial y} = -g\frac{\partial \eta}{\partial y} - gS_y + \frac{1}{h}\frac{\partial}{\partial x}\left(v_t h\frac{\partial v}{\partial x}\right) + \frac{1}{h}\frac{\partial}{\partial y}\left(v_t h\frac{\partial v}{\partial y}\right) \tag{5-3}$$

其中：

$$h = \eta + d \tag{5-4}$$

式中：$u(x,y,t)$ 和 $v(x,y,t)$ 分别为 x 和 y 方向上的速度分量；t 为时间序号；S 源项；h 为总水深；$\eta(x,y,t)$ 为水位；d 为静止水深；g 为重力加速度；v_t 为动量方程中的水平涡黏性系数；S_x 和 S_y 分别是 x 和 y 方向上的河床床底摩擦力，可以被描述为

$$S_x = \frac{n^2 u\sqrt{u^2 + v^2}}{h^{4/3}} \tag{5-5}$$

$$S_y = \frac{n^2 v\sqrt{u^2 + v^2}}{h^{4/3}} \tag{5-6}$$

式中：n 是曼宁糙率系数。

2. 控制方程的离散和求解

1）空间离散

为了使河道的数学模型适用于复杂的边界条件，并且获得较高的运算效率，MIKE21 采用了非结构化网格模式，采用有限体积法（finite volume method）对连续方程进行空间离散[6]。

有限体积法是一种将计算区域离散成控制体积的不重叠单元的离散方法，MIKE21 建立的模型仅会考虑离散出的三角形和四边形单元。有限体积法求解的基本思路是将模拟区域分为一系列不重叠的控制体积，并由一个节点代表每一个控制体积，将待求的连续方程在任一控制体积及一定时间间隔内对空间与时间作积分，然后对待求函数及其导数在时间和空间上的变化型线作出假设，最后对前面的各项按照假设选择的变化型线做出积分，并将其汇总成一组和节点上未知量相关的离散方程。

在非结构网格中，连续方程的离散形式为[7]

$$\int_{\Omega}\frac{\partial \boldsymbol{A}}{\partial t}\mathrm{d}\Omega + \int_{\partial\Omega}(\boldsymbol{F}\cdot\boldsymbol{n})\,\mathrm{d}s = \int_{\Omega}S\mathrm{d}\Omega \tag{5-7}$$

式中：A 为守恒型物理矢量；Ω 为体积；$\partial\Omega$ 为体积的边界；$F\cdot n$ 是通量矢量。

2）时间积分

对于 MIKE21 浅水方程的时间积分，采用高阶法，即二阶龙格-库塔法（Runge-Kutta methods），其计算公式为

$$\overline{A} = A_n + \Delta t L(A_n) \tag{5-8}$$

$$A_{n+1} = \frac{1}{2}A_n + \frac{1}{2}\overline{A} + \frac{1}{2}\Delta t L(\overline{A}) \tag{5-9}$$

式中：A_n 和 A_{n+1} 分别为 n 和 $n+1$ 时的 A 值；$\overline{A}$ 为 A 的一个中间变量；L 为二阶龙格-库塔法中的算子。

5.1.2　枢纽通航能力评估方法

为了协同考虑水库通航效益和其他效益之间的关系，寻求满足通航和其他效益的最优调度方案，构建通航能力的目标函数，并与其他的效益目标一起构建水库多目标优化模型至关重要。而通航能力这一目标与很多种水力学要素都有关系，这一目标不好表示，且其评估和量化方法较为复杂。本小节首先分析口门区的流场情况对船舶通航的影响，再根据分析，单独考虑横向流速对通航的影响，构建通航能力流速评价法，并在此基础上结合水位变化对通航的影响，提出综合考虑流速和水位对通航综合影响的评价方法。

1. 口门区流场情况对船舶通航的影响

河道的流场情况十分复杂，水流湍急，流场的复杂情况通常可以由纵向流速、横向流速和回流流速这三个物理量来衡量。

对于这三个水力参数对船舶通航的具体影响，国内目前已经形成一些规范标准。1990年，《内河通航标准》（GB 50139—1990）通过结合船舶模型和水池物理模型的试验，提出了船闸引航道口门处连接段的通航水流标准建议值，要求纵向流速不能超过 2.5 m/s，横向流速不能超过 0.40 m/s，回流流速不能超过 0.3 m/s[8]。

2001 年，《船闸总体设计规范》（JTJ 305—2001）中又对引航道的各项流速限值做出了进一步的规定，要求引航道口门区的最大流速要符合表 5-1 的规定[9]。

表 5-1　引航道口门区最大限值流速表

船闸等级	纵向流速/（m/s）	横向流速/（m/s）	回流流速/（m/s）
I～IV	≤2.0	≤0.30	≤0.4
V～VII	≤1.5	≤0.25	

虽然这三个流速值都是影响引航道口门区通航能力的因素，但是通过很多的工程实例和试验测试结果分析，可知引航道口门区的纵向流速和回流流速对通航有一定的影响，但船舶能否安全通过口门区还是主要取决于横向流速的大小。

由于航行期间水面横向流速过大的影响，船舶和船队会发生横向漂移。随着横向流速的增大，船舶的横向漂移也会变大。驾驶员通常需要通过改变速度和转向来克服横向水流的影响，以保持船舶的航向和稳定性并减少横向漂移。在横向水流的影响下，船舶位置的方向和航线之间会形成了一定的角度，即偏航角，横向流速越大，偏航角越大，占用的航道也越宽，这不仅影响自身船舶航行，还有可能占用航道，影响其他船舶的通行。船闸口区域的横向流速较大，会使船舶的横向漂移速度和漂移角度变大，从而产生不稳定的航行状况，且船舶的偏航速度也会随着横向水流流速的增大而增大。因此，横向流速是影响船舶通航能力的直接原因。

另一方面，在航行通过口门区域的过程中，船舶经常为了保持稳定性，使用转向方法来克服横向水流的作用。不同船型的船舶对于操纵转向的能力也是不一样的，从测试情况看，相同大小的横向水流，对较大型船舶的漂移影响要小于对较小型船舶的影响，有时可能直接导致小型船舶无法通过引航道口门区。

综上所述，评价和量化引航道口门区的通航能力的水力要素主要是口门区的横流速度。

2. 通航能力流速评价法

在水库运行过程中，引航道处经常会出现具有较大横向流速的水流，其流速大于船舶正常通航的流速限制，造成船舶出现较大幅度的横摇，对船舶安全通航造成极大的阻碍。因此，在水库运行时，确保船舶可以安全行驶的区域，避免船舶进入水流横向流速较大的区域对提高船舶的通航能力十分重要。因此本章提出安全距离 ds 这个物理量来定量描述船舶在引航道口门区的通航能力 NCv。

1）引航道口门区安全距离 ds

对于水库的下游引航道口门区，即使在水库下泄流量较小的情况下，由于一些情况的影响，如河道地形条件复杂导致流速分布不均、水库调节产生的非恒定流，水库尾水回流等，水库下游引航道口门区的部分区域都会产生不同程度纵向流速、横向流速和回流流速超过限定值的情况，无法达到表 5-1 中船舶在引航道口门区安全通航的要求。在工程应用中，通常通过采取一些措施来缓解通航压力，改善水流条件，如加长引航道口门区分水堤的长度等。

但即使是对河道进行工程治理，水库的上游引航道和下游引航道，仍然会发生流速超过限定值的情况。但只要口门区流速超出最大流速限制的区域范围不大，即此区域的长度小于 2/3 倍的船舶长度 d_{ship}，在这种情况下，只有部分船体会被过大横向流速的水流所影响，船舶为了通过超速水流带，通常会加快速度或更改航行模式（例如扬艏顶流）以减少横向水流的影响，仍可以安全地通过引航道进入主航道[10]。

但是，如果想让下游引航道的船舶通过流速超出最大流速限制的较大范围区域时，船舶的操纵难度很大，很难保证让船舶以良好的状态通过口门区。一方面，扬艏顶流的航行模式只适用于具有较宽水域的口门区，为船舶提供较大的航行宽度，另一方面还需要引航道具有较大的长度，使船舶具有足够的水域调整航态，实际工程通常难以达到这样的条件。

　　综上所述，为了确保船舶在引航道口门区顺利进出，需要按照规范标准中的流速限制值，控制引航道的水流流速情况。但如果部分区域的流速（纵向、横向和回流）超过限制值，则应将超速水流带的区域范围最小化，其长度应控制在船长的 2/3 倍以内。

　　基于 5.1.1 小节中的二维水动力模型的模拟，可以得到引航道口门区处的流场分布情况和各处的水流流速值。在 MIKE21 软件得出流速分布图中，可以看出不同流速的区域范围，并通过该图，可以得到船舶顺利通过引航道口门区的区域范围。此区域的宽度被定义为引航道口门区安全距离 ds。安全区域需要满足下面三个条件中的一个[11]：

　　（1）区域内的各向流速都小于标准限制值；

　　（2）区域内有一种或多种流速超出了标准限制值，但超出标准限制值的区域长度不大于船长的 2/3 倍；

　　（3）（1）和（2）的结合区域。

　　本节定义船舶只有在具有安全距离 ds 的安全区域，才能顺利通过引航道口门。例如，某水库的船闸等级为 I，其下游引航道口门区的纵向流速和回流流速都没有超过标准限制值，但是有部分区域的水流横向流速超过了标准限制值 0.3 m/s，安全区域和安全距离 ds 的示意图如图 5-1，图中 Dc 表示引航道口门区的宽度。

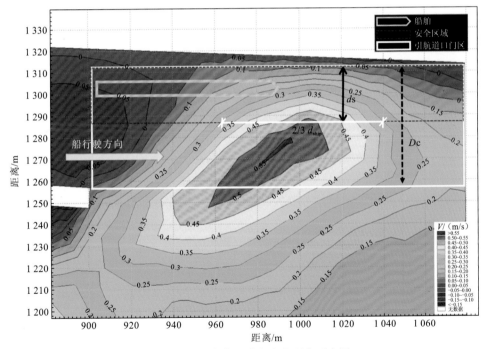

图 5-1　通航安全区域和安全距离示意图

　　为了有效地评估引航道口门区流场对船舶航行的影响，本章将安全距离 ds 作为评价航道通航能力指标。引航道的安全距离越大，通航能力越好，船舶可以在更好的水流条件下安全通过引航道。相反，在安全距离较小时，船舶在通过下游引航道时必须更加注意安全驾驶。

2）考虑流速的通航能力 NCv

在水库优化调度问题中，特别是水库日优化调节中，一天不同调度时段，水库的下泄流量和下游水位会有所不同，这将导致引航道口门区的流场分布情况也会有所不同。因此，针对某一时段内，不同时间，不同 ds 时的考虑流速的通航能力 NCv 的表达式为

$$NCv_t = (ds_t - ds_{t,\min}) / (ds_{T_n,\max} - ds_{T_n,\min}) \tag{5-10}$$

式中：t 为时段序号，$t \in [1, T_n]$；ds_t 为第 t 时段的引航道口门区安全距离；$ds_{T_n,\min}$ 和 $ds_{T_n,\max}$ 分别为最小通航流量和最大通航流量下的引航道口门区安全距离值；NCv_t 为第 t 时段的考虑流速的通航能力，$NCv_t \in [0, 1]$。

考虑流速的通航能力 NCv 可以用上面的方法进行评价和量化，NCv 值越大，引航道的通航能力越大。

3. 通航能力流速水位综合评价法

影响通航的水力要素有很多，不仅仅是流速和流场情况，水位的变化对船舶通航的安全性也有一定的影响。因此，在本节提出的通航能力流速评价法的基础上，本节又提出了一种考虑流速和水位对通航能力综合影响的评价方法。

此通航能力流速水位综合评价法，也是以 5.1.1 小节中的二维水动力模型模拟结果为基础的，同时提取模拟结果中的航道流速和水位数据，针对流速和水位两个水力要素对通航能力进行评价和量化。

1）考虑水位的通航能力 NCl

水库日调节调度产生的非恒定流会使船舶在航行过程中上下颠簸，特别是在枯水期，如果水库调节不当，会使下游水位过低，低于船舶可以航行的安全水位，便会产生船舶搁浅等问题。因此，河道水位小时变幅是另一个水库船舶通航的重要评价指标，水位小时变幅越小，船舶越容易通过引航道口门区，通航能力也越高。

通过水动力学模型的求解，可以得到水库不同运行工况下，河道不同离散断面的水位值和变化情况，从而可以到只考虑水位变化影响下的船舶航行能力 NCl。NCl 的表达式为

$$NCl_t = \frac{1}{CS} \sum_{j=1}^{CS} \left(1 - \left| \frac{Z_{t,j} - Z_{t-1,j}}{\Delta Z_{h,\lim}} \right| \right) \tag{5-11}$$

式中：NCl_t 为第 t 时段的考虑水位变幅的通航能力，$NCl_t \in [0, 1]$；j 为河道水力学模型中离散断面的序号数，$j \in [1, CS]$；CS 为河道水力学模型离散断面的总数量；$Z_{t,j}$ 为第 t 时段，第 j 个离散断面的水位值；$\Delta Z_{h,\lim}$ 是水位小时变幅的最大限制值。

2）考虑流速和水位综合影响的通航能力 NC

两个不同的水力要素对通航能力的影响程度是不同的，因此为了综合考虑他们对通航能力的评估和量化，引入权重影响因子，对其进行评价。最后，根据实例中具体水库河道的水力学模拟结果，分析流速和水位变幅对船舶的影响程度，确定权重影响因子的具体值。因此，考虑流速和水位综合影响的通航能力 NC 的表达式为

$$NC = \omega_v \times NCv + \omega_l \times NCl \tag{5-12}$$

$$\omega_v + \omega_l = 1 \tag{5-13}$$

式中：NC 为 T_n 时段内的考虑流速和水位综合影响的通航能力；NCl 为 T_n 时段内的考虑水位的平均通航能力；NCv 为 T_n 时段内的考虑流速的平均通航能力；ω_v 和 ω_l 分别为 NCv 和 NCl 对 NC 的权重影响因子。

为了让通航能力 NC 的表达式，同时结合 NCv[式（5-10）]和 NCl[式（5-11）]，本小节将前面提出的 NCv 表达式进一步推到，使其能和 NCl 的表达式更好地结合，让 NCv 和 NCl 对通航能力的评估值都处于一个范围之间，而且表达形式相接近。推到过的考虑流速的通航能力 NCv'_t 的表达式为

$$NCv'_t = \frac{1}{Dc} ds(Qx_t, d_{ship}) \tag{5-14}$$

式中：Qx_t 为第 t 时段的水库下泄流量；d_{ship} 为船舶的长度；NCv'_t 为改进后的第 t 时段的考虑流速的通航能力，$NCv'_t \in [0,1]$；Dc 为引航道口门区的宽度。

则 NCv 和 NCl 的表达式可以写为

$$NCv' = \frac{1}{T_n} \sum_{t=1}^{T_n} \left[\frac{1}{Dc} ds(Qx_t, d_{ship}) \right] \tag{5-15}$$

$$NCl = \frac{1}{CS} \frac{1}{(T_n-1)} \sum_{j=1}^{CS} \sum_{t=2}^{T_n} \left(1 - \left| \frac{Z_{t,j} - Z_{t-1,j}}{\Delta Z_{h,\lim}} \right| \right) \tag{5-16}$$

5.2　水库发电–通航多目标优化调度

水库短期发电优化调度是实现清洁能源有效开发利用的关键任务，属于"以水定电"模式。这类问题的前提条件通常是已知预报径流流量，已知水库调度期初、末水位，模型的发电目标一般为总发电量最大、发电效益最大或者电网调峰效益最大，再基于水文预报结果，考虑水量平衡，水位、流量、出力等约束，根据电站实际需求和各方面效益的需求，制订短期发电计划[12]。由于大型水利枢纽在防洪、发电、灌溉、生态调节和船舶通航等方面具有重要地位，水库以往针对单目标调度的研究也向着多目标协调优化调度的研究转变。多目标问题一般没有最优解，多目标问题的求解结果通常为一个由多个互相无法支配的解所构成的解集，这个解集便可反映多个目标之间的复杂关系。

水库短期发电调度是一个动态的、非线性的优化问题，如何对其进行高效的求解是中外研究学者重点研究的内容。水库优化调度问题的求解一般有两类解决方法，一类是运筹学方法，例如动态规划，它可将水库非线性的优化问题，分解为多阶段的优化问题，寻找全局最优决策。但随着水库数目的增加，决策变量数量的增加，调度周期的变长，这类方法的计算时间会呈指数增长，无法满足电站短期实时调控的需求。另一类方法是智能优化算法，该算法不受初始解的限制，可以得到较为满意的最优解。多目标非支配排序遗传算法（non-dominated sorting genetic algorithm-II，NSGA-II）[13]、多目标差分进

化（multi-objctive differential evolution，MODE）算法[14]等算法已经被广泛应用于水库多目标优化调度的问题中，取得了良好的优化结果，并且为水库运行人员提供了可行的调度运行方案。

本节根据 5.1 节提出的通航能力的评价方法，构建通航能力目标表达式，建立以总发电量最大、通航能力最大为目标，考虑发电约束和通航水力约束的水库多目标优化模型，并根据不同的通航能力评价法，建立其对比模型。分析不同多目标优化算法的优缺点，选取合适的算法对建立的水库模型进行求解，构建耦合水力学模拟和水库调度优化的模型及其求解框架。

5.2.1 水库短期发电–通航模型

水电站发电–通航短期优化调度，一般是以日为调度周期，将调度周期分为 96 个时段（15 min 为计算时长）或者 12 个时段（1 h 为计算时长），根据水库的初、末水位和入库径流流量情况，考虑水位库容、机组出力、通航需求、水量平衡等约束，分析发电经济效益和通航能力两个目标，建立水库调度优化模型，进而得到合理的水库调度方案以满足水库的多方面需求，得出发电效益和通航效益两者之间的关系，最大限度地提高水库的综合效益。

发电和通航是本节的两个目标，在建立模型时，需要使用一个共同的变量来对目标函数进行表示。一方面，期望在水库操作期间能获得更大的发电量以满足电力需求，而电站的发电量与发电流量 Q_t 直接相关，与下泄流量 Qx_t 有间接关系。另一方面，水库下游的通航能力与下游引航道口门区的安全距离 ds 有关，安全距离是代表通航能力的参数，与下泄流量 Qx_t 直接相关。因此，下泄流量 Qx_t 被用作短期水库发电–通航联合经济运行模型中，同时影响发电目标和通航目标的变量。模型选取 1 h 作为计算时长，决策变量为一天 24 h 内的水库上游水位 Z_t，未来水位是关于初始水位 $Z(1)$ 和决策水位 $\{Z_t | t = 2, \cdots, T\}$ 的函数[15]。

水库短期发电调度的优化是水库水位过程或者下泄流量过程的优化，而通航调度的优化，是依托于河道水力学模拟的结果，分析流速情况和水位变化对船舶的影响，进而对下泄流量过程或者水位过程进行优化。不同的水库发电调度过程，会使得水力学模型得到不同的模拟结果，所引起的水位变化情况和流场变化情况也会不同，直接影响船舶通航能力。相反，水力学模型所得到的模拟结果，会作为通航能力评价的重要依据，进而影响到水库的运行方案和水位过程。因此，本小节将水库不同下泄流量工况下的河道二维水力学模型模拟结果（水位变化情况和流场情况）输出到水库多目标优化调度模型中去，并作为模型中不同工况下通航目标值的输入，实现水力学模型和水库优化调度模型的耦合，然后再进行水库发电–通航多目标优化调度模型的求解。

5.1.2 小节提出的通航能力评价方法还需要和现在已有的其他评价方法进行对比分析。因此，本节使用通航能力流速评价法构建了水库发电–下游通航能力多目标优化模型，并同时使用水位方差、流量振幅变化两个已有的评价方法，构建同样的优化模型，进行求解和对比分析，以验证前文提出评价方法的正确性和有效性。另外，本节还使用通航能力流速水位综合评价法构建了水库发电-上、下游通航能力多目标优化模型，以探究三个目标（发电效益、上游通航效益、下游通航效益）之间的关系。

基于以上条件，本节对水库发电-通航多目标优化模型进行研究。

1. 目标函数

1）水库总发电量最大

短期发电计划的制订，通常是在给定初、末水位，并且已知各个时段内水库的入库径流情况下，制订水库各个时段流量分配的发电计划，属于"以水定电"问题，因此水库总发电量最大目标函数的计算公式为[16]

$$\max E = \sum_{t=1}^{T} N_t \left(Q_t, H_t \right) \cdot \Delta t, \quad t \in [1, T] \tag{5-17}$$

式中：t 为时段序号；Δt 为每个时段的时间长度；T 为水库调度周期内的时间段总数；E 为水库调度周期内的总发电量；Q_t 为第 t 时段的发电流量；H_t 为第 t 时段的出力水头；N_t 为水库第 t 时段的出力。

2）水库下游考虑流速的通航能力最大

根据 5.1.2 小节提出的考虑流速的通航能力评估法，通航能力与水库引航道口门区的安全距离有关，安全距离的大小和水库的下泄流量的大小直接相关。因此，5.1.2 小节提出的通航能力流速评价法，可以计算出不同通航期的考虑流速的通航能力值，使水库日优化运行后的考虑流速的总通航能力最大化，其计算公式为

$$\max \mathrm{NCv}^{\mathrm{down}} = \sum_{t=1}^{T_n} \mathrm{NCv}_t^{\mathrm{down}} (\mathrm{Qx}_t), \quad t \in [1, T_n] \tag{5-18}$$

式中：T_n 为水库通航的时段；Qx_t 为第 t 时段的水库下泄流量；$\mathrm{NCv}^{\mathrm{down}}$ 表示通航调度周期 T_n 内水库下游考虑流速的总通航能力；$\mathrm{NCv}_t^{\mathrm{down}}$ 为第 t 时段的水库下游考虑流速的通航能力，它是水库该时段下泄流量 Qx_t 的函数。

3）水库下游流量振幅变化最小

水库下游河道的通航能力可以由水库下游下泄流量的振幅变化来表示。研究表明，下泄流量单位时间内变幅越大，导致下游河流的波峰就会越大，水库下游河段的通航环境越恶劣，通航能力越差，并直接影响码头安全作业和船舶航行。因此，使用该流量振幅评价法来表示下游通航能力最大的表达式为

$$\min \mathrm{NCq}^{\mathrm{down}} = \sum_{t=1}^{T_n} \left| \mathrm{Qx}_t - \mathrm{Qx}_{t-1} \right|, \quad t \in [1, T_n] \tag{5-19}$$

式中：$\mathrm{NCq}^{\mathrm{down}}$ 为水库在通航周期 T_n 内，考虑水库下游流量振幅的通航能力，它是水库该时段下泄流量 Qx_t 的函数。

4）水库下游水位方差最小

水库下游河道的通航能力还可以由水库下游的水位方差来表示。下游水位方差越大，意味着水位变化幅度越大，水库下游河段的通航环境越恶劣，船舶通航越不稳定。因此，使用该水位方差评价法来表示下游通航能力最大的表达式为

$$\min \mathrm{NCw^{down}} = \frac{1}{T_n} \sum_{t=1}^{T_n} (Z_t^{down} - \overline{Z^{down}})^2 \qquad (5\text{-}20)$$

式中：$\mathrm{NCw^{down}}$ 为水库在通航周期 T_n 内，考虑水库下游水位的方差的通航能力；Z_t^{down} 为第 t 时段的水库下游水位；$\overline{Z^{down}}$ 表示通航调度周期 T_n 内水库下游水位的平均值。

5）下游考虑流速和水位综合影响的通航能力最大

根据前文提出的通航能力流速水位综合评价法，考虑流速和水位综合影响的下游通航能力最大的表达式为

$$\max \mathrm{NC^{down}} = \omega_v \frac{1}{T_n} \sum_{t=1}^{T_n} \frac{\mathrm{ds}(Qx_t, d_{ship})}{Dc} + \omega_l \frac{1}{\mathrm{CS^{down}}(T_n-1)} \sum_{j=1}^{\mathrm{CS^{down}}} \sum_{t=2}^{T_n} \left(1 - \left|\frac{Z_{t,j}^{down} - Z_{t-1,j}^{down}}{\Delta Z_{h,lim}}\right|\right) \qquad (5\text{-}21)$$

式中：$\mathrm{CS^{down}}=9$；$Dc=57 \text{ m}$；$\omega_v=0.95$；$\omega_l=0.05$。

6）上游考虑流速和水位综合影响的通航能力最大

根据前文提出的通航能力流速水位综合评价法，考虑流速和水位综合影响的上游通航能力最大的表达式为

$$\max \mathrm{NC^{up}} = \frac{1}{\mathrm{CS^{up}}} \frac{1}{(T_n-1)} \sum_{j=1}^{\mathrm{CS^{up}}} \sum_{t=2}^{T_n} \left(1 - \left|\frac{Z_{t,j}^{down} - Z_{t-1,j}^{down}}{\Delta Z_{h,lim}}\right|\right) \qquad (5\text{-}22)$$

式中：$\mathrm{CS^{up}}=9$；$\Delta Z_{h,lim}=1.5 \text{ m/h}$。

根据上面的 6 个目标函数，建立 5 个模型，模型的具体情况如表 5-2。其中，模型一从流速的角度对通航能力进行评估；模型二和模型三使用了现有的通航评估方法，分别从流量振幅和水位方差两个角度对通航能力进行评估，并和模型一进行比较和分析，以验证模型一及 5.1.2 小节提出的通航能力评价法的合理性和有效性；模型四是单目标优化模型，也是为了和模型一进行比较，证明在考虑水库发电效益的同时，模型一具有更好的通航效益；模型五有 3 个目标，可以探究水库上、下游通航能力和发电量之间的关系，同时也更全面地考虑了通航能力的影响因素。

表 5-2　水库短期发电-通航模型

模型	目标数目	目标	公式	求解方法
模型一	2	水库下游考虑流速的通航能力最大	式（5-18）	NSGA-II
		水库总发电量最大	式（5-17）	
模型二	2	水库下游流量振幅变化最小	式（5-19）	NSGA-II
		水库总发电量最大	式（5-17）	
模型三	2	水库下游水位方差最小	式（5-20）	NSGA-II
		水库总发电量最大	式（5-17）	
模型四	1	水库总发电量最大	式（5-17）	GA
模型五	3	下游考虑流速和水位综合影响的通航能力最大	式（5-21）	SPEA2
		上游考虑流速和水位综合影响的通航能力最大	式（5-22）	
		水库总发电量最大	式（5-17）	

GA（genetic algorithm）是遗传算法，SPEA2（strength pareto evolutionary algorithm 2）是增强 Pareto 进化算法[17]

2. 约束条件

1）水量平衡约束

$$V_t = V_{t-1} + (I_t - \mathrm{Qx}_t) \cdot \Delta t, \quad t \in [1, T] \tag{5-23}$$

式中：V_{t-1} 为水库在 t 时段的初库容；V_t 为水库在 t 时段的末库容；I_t 为水库在 t 时段的平均入库流量。

2）上游水位约束

$$Z_t^{\min} \leqslant Z_t \leqslant Z_t^{\max} \tag{5-24}$$

式中：Z_t 为水库在 t 时段的上游水位；$Z_t^{\max}$ 为水库在 t 时段的最大上游水位约束；$Z_t^{\min}$ 为水库在 t 时段的最小上游水位约束。

3）下泄流量约束

$$\mathrm{Qx}_t^{\min} \leqslant \mathrm{Qx}_t \leqslant \mathrm{Qx}_t^{\max} \tag{5-25}$$

式中：Qx_t 为水库在 t 时段下泄流量；$\mathrm{Qx}_t^{\max}$ 和 $\mathrm{Qx}_t^{\min}$ 分别为水库在 t 时段的最大和最小下泄流量。

4）出力约束

$$N^{\min} \leqslant N_t \leqslant N^{\max} \tag{5-26}$$

式中：N_t 为水电站在 t 时段的平均出力；$N^{\max}$ 和 $N^{\min}$ 分别为水电站在 t 时段的最大和最小出力。

5）末水位控制约束

$$\begin{cases} Z_1 = Z^{\mathrm{beg}} \\ Z_{T+1} = Z^{\mathrm{end}} \end{cases} \tag{5-27}$$

式中：Z^{beg} 和 Z^{end} 分别为水库调度期内的上游初始水位和末水位。

6）下游通航水位约束

$$Z_{\min}^{\mathrm{down}} \leqslant Z_t^{\mathrm{down}} \leqslant Z_{\max}^{\mathrm{down}} \tag{5-28}$$

式中：Z_t^{down} 为水库在 t 时段的下游水位；$Z_{\min}^{\mathrm{down}}$ 为水库下游最小通航水位；$Z_{\max}^{\mathrm{down}}$ 为水库下游最大通航水位。

7）下游水位变幅约束

$$\begin{cases} \Delta Z_{t,\mathrm{h}}^{\mathrm{down}} \leqslant \Delta Z_{\mathrm{h,max}}^{\mathrm{down}} \\ \Delta Z_{\mathrm{d}}^{\mathrm{down}} \leqslant \Delta Z_{\mathrm{d,max}}^{\mathrm{down}} \end{cases} \tag{5-29}$$

其中

$$\Delta Z_{t,\mathrm{h}}^{\mathrm{down}} = Z_t^{\mathrm{down}} - Z_{t-1}^{\mathrm{down}} \tag{5-30}$$

$$\Delta Z_d^{\mathrm{down}} = \max Z_t^{\mathrm{down}} - \min Z_t^{\mathrm{down}} \tag{5-31}$$

式中：$\Delta Z_{t,\mathrm{h}}^{\mathrm{down}}$ 为水库在 t 时段的下游水位小时变幅；$\Delta Z_{\mathrm{h,max}}^{\mathrm{down}}$ 为水库下游允许的最大水位小时变幅；$\Delta Z_{\mathrm{d}}^{\mathrm{down}}$ 为水库下游水位日变幅；$\Delta Z_{\mathrm{h,max}}^{\mathrm{down}}$ 为水库下游允许的最大水位日变幅；$\max Z_t^{\mathrm{down}}$ 和 $\min Z_t^{\mathrm{down}}$ 分别为一天内，水库下游最大和最小的水位。

5.2.2 模型求解算法和求解步骤

5.2.1 小节中建立的水库短期发电-通航模型是一个具有两个或者三个目标的多目标模型、具有非线性和多目标特性，需要使用一种高效的多目标智能优化算法，才能求解得到满足所有目标的最优解。本节首先介绍多目标问题的基本概念和本节选取的多目标优化算法，并利用多目标优化算法构建水库短期发电-通航模型的求解框架。

1. 多目标问题基本概念

1）多目标优化问题

多目标优化问题是一类求解 D 个决策变量参数，使得 $M(M \geq 2)$ 个目标函数在多个约束条件下达到最大或者最小化的问题，该问题可以被表示为

目标函数：
$$\min Y = f(x) = [f_1(x), f_2(x), \cdots, f_i(x), \cdots, f_M(x)] \tag{5-32}$$

约束条件：
$$g_i(x) \leq 0, \quad i = 1, 2, \cdots, m \tag{5-33}$$
$$h_j(x) = 0, \quad j = 1, 2, \cdots, n \tag{5-34}$$

决策变量：
$$\boldsymbol{X} = [x_1, x_2, \cdots, x_d, \cdots, x_D] \tag{5-35}$$
$$x_{\min} \leq x_d \leq x_{\max}, \quad d = 1, 2, \cdots, D \tag{5-36}$$

式中：X 为决策向量形成的决策空间；Y 为目标向量形成的目标空间；x 为多目标问题中的决策向量；$f_i(x)$ 为第 i 个目标函数，是决策变量 x 的函数；M 为优化目标的总数；$g_i(x) \leq 0$ 为第 i 个不等式约束；$h_j(x) = 0$ 为第 j 个等式约束；$x_{\min}$ 和 $x_{\max}$ 为 x 最小值和最大值。

因此该问题即是，在 X 决策空间中，寻找到一个最优解 $\boldsymbol{X}^* = [x_1^*, x_2^*, \cdots, x_D^*]$，使得目标函数 $f(x) = [f_1(x), f_2(x), \cdots, f_M(x)]$ 达到最小化或者最大化的问题。

2）支配关系

在多目标优化问题中，支配关系被用于描述不同可行解之间的关系。其中 $f(x)$ 的支配关系与 x 的支配关系是一致的。如果有两个可行解 x_i 和 x_j，当同时满足以下两个条件时，可行解 x_i 可以被定义为能够支配可行解 x_j。

（1）针对所有目标，可行解 x_i 不比可行解 x_j 差。

（2）针对至少一个优化目标，可行解 x_i 比可行解 x_j 更好。例如：若 x_3 是搜索空间中一点，当且仅当不存在 x（在搜索空间可行性域 X 中）使得 $f_n(x) \leq f_n(x_3)$，$n = 1, 2, \cdots, D$ 成立，则 x_3 为不被其他任何的解所支配，x_3 也可以被定义为非劣解。

3）非劣解集和 Pareto 前沿面

多目标优化问题不存在唯一确定的解使得所有目标都达到最优，而通常会得到一个非支配的解集，又叫非劣解集或 Pareto 最优解集。

如果解 x_i 没有被其他解支配，那么解 x_i 就是多目标非劣解集中的一个解，也叫作 Pareto 最优解。那么由问题中所有非支配解构成的集合，就是非劣解集。Pareto 最优解是不被可行解集中的任何解支配的解。

2. 多目标优化算法

多目标进化算法（multi-objective evolutionary algorithm，MOEA）是一类模拟生物进化机制而形成的全局性概率优化搜索方法，在 20 世纪 90 年代中期开始迅速发展，其发展可以分为两个阶段。第一阶段主要有两种方法即不基于 Pareto 优化的方法和基于 Pareto 优化的方法；第二个阶段就是在此基础上提出了新概念——外部档案集，外部档案集存放的是当前代的所有非支配个体，从而使解集保持较好的分布度。这个时期提出的多目标进化算法更多地强调算法的效率和有效性。在这两个阶段中，比较典型的多目标进化算法有 NSGA-II 和 SPEA2[18]。对于这两种算法而言，其优点较多但是其缺点也比较明显的。如 NSGA-II 的优点在于运行效率高、解集有良好的分布性，特别对于低维优化问题具有较好的表现；其缺点在于在高维问题中解集过程具有缺陷，解集的多样性不理想。SPEA2 的优点在于可以取得一个分布度很好的解集，特别是在高维问题的求解上，但是其聚类过程保持多样性耗时较长，运行效率不高。多目标进化算法的基本原理描述如下。

多目标进化算法从一组随机生成的种群出发，通过对种群执行选择、交叉和变异等进化操作，经过多代进化，种群中个体的适应度不断提高，从而逐步逼近多目标优化问题的 Pareto 最优解集。与单目标进化算法不同，多目标进化算法具有特殊的适应度评价机制。为了充分发挥进化算法的群体搜索优势，大多数 MOEA 均采用基于 Pareto 排序的适应度评价方法。在实际应用中，为使算法更好地收敛到多目标优化问题的 Pareto 最优解，现有的 MOEA 通常还采用了精英策略、小生境和设置外部档案集等关键技术。目前，该方面的研究取得了大量成果，已被应用于许多领域，如工程领域、工业领域和科学领域。其中，工程领域的应用最多，如电子工程、水利工程、风电工程和控制等。针对 5.2.1 小节提出的模型一至模型四，采用了具有代表性的两个多目标算法：NSGA-II 和 SPEA2。

1）NSGA-II 算法

NSGA-II 是 Deb[13]于 2002 年在 NSGA 的基础上提出的，它比 NSGA 算法更加优越：它采用了快速非支配排序算法，计算复杂度比 NSGA 大大降低；采用了拥挤度和拥挤度比较算子，代替了需要指定的共享半径 shareQ，并在快速排序后的同级比较中作为胜出标准，使准 Pareto 域中的个体能扩展到整个 Pareto 域，并均匀分布，保持了种群的多样性；引入了精英策略，扩大了采样空间，防止最佳个体的丢失，提高了算法的运算速度和鲁棒性。

NSGA-II 就是在第一代非支配排序遗传算法的基础上改进而来，其改进主要是针对如上所述的三个方面。

（1）提出了快速非支配排序算法，一方面降低了计算的复杂度，另一方面它将父代种群跟子代种群进行合并，使得下一代的种群从双倍的空间中进行选取，从而保留了最为优秀的所有个体。

（2）引进精英策略，保证某些优良的种群个体在进化过程中不会被丢弃，从而提高了优化结果的精度。

（3）采用拥挤度和拥挤度比较算子，不但克服了 NSGA 中需要人为指定共享参数的缺陷，而且将其作为种群中个体间的比较标准，使得准 Pareto 域中的个体能均匀地扩展到整个 Pareto 域，保证了种群的多样性。

2）SPEA2

SPEA2 是 Zitzler 等提出的一种多目标优化算法。相对于 NSGA-II，它的稳定性更强，并且具有相对分散的解集。它是基于精英策略的多目标进化算法，用于解决具有三个目标的多目标优化问题。SPEA2[19]主要有以下两个特点。

（1）SPEA2 采用基于均匀分布的参考点选择来达到这一目的，使得种群保持较好的分布性。基于参考点的非支配排序操作在目标高维的优化问题上求解效果要明显优于拥挤距离选择操作。

（2）SPEA2 确保了外部种群的容量保持不变，当竞争筛选出来的非支配个体数量超出了外部种群容量时，算法便对选出来的个体进行删除，以确保外部种群维持在一个固定的容量。SPEA2 算法使用了考虑个体密度的删除策略，更大概率地删减高密度区域的个体，更大概率地保存低密度区域的个体，这种方法可以使算法获得分布性更好的非劣解集。

5.2.3　水库多目标模型求解框架

1. 模型一至模型三的算法和求解框架

模型一、模型二和模型三都是两个目标的多目标模型。针对求解低维优化问题，选取运行效率高的 NSGA-II 较好。模型一、模型二、模型三和模型四还需要进行结果对比，以验证模型一中通航能力流速评价法的有效性和合理性。因此，模型一、模型二和模型三采用相同的算法——NSGA-II，模型四则采用 GA。

结合通航能力流速评价法和 NSGA-II，模型一的多目标水库优化调度模型的流程图如图 5-2，其步骤如下。

步骤 1：建立水库下游二维水动力模型。通过数值模拟计算出不同下泄流量下的引航道口门区安全距离 ds。

步骤 2：初始化 NSGA-II 的相关参数，包括种群数量 N_{pop}，最大迭代次数 K 等，在这步中迭代次数被设置为 $k=1$。

步骤 3：确定初始种群，产生一系列满足水位约束的种群个体。

步骤 4：在步骤 1 的基础上，分别计算发电和通航能力两个目标的个体的适应值。

步骤 5：根据步骤 2 中的参数设置，对第一代种群个体依次进行交叉和变异，以获得新一代的后代种群。

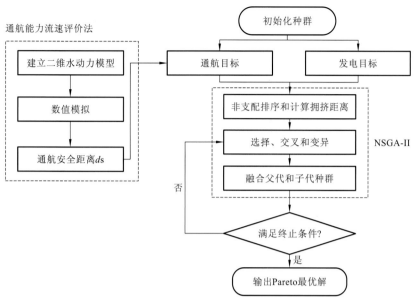

图 5-2　模型一求解流程图

步骤 6：对新种群进行非支配排序，并对排序后的解进行拥挤距离计算，这样每个个体就拥有了非支配排序顺序值和拥挤度两个特征参数。最后，对新合并的个体进行选择。其中，在选择过程中，当两个个体的顺序值不同时，优先选择顺序值较低的个体；在比较两个具有相同顺序值的个体时，首先选择拥挤度较大的个体。按照这个原则选择出 N_{pop} 个个体，组成新的种群。最后，合并父代种群和子代种群。

步骤 7：判断是否满足终止迭代条件，如果 $k < K$，直接输出 Pareto 最优解集；否则，使得 $k = k+1$ 重复步骤 5 和步骤 6，直到满足终止条件。

模型二和模型三也在上面算法和求解步骤的基础上进行求解，只是他们模型中不需要进行步骤 1，并且他们的通航能力目标函数，按照式（5-19）和式（5-20）进行构建。

2. 模型五的算法和求解框架

因为模型五具有三个目标函数，NSGA-II 不适用于求解这类多维优化问题。因此，该模型采用 SPEA2 进行求解。

结合通航能力流速水位综合评价法和 SPEA2，模型五的多目标水库优化模型的流程图如图 5-3，其步骤如下。

步骤 1：建立两个水力学模型（上游水力模型和下游水力模型），流量条件作为模型的上边界，水位条件作为模型的下边界，基于数值模拟的结果，便可求出不同运行条件下，上游、下游航道的通航能力。

步骤 2：确定权重系数。ω_v 和 ω_l 的值取决于流速和水位对于通航能力的影响程度，通过步骤 1 的数值模拟结果，便可确定 ω_v 和 ω_l 的具体值，如果河段出现较大的流速，那么流速就是主要影响通航能力的因素，ω_v 值便会比 ω_l 值大。相反，如果没有出现较大流速，那么水位变化便是通航能力的主要影响因素，ω_l 值便会比 ω_v 值大。

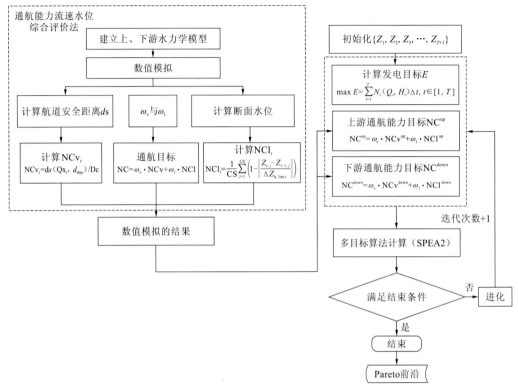

图 5-3　模型五求解流程图

步骤 3：确定通航能力目标函数。在步骤 1 中可以得到不同流量情况下的 NCv 和 NCl 的值，在步骤 2 中可以得到 ω_v 和 ω_l 的值，然后可根据式（5-21）和式（5-22）得到上、下游通航能力的目标函数。

步骤 4：初始化参数。根据上游水位的水位约束，一系列的初始种群（上游水位 $\{Z_1^{up}, Z_2^{up}, Z_3^{up}, \cdots, Z_{T+1}^{up}\}$）在算法中被随机初始化。另外，SPEA2 的参数也被初始化，如种群数量、交叉率、变异率等。

步骤 5：使用 SPEA2 对多目标优化模型进行求解。

步骤 6：算法运算结束后，输出最后的优化结果。

因为模型五中关于遗传选择，交叉和变异及迭代终止的步骤，与模型一相同，因此这里省略了这几个步骤的介绍。

5.3　实例分析：向家坝水库多目标优化调度

向家坝是金沙江梯级水电站的最后一级，其主要功能是发电，同时兼顾航运。向家坝河道的水流条件较为复杂，涉及众多的关键技术问题，包括水库上、下游引航道口门区的通航与水库发电优化调度等关键技术问题。探究向家坝水库发电运行对通航的影响，对于提高水库发电经济效益和通航效益均十分重要，对开发金沙江航运潜能，促进西南地区社会经济发展具有十分重要的意义。

因此，根据向家坝水电站引航道水流特点，采用二维平面非恒定流水动力模型，分别模拟向家坝水库在不同运行方式下上游和下游引航道口门区的水流条件。另外，本节还将分析多个向家坝水库发电-通航调度模型的计算结果，通过对比已有的通航能力评价方法，分析 5.1.2 小节中提出的通航能力评价法的合理性和有效性，并探讨发电效益和通航效益之间的相关关系，为实际水库发电运行决策和船舶安全出入上下游航道提供建议。

5.3.1　向家坝水库水利工程概况

为验证通航能力的评估和量化方法的合理性和有效性，本节针对向家坝水电站进行实例研究和分析。

向家坝的日常通航时间为上午 8:00 到下午 18:00，实例分析中的时间间隔为 1 h。上游水库的初、末水位都设定为 379.5 m，上游入库流量设定为每小时 5 000 m³/s，研究船舶型号为 1 000 t 级的货船，船舶尺度为 85.0 m×10.8 m×2.0 m（长×宽×吃水深度）。本节只考虑向家坝单线通航的情况，因此根据《内河通航标准》（GB 139—2014），对于选取的研究船型，河流航道的宽度需大于 30 m。

1. 向家坝水电站基本情况

向家坝水电站位于云南省，是金沙江水电基地最后一级水电站，是一座以发电为主，兼顾通航、防洪、拦沙、灌溉及生态保持等综合效益的水利枢纽。电站多年平均发电量 308.80 亿 kW·h，是我国"西电东输"工程项目主要电力供应源。电站装有 8 台 800 MW 的水轮机，左岸厂房和右岸厂房各安置 4 台水轮机。左岸水轮机距引航道口门区域约 900 m，每台水轮机组间距为 36 m。右岸水轮机距引航道口门区域约 1 300 m，各水轮机组间距约 39 m。向家坝的水轮机分布情况如图 5-4 所示。

图 5-4　向家坝地理位置和水轮机分布情况示意图

同时向家坝也具有较强的船舶通航能力，拥有较大规模的升船机，使得船舶过坝具有较高的效率，千吨级船舶过坝只需 15 min。向家坝的主要工程参数和通航条件分别见

表 5-3 和表 5-4。

表 5-3　向家坝水电站主要工程参数

工程参数	数值	工程参数	数值
船闸等级	IV	下游最低水位/m	265.8
正常蓄水位/m	380	装机容量/万 kW	640
死水位/m	370	最小发电量/万 kW	180
下游最高水位/m	277.25		

表 5-4　向家坝通航条件

通航条件	数值	通航条件	数值
水位最大日变幅/(m/d)	4.5	最大回流流速/(m/s)	0.4
水位最大小时变幅/(m/h)	1.5	最小通航流量/(m³/s)	1 200
最大纵向流速/(m/s)	2.0	最大通航流量/(m³/s)	12 000
最大横向流速/(m/s)/m	0.3		

2. 向家坝引航道的研究区域

然而，由于向家坝水电站的日常运行，船舶上下行出现了操纵困难的问题，船舶通过引航道口门区时要注意避免堤头附近的横流对船舶航行的影响。因此，需要对向家坝上、下游的引航道口门区进行研究和研究区域的选取。

引航道口门区是指分水堤头部以外，引航道和主航道交汇的一部分区域，长度应是通航拖带船队长度的 1.0～1.5 倍，顶推船队长度的 2.0～2.5 倍。向家坝通航运输的船队一般是 2×500 t 级一顶二的驳船队，船队尺度为 111.00 m×10.80 m×1.60 m（长×宽×吃水深），通航单船一般是 1000 t 级机动货船，单船尺度为 85.0 m×10.8 m×2.0 m（长×宽×吃水深）。向家坝船闸闸室的长度为 125 m，即其船队计算长度约为 120 m，因此引航道口门区长度范围为 85～275 m，上、下游引航道宽度分别取 20 m 和 60 m。向家坝水电站枢纽工程设有 12 个表孔、10 个中孔用于泄洪。

最终，选取的上游模型研究区域长度 120 m，宽度 20 m；下游、上游模型研究区域长度 120 m，宽度 55 m，研究区域的示意图如图 5-5 所示。

向家坝水电站上游引航道长 190 m，宽 12 m，其升船机位于大坝的下游位置，上游坝身段外未设置分水堤。下游引航道上修筑了分水堤，将引航道和下游主航道相分离，起到隔挡高速水流，保持航道流场稳定的作用，分水堤长约 793 m。其平面布置图见图 5-6。

（a）上游　　　　　　　　　　　　　　（b）下游

图 5-5　向家坝上游、下游研究区域示意图

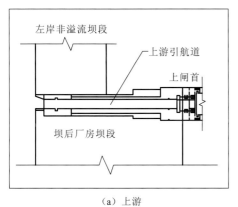 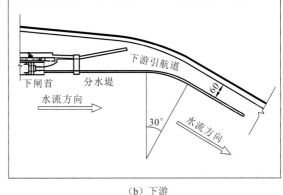

（a）上游　　　　　　　　　　　　　　（b）下游

图 5-6　向家坝上游、下游引航道平面布置图

5.3.2　向家坝水库引航道水力学模型

1. 模型参数设定

根据金沙江实测数据和向家坝水库上下游河道的地形图，使用 MIKE21 软件建立了向家坝水库上游、下游二维水动力学模型。

上游水力学模型选取的区域长 910 m，宽 590 m，模型总网格数 1227 个，网格节点数 690 个；下游水力学模型选取的区域长 400 m，宽 420 m，模型总网格数 1698 个，网格节点数 1008 个。最小网格面积为 28.46 m^2，有 287 个网格面积小于 40 m^2，占总网格数的 16.9%，模型的网格划分见图 5-7。

在模型中，水位变化数据作为模型的上游开边界输入条件，流量变化数据作为下游开边界的输入条件，分水堤和周围固定建筑物的边界都是陆地边界。为了讨论水位变化对通航能力的影响，两个模型中每个横截面间隔都为 50 m，两个模型中各设置了 9 个横截面。本模型假设不考虑风、降雨、潮汐、波浪、渗透和蒸发的影响。

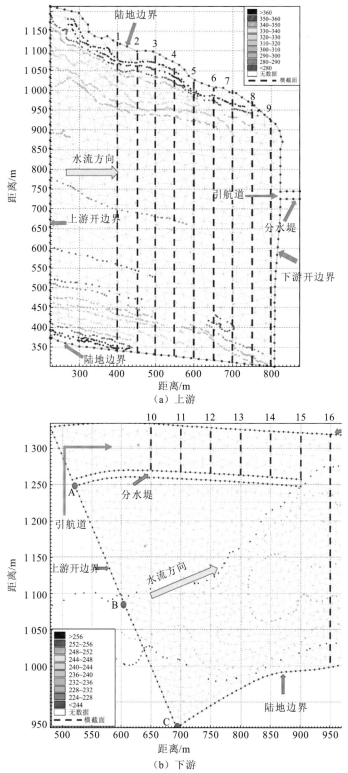

（a）上游

（b）下游

图 5-7　向家坝上游、下游模型网格划分

2. 模型率定

模型建立后，为了验证水力学模型的可靠性，通过对比向家坝水库水位库容曲线的实际数据和模型计算结果，对模型进行率定和检验，不断调整模型参数，直到模型模拟结果和实测数据的差值在一定的接受范围内，见图 5-8。

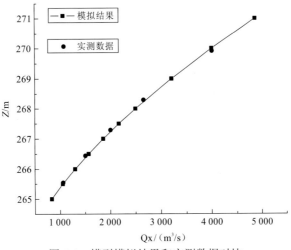

图 5-8 模型模拟结果和实测数据对比

率定结果表明，下游模型计算出的水位与实测数据基本吻合，两者之差不超过 ±0.10 m。因此，本章建立的水动力模型可以正确模拟实际河段的流场情况，为进一步探讨流场情况对通航能力的影响打下坚实的基础。

5.3.3 向家坝水库引航道水力学模拟结果

本小节针对向家坝水库引航道的流场情况分别进行了初步模拟和精细化模拟。

1. 初步模拟

为了初步研究 5.1.2 小节中提出的两种通航能力评估方法的合理性和有效性，以及确定上、下游水动力模型中流速和水位影响因素的权重因子（ω_v 和 ω_l），本小节选择了 4 个工况（两个上游模型工况和两个下游模型工况），来进行水力学模拟，工况条件如表 5-5 所示。

表 5-5 初步模拟的工况条件和模拟结果

模型	工况条件	上边界流量/ (m^3/s)	下边界水位/m	纵向流速/ (m/s)	横向流速/ (m/s)	上边界线
上游	P1	9 880	380	0.08~0.12	0.04~0.05	—
	P2	9 970	370	0.16~0.28	0.02~0.10	—
下游	P3	1 200	265.8	0.05~0.35	0.025~0.125	AC
	P4	12 000	277.25	0.50~2.00	≥0.3（局部）	AC

工况 P1 中的上游模型下边界水位为 380 m，这是向家坝常年正常的蓄水位（9 月至次年的 1 月，6 月），最高流量发生在 9 月，年平均流量为 9880 m³/s，因此，上游模型上边界流量设为 9880 m³/s。此外，向家坝 7～9 月的上游水位为 370 m，最高流量在 8 月，年平均流量为 9970 m³/s，根据此条件设置了工况 P2 中的上游模型下边界水位和上边界流量。最后，工况 P3 和 P4 分别选择了水库下游河段最小和最大通航流量作为下游模型上边界流量，选择水库下游最低和最高水位作为下游模型下边界水位。

根据前文选取的模型参数设置，分别构建了向家坝上游、下游两个水力学模型，并进行上述 4 个工况下的数值模拟，模拟结果如下。

（1）工况 P1 和 P2 的数值模拟结果如表 5-5、图 5-9 和图 5-10 所示。从模拟结果可以看出，向家坝上游引航道口门区的纵向速度和横向速度都满足通航要求的限制流速，由此可以推断出上游通航能力 NC^{up} 受流速的影响较小。因此，在向家坝案例中，上游的通航能力主要受水位变化的影响，根据 5.1.2 小节中提出的考虑水位的通航能力表达式（5-11），推导出此案例中向家坝上游通航能力 NC^{up} 的表达式为

$$NC^{up}=\frac{1}{CS^{up}}\frac{1}{(T_n-1)}\sum_{j=1}^{CS^{up}}\sum_{t=2}^{T_n}\left(1-\left|\frac{Z_{t,j}^{down}-Z_{t-1,j}^{down}}{\Delta Z_{h,lim}}\right|\right) \tag{5-37}$$

式中：$CS^{up}=9$；$\Delta Z_{h,lim}=1.5$ m/h。

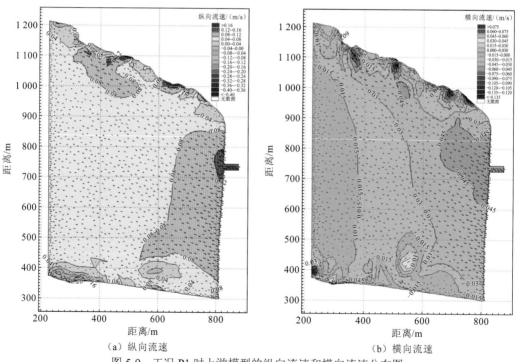

（a）纵向流速　　　　　　　　　（b）横向流速

图 5-9　工况 P1 时上游模型的纵向流速和横向流速分布图

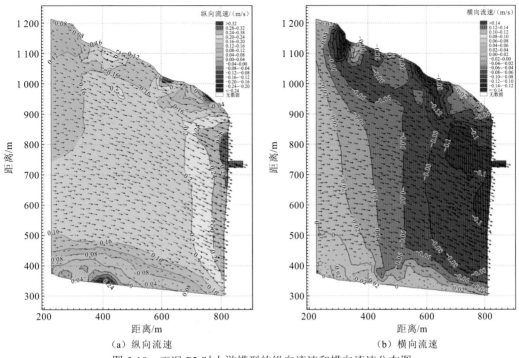

（a）纵向流速　　　　　　　　　（b）横向流速

图 5-10　工况 P2 时上游模型的纵向流速和横向流速分布图

（2）工况 P3 中，向家坝下游河道的纵向流速和横向流速都满足通航需求，没有超过最大限制值，如图 5-11 和表 5-5 中所示；工况 P4 中，下游河道的纵向流速满足通航需求，但下游引航道口门区局部出现横向流度超过了限制值 0.3 m/s 的流场情况，严重阻碍了引航道口门区的船舶通航。因此可以推断，横向流速是影响向家坝下游通航能力 NC^{down} 的最主要因素。

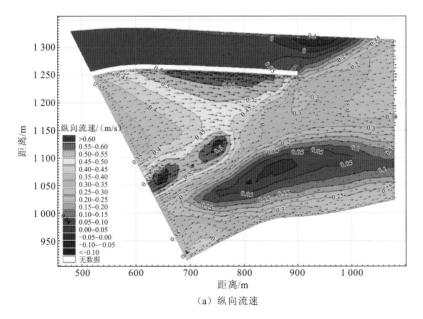

（a）纵向流速

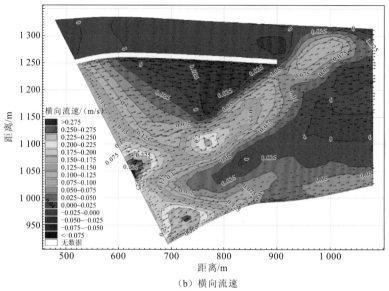

（b）横向流速

图 5-11　工况 P3 时下游模型的纵向流速和横向流速分布图

向家坝下游的通航情况，应首先考虑流速对它的影响，然后再考虑水位变化的影响。因此，在下游通航能力 NC^{down} 的表达式中，流速的权重应占较大比例（$\omega_v = 0.95$），水位变化的权重则占相对较小的比例（$\omega_l = 0.05$），根据 5.1.2 小节中提出的考虑流速和水位综合影响的通航能力表达式（5-12），推导出此案例中向家坝下游通航能力 NC^{down} 的表达式为

$$NC^{down} = \omega_v \frac{1}{T_n} \sum_{t=1}^{T_n} \left[\frac{ds(Qx_t, d_{ship})}{Dc} \right] + \omega_l \frac{1}{CS^{down}} \frac{1}{(T_n-1)} \sum_{j=1}^{CS^{down}} \sum_{t=2}^{T_n} \left(1 - \left| \frac{Z_{t,j}^{down} - Z_{t-1,j}^{down}}{\Delta Z_{h,lim}} \right| \right) \quad (5\text{-}38)$$

式中：$CS^{down} = 9$；$Dc = 57$ m；$\omega_v = 0.95$；$\omega_l = 0.05$。

（3）工况 4 中，在引航道口门区会发生一些回流现象，其下游模型回流流速分布图如图 5-12，尽管有些区域的回流速度大于回流速度限制值 0.4 m/s，但该区域面积相对较小，对船舶通航影响很小。因此，向家坝下游不考虑回流速度对通航能力的影响。

2. 精细化模拟

为了计算上游水力学模型中不同条件下的河道横断面水位值，本小节设置了 21 组实验模拟，由于篇幅限制，此处不展现每个断面的水位值，而只展现多组断面水位的平均值，如图 5-13（a）所示。根据 5.3.1 小节中设定的，向家坝水库平均每小时径流流量为 5 000 m³/s，因此上游模型的上边界流量条件都是 5 000 m³/s。上游模型的下边界水位是水库的上游水位，设置为在死水位（370 m）和正常蓄水位（380 m）之间间隔为 0.5 m 的 21 组水位值。

本小节另外设置了 23 组实验模拟，以计算下游水力学模型中不同条件下的河道横断面水位值和安全距离 ds。根据向家坝水库的水位-库容曲线，选取此组模型的上边界流量条件和下边界水位条件，安全距离和横断面平均水位的计算结果分别如表 5-6 和图 5-13（b）所示。

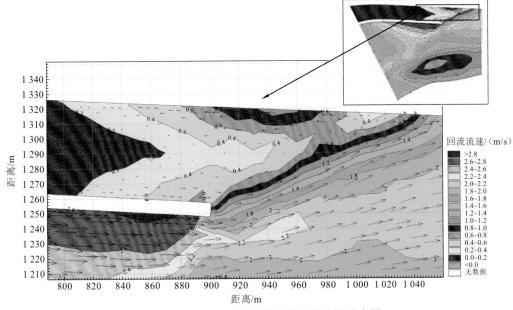

图 5-12　工况 P4 时下游模型的回流流速分布图

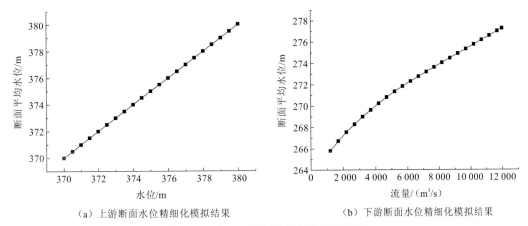

（a）上游断面水位精细化模拟结果　　　　　　（b）下游断面水位精细化模拟结果

图 5-13　上、下游河道精细化模拟结果

表 5-6　下游精细化模拟安全距离结果

编号	上边界流量 / (m³/s)	安全距离/m	考虑流速通航能力 NCv'	编号	上边界流量 / (m³/s)	安全距离/m	考虑流速通航能力 NCv'
1	1 200	57	1.00	7	4 200	32	0.56
2	1 700	57	1.00	8	4 700	29	0.51
3	2 200	57	1.00	9	5 200	26	0.46
4	2 700	57	1.00	10	5 700	23	0.40
5	3 200	57	1.00	11	6 200	21	0.37
6	3 700	57	1.00	12	6 700	20	0.35

续表

编号	上边界流量 / (m³/s)	安全距离/m	考虑流速通航能力 NCv′	编号	上边界流量 / (m³/s)	安全距离/m	考虑流速通航能力 NCv′
13	7 200	19	0.33	19	10 200	13.4	0.24
14	7 700	17	0.30	20	10 700	13.3	0.23
15	8 200	16	0.28	21	11 200	13.2	0.23
16	8 700	15	0.26	22	11 700	13.1	0.23
17	9 200	14	0.25	23	12 000	12.5	0.22
18	9 700	13.5	0.24				

为了更好地显示向家坝下游引航道口门区附近，横向流速对通航船舶的影响，以 5 700 m³/s 下泄流量的工况为例，计算得出此时下游安全距离 ds＝23 m，NCv^{down}＝0.403，引航道口门区流场分布情况如图 5-14 所示。

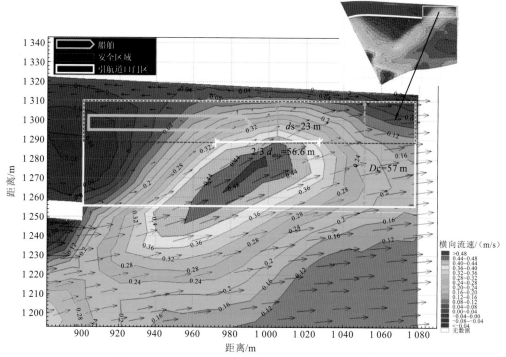

图 5-14　下游模型横向流速分布图（Qx＝5 700 m³/s）

对于实例中选取的研究船型，河流航道宽度需大于 30 m。当 ds<30 m 时，即考虑流速通航能力 NCv′<0.52 时，船舶通过下游引航道时必须更加注意安全驾驶。因此，本小节针对向家坝下游河道的通航能力，所给出的推荐可行范围为 ds≥30 m，即 NCv′≥0.52。

5.3.4　向家坝水库发电-下游通航调度模型结果

本小节根据 5.2.1 小节中建立的 4 个模型（模型一～模型四）进行求解和分析，4 个模型具体情况可参见表 5-2。通过求解向家坝水库发电-下游通航多目标优化调度模型，可以获得发电量和通航能力两者之间的对应关系，两者之间的关系可以为水库运行人员权衡发电效益和通航效益提供有效的建议。为了进一步分析这种关系的成因和机理，需要针对几个优化调度方案的水位控制过程、出力情况、通航能力情况进行详细的分析，为船舶安全通航提供保障。

1. 模型对比结果

1）模型一和模型二、模型三的结果对比

根据向家坝水电站的工程参数，建立了针对向家坝发电和下游通航效益的多目标优化模型。并且在向家坝水库的实例分析中，模型一～模型三都使用了 NSGA-II 算法进行求解，NSGA-II 算法的参数被设置为：种群数量为 50 个，迭代次数为 25 000 次，交叉率和变异率分别为 0.9 和 0.04。这里选取向家坝调度周期为一天，其中发电周期为 24 个时段，通航周期为 12 个时段，通航时间为 8:00 到 18:00，向家坝实例中的通航能力便是根据这段周期内的通航情况分析得到的。

通过 NSGA-II 算法的求解，三个模型都得到了分布性较好的 Pareto 最优前沿，这也说明 NSGA-II 算法在求解低维优化模型方面，具有较好的表现。三个模型的 Pareto 最优前沿如图 5-15。

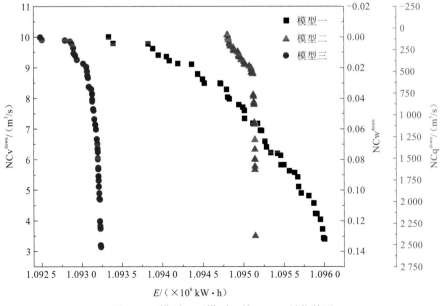

图 5-15　模型一至模型三的 Pareto 最优前沿

另一方面，为了对比验证 5.1.2 小节中提出的通航能力流速评价法的合理性和有效性，将模型一求出的 50 个优化调度方案的水位决策变量，代入考虑流量振幅的通航能力 NCq^{down} 和考虑水位方差的通航能力 NCw^{down} 的计算公式中［式（5-19）和式（5-12）］，计算出模型一不同优化调度方案的 NCq^{down} 和 NCw^{down} 值；同理，针对模型二和模型三，采用相同的方法，根据考虑流速的通航能力 NCv^{down} 的计算公式（5-18），计算出模型二和模型三各自优化调度方案的 NCv^{down} 值。

限于篇幅，这里没办法展现三个模型共 150 个优化调度方案的具体发电效益和不同评价方法下的通航能力数值。因此，这里只列出了三个模型各 50 个非支配解的发电效益和不同评价法下的通航能力值范围，见表 5-7。

表 5-7 向家坝水电站不同模型多目标优化调度解集分布

模型	NCv^{down}	NCq^{down}	NCw^{down}	发电量 $E/$（$\times 10^4$ kW·h）
模型一	3.39～10.00	160～2 379	0.000 7～0.180 7	10 933.4～10 960.0
模型二	3.51～3.70	100～2 417	—	10 947.9～10 951.4
模型三	3.34～3.70	—	0.000 2～0.137 7	10 924.8～10 932.4
模型四	3.06	1 095	0.229 7	10 965.2

分析计算出的结果可以得到以下结论。

（1）无论使用哪种通航能力评价方法，向家坝短期日总发电量与枢纽日通航能力呈负相关关系，即水库下游引航道口门区通航环境越好，船舶通航能力越大，通航效益越好，而电站总发电量越小。通航效益和发电效益具有相互制约的关系，为了提高电站日发电量，水库下游的通航能力势必会降低。反之，如果不考虑水库的通航效益，那么日总发电量也会相应提高。

（2）使用 NSGA-Ⅱ求解向家坝短期多目标优化调度模型，可以获得较好的 Pareto 前沿。但针对发电量这一目标，模型一和模型二、模型二相比，其前沿的范围更大，可以获得更大发电量的优化调度方案，这也便于让水库运行人员，综合权衡水库通航效益和发电效益两个目标，从中选择最终调度方案。

（3）模型一调度方案计算出的考虑流量振幅的通航能力指标 NCq^{down}，不如模型二调度方案中计算出的 NCq^{down} 值。但模型一和模型二，关于这一通航能力指标 NCq^{down} 值的范围非常接近；同样的，模型一调度方案计算出的考虑水位方差的通航能力 NCw^{down}，不如模型三的结果。但模型一和模型三，计算出 NCw^{down} 值的范围也非常接近。然而与之相反的是，模型二和模型三调度方案计算出的考虑流速的通航能力 NCv^{down}，却远远没有模型一的 NCv^{down} 值好。

由此可见，三个不同评估通航能力的方法都有着各自的侧重点。与现有的这两种评估方法相比，5.1.2 小节提出的基于水动力精细化模拟的通航能力流速评价法是合理而且有效的。此外，现有的两种方法，虽然考虑了流量振幅和水位方差对通航的影响，但却忽略了水库下游具体的流场情况和水流流速对航行的影响。而 5.1.2 小节提出的方法，借助水动力学对下游河道进行的精细化数值模拟，可以得到下游河段的复杂流场情况和流速分布,为水库运行人员及船舶驾驶员,提供引航道口门区的流态分布图,并且可以指出水库调度过程中,下游航道的安全行驶的区域,为船舶安全通航奠定基础。因此,5.1.2小节提出的通航能力评价法是具有合理性和有效性的。

2)模型一和模型四的结果对比

模型四是向家坝水库发电量最大的单目标优化模型,其计算结果和最优调度方案如表 5-7 和图 5-16 所示。

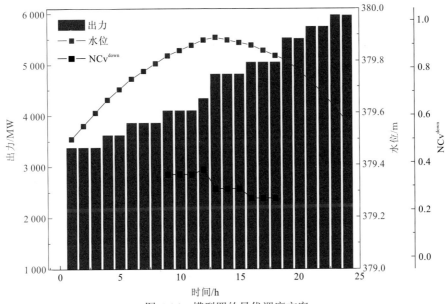

图 5-16 模型四的最优调度方案

因为模型四是单目标模型,所有只有一个最优解。与其他三个模型的比较结果表明,尽管模型四可以得到最高发电量为 $10\,965\times10^4$ kW·h 的运行方案,但是无论用哪种通航能力评价法,这个运行方案所计算出的通航能力都非常差,以考虑流速的通航能力 NCv^{down} 为例,模型四优化调度方案的通航能力如图 5-16 所示。相反,模型一可以获得适用于下游航道安全通航的水库发电调度方案,因此,建议水库操作人员使用模型一来制定考虑发电效益和通航需求的水库优化运行方案。

2. 调度方案结果

通过前文的分析和图 5-15 展示的 Pareto 优化前沿,可知向家坝水电站发电效益和通航能力之间呈现负相关关系,其 50 组最优调度方案的发电和通航目标值如表 5-8 所示。为了进一步探究两者之间的关联和相互制约的原因,本节选取模型一的三组典型调度方案,并对这三组优化运行方案的水位变化过程和电站出力的差别分别进行分析。其中,方案 1 和方案 50 分别是通航能力最小(NCv^{down}=3.399)和最大(NCv^{down}=10)的两组方案,方案 13 的通航能力值居于前两个方案之间,NCv^{down}=5.423。

表 5-8　模型一的最优调度方案

编号	调度目标		编号	调度目标		编号	调度目标	
	发电量 /($\times 10^4$ kW·h)	通航能力 NCv^{down}		发电量 /($\times 10^4$ kW·h)	通航能力 NCv^{down}		发电量 /($\times 10^4$ kW·h))	通航能力 NCv^{down}
1	10 960.01	3.399	18	10 954.59	6.137	35	10 947.17	8.474
2	10 960.01	3.399	19	10 954.20	6.196	36	10 947.13	8.489
3	10 959.91	3.432	20	10 953.36	6.225	37	10 945.18	8.490
4	10 959.78	3.726	21	10 952.82	6.408	38	10 944.95	8.618
5	10 959.52	4.038	22	10 952.63	6.594	39	10 944.36	8.782
6	10 959.09	4.229	23	10 952.22	6.943	40	10 944.35	8.789
7	10 958.91	4.230	24	10 952.07	6.951	41	10 943.61	9.105
8	10 958.72	4.568	25	10 951.74	7.177	42	10 941.93	9.130
9	10 958.71	4.569	26	10 951.16	7.179	43	10 940.88	9.221
10	10 958.11	4.811	27	10 951.16	7.179	44	10 940.53	9.353
11	10 957.16	4.900	28	10 950.14	7.335	45	10 939.54	9.404
12	10 956.83	5.107	29	10 950.11	7.598	46	10 938.84	9.615
13	10 956.74	5.423	30	10 949.92	7.710	47	10 938.26	9.774
14	10 956.35	5.572	31	10 949.42	7.786	48	10 933.96	9.790
15	10 955.69	5.629	32	10 948.25	7.976	49	10 933.39	10.000
16	10 955.01	5.824	33	10 948.04	8.036	50	10 933.39	10.000
17	10 954.62	5.831	34	10 947.91	8.284			

　　图 5-17 展示了向家坝水库三种调度方案的水位变化过程和出力情况，并且展示了通航期间，水库下游每个时刻的通航能力 NCv^{down} 情况，其中图 5-17（a）展示了三种方案的发电量和通航能力的数值对比。

　　图 5-17（b）展示了具有最大发电量和最小通航能力的方案 1，该方案日发电量为 10 960.01$\times 10^4$ kW·h，通航能力 NCv^{down} 值为 3.399。该优化运行方案采用了"凸形"泄流方式，水库从 0：00 到 18：00（A 点）一直处于蓄水的状态，上游水位缓慢上升，维持高水头运行。18：00 之后，水库处于逐渐泄水状态，水位集中消落，直到 24：00，水位到达终止水位。以这种前期蓄水，后期集中消落的方式，可以使方案的总发电达到最大化，这种水位控制过程也是合理的。从上午 8：00 到下午 18：00 的船舶通航期间，电站平均出力为 4466 MW，水库下泄流量也相对较大，平均维持在 4481 m^3/s。这样的下泄情况，导致通航期间每小时的通航能力 NCv^{down} 维持在 0.27～0.40，使得下游引航道口门区的通航环境变得更加恶劣，船舶通过下游引航道时必须更加注意安全驾驶。这种运行方案显著地增加了每日的总发电量，但却使得下游航道的通航能力明显地下降。

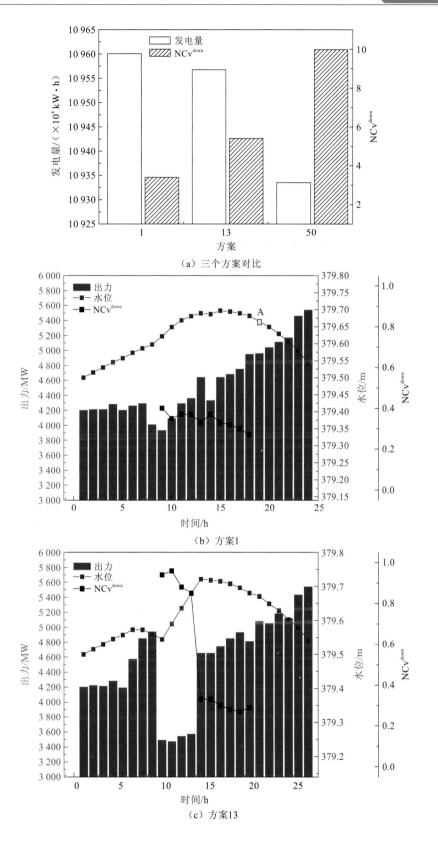

（a）三个方案对比

（b）方案1

（c）方案13

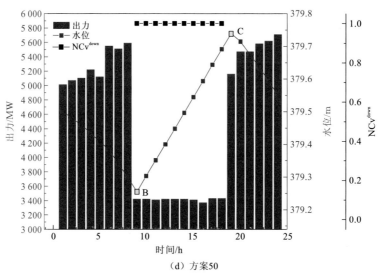

（d）方案50

图 5-17　向家坝水库典型方案的水位和出力过程

图 5-17（d）展示了发电量最少，但通航能力最大的方案 50，该方案日发电量为 $10\,933.39\times10^4\,\text{kW·h}$，通航能力 NCv^{down} 值为 10。该运行方案采用了"凹形"泄流方式，在开始通航之前的这段时间里，水库从上午 0:00～上午 8:00（B 点），一直处于逐渐泄水的状态，这使得上游水位迅速下降。然后在上午 8:00～下午 18:00（点 C），逐渐抬升上游水位，使水库处于蓄水的状态。这样可以使水库在通航期间尽量减小下泄流量，这段时间的平均下泄流量和电站出力分别保持在 $3\,688\,\text{m}^3/\text{s}$ 和 $3\,415\,\text{MW}$，这为通航期间的下游河段提供了有利的通航条件，通航能力 NCv^{down} 值也最高，平均值为 1。通航期结束后，从下午 18:00 开始，水位集中消落，水库再次处于逐渐泄水的状态，以确保在通航结束后的时间内尽可能增加发电量。因此，该方案通过这样前期泄水，中期蓄水，后期集中消落的水位控制方式，为通航期间的下游河段提供了有利的通航条件，但却减少了水库的发电效益。

图 5-17（c）展示的方案 13 是一种多目标折中调度方案，采取了多阶段"凸形"泄流的方式，来改善下游通航环境并增加发电量。方案的日发电量为 $10\,956.74\times10^4\,\text{kW·h}$，通航能力 NCv^{down} 值为 5.423，可以满足发电需求，并且为下游提供了较好的水流条件，便于船舶安全出入引航道口门区。

通过分析三个方案的水位变化过程和出力过程可知，发电目标和通航目标相互影响的机制，在于下泄流量对于两个目标的影响。下泄流量越大，下游航道的口门区水流的横向速度越大，可安全通航区域越小，通航能力越差，而下泄流量也间接影响发电量的大小，在发电流量小于电站的满发发电流量时，下泄流量越大，发电量越大。三个案例每个时段的平均出力都小于装机容量，正好符合下泄流量越大，发电量越大，而通航能力越小的结论。

另外，三个方案的共同点是在通航结束后，水位都会集中消落，以提高发电量，此时三个方案的出力和水位变化情况基本相同。这段时期，船舶不进行通航，所以水库是以发电量最大为目标进行调度的，模拟结果和实际情况相吻。而在船舶通航时和通航之前，水库的调度方案是由通航需求和发电需求共同决定的。如果考虑增大通航能力，而适当减小发电效益，则需要在通航期以前开始泄水或者适当减少蓄水量，而在通航期内，水库尽量蓄水，抬高水位，减少下泄流量，为下游提供良好的水流条件。

因此，如果电站需要较大的发电量来满足用电需求，而通航需求较小时，可以考虑采用方案 1 中先蓄水再集中泄水的控制方式；如果水库的通航需求较大，而发电需求较小，可以采用方案 50 先泄水，再蓄水，最后集中泄水的控制方式。

5.3.5 向家坝水库发电-上、下游通航调度模型结果

向家坝水库发电-上、下游通航能力三者的关系较为复杂，三者内部影响因素也较为复杂。其中，下泄流量直接影响下游通航能力，间接影响发电量，上游水位既是模型的决策变量，也是上游通航能力的直接影响因素，间接地影响着发电量和下游通航能力。因此，本小节针对模型五进行求解和分析，模型具体情况可参见表 5-2。另外，本节还进一步分析了几个典型优化调度方案，得出了三个目标之间的影响关系和这种关系的成因。

1. 多目标优化结果

模型五采用 SPEA2 算法，求解多维多目标优化问题，其参数设置如下：种群数量为200 个，档案集容量为 100，迭代次数为 20000 代，突变率为 0.04，交叉率为 0.85。

模型五通过 SPEA2 算法的求解，得到了分布性较好的 Pareto 最优前沿，这也说明该算法在求解高维优化模型方面，具有较好的表现。求解的 Pareto 优化前沿和优化调度方案分别如图 5-18 和表 5-9，由于篇幅有限，表 5-9 仅展现部分调度方案。

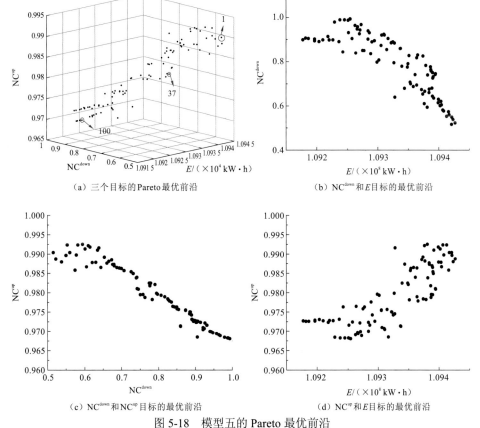

（a）三个目标的Pareto最优前沿 （b）NC^{down}和E目标的最优前沿

（c）NC^{down}和NC^{up}目标的最优前沿 （d）NC^{up}和E目标的最优前沿

图 5-18 模型五的 Pareto 最优前沿

表 5-9　模型五的最优调度方案（按照 NC^{down} 从小到大排序）

方案编号	调度目标			方案编号	调度目标		
	发电量 /（×10⁴kW·h）	下游通航能力 NC^{down}	上游通航能力 NC^{up}		发电量 /（×10⁴kW·h）	下游通航能力 NC^{down}	上游通航能力 NC^{up}
1	10 942.08	0.516	0.990	40	10 934.87	0.775	0.982
2	10 942.66	0.523	0.989	41	10 938.68	0.777	0.982
3	10 942.34	0.538	0.988	42	10 933.95	0.779	0.982
4	10 942.12	0.550	0.990	43	10 937.91	0.783	0.978
5	10 941.28	0.553	0.992	44	10 934.97	0.791	0.982
...	...	...	...	...	...	...	...
35	10 939.44	0.742	0.981	96	10 925.08	0.988	0.968
36	10 939.48	0.746	0.981	97	10 924.49	0.989	0.968
37	10 939.00	0.751	0.979	98	10 923.75	0.989	0.968
38	10 938.78	0.758	0.980	99	10 925.44	0.994	0.968
39	10 938.72	0.763	0.979	100	10 925.40	0.994	0.968

图 5-18（a）展示了三个目标的三维 Pareto 优化前沿，图 5-18（b）展示了 NC^{down} 和 E 两个目标的二维最优前沿，图 5-18（c）展示了 NC^{down} 和 NC^{up} 两个目标的二维最优前沿，图 5-18（d）展示了 NC^{up} 和 E 两个目标的二维最优前沿。从图 5-18 的结果中可以得出以下三个结论。

（1）根据图 5-18（b）的结果可知，总发电量 E 与下游通航能力 NC^{down} 之间存在明显的负相关关系，这和模型一～模型三的结论是一致的。日发电量 E 越大，下游通航能力 NC^{down} 就越差。NC^{down} 最小值为 0.516，最大值为 0.994，增幅为 92.64%，两者差异很大，同时，发电量从最大值 10 942.66×10⁴ kW·h 下降到最小值 10 925.40×10⁴ kW·h，降幅 0.15%。

（2）如图 5-18（c）所示，上游通航能力 NC^{up} 和下游通航能力 NC^{down} 之间存在着明显的负相关关系。当上游通航能力增加时，下游通航能力则会下降。但是 100 个优化方案中，上游通航能力最小值为 0.968，最大值为 0.993，增长幅度为 2.5%，变化范围较小。然而，下游通航能力最小值为 0.516，最大值为 0.994，增长幅度为 92.6%，变化范围非常大。这说明，水库下游通航能力的减小，引起上游通航能力变大的幅度较小。

（3）根据图 5-18（d）的结果可知，发电量 E 与上游通航能力 NC^{down} 之间不存在明显的关系，可见这两个目标之间几乎没有相互影响。

2. 调度方案结果

根据以上得到的结论，发电量和上游通航能力没有影响关系，而与下游通航能力有着影响关系。则本节根据下游通航能力的结果范围，选取了三个典型方案分析。

本节选取的方案 1，调度过程显著增加了日发电量，但以降低了水库下游通航能力为代价；相反方案 100，有着最好的下游通航能力，但却发电量最小；方案 37 则是一个折中方案，可以同时满足水库的通航需求和发电需求。

为了进一步理解三个目标之间的关系并解释这种关系的原因，本节针对这三个典型的方案的水位控制过程，每个时段的出力情况和通航时段的上、下游水库通航能力进行了分析，如图 5-19。其中三个方案的三个目标值（发电量、上游通航能力、下游通航能力）的比较如图 5-19（a）。三个方案的水位变化和出力过程分别如图 5-19（b）～（d）。

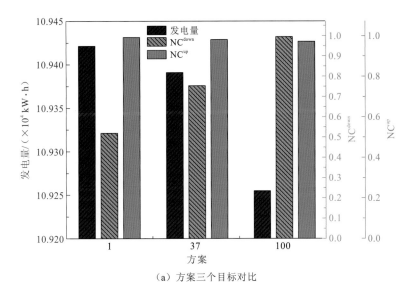

（a）方案三个目标对比

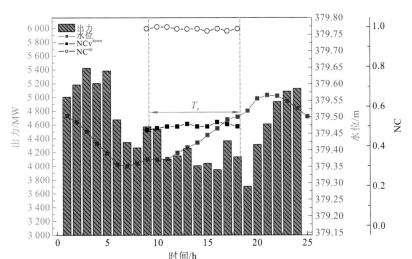

（b）方案1的水位和出力变化

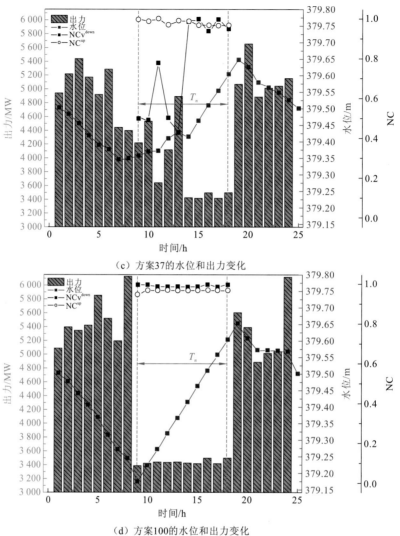

（c）方案37的水位和出力变化

（d）方案100的水位和出力变化

图 5-19　模型五的典型优化调度方案

通过分析可知，这三个方案的共同点是，00:00～08:00，通航开始之前，水位集中消落，水库处于逐渐泄水的状态。08:00～18:00，水位上升，水库处于蓄水的状态，从而减少了通航期间的下泄流量，为下游航道建立了良好的通航环境。在通航期结束后，水位在接下来的几个小时内集中消落，下降到最终水位，这个过程将使这个时期的发电量达到最大化。

在方案 1 中，00:00～08:00，水位缓慢下降到 379.37 m，下降幅度适中，并在通航期到来之前略有抬高。但是，此方案在通航期间，水库的平均下泄量保持在 4602 m³/s，平均出力保持在 4213 MW，这期间电站产生了大量的电力，与此同时，每小时的下游通航能力 NCv^{down} 值保持在 0.48～0.52，导致下游引航道口门区横向速度较大，不利于船舶安全通航。另外，在船舶通航期间，该方案水位抬升缓慢，每小时水位变幅不大，这使得上游水位变化比较平缓，上游通航能力较大。该方案显著提高了总发电量，但相比之下却降低了下游通航能力。另一方面，该方案和模型一优化结果中的方案 1 相比，通航期和通航期后面的时间段内，水位控制过程基本一致，也验证了模型一结果的可靠性。但该方案 00:00～08:00 的水位过程却与模型一中的方案 1 有所差别，该方案在通航期前，集中消落，这个过程的水位控制，是发电量没有模型一中的方案 1 高的原因，模拟结果和现实情况是相符的。

方案 100 的水位控制情况和出力情况，与模型一中的方案 10 基本一致，由水位控制过程引起的发电量和下游通航能力的变化，本节不再重复叙述。此方案针对上游通航能力进行分析可知，由于为下游创造较好的水流条件，通航期水位迅速抬高，减少下泄流量，水库处于高水头运行，这导致上游水位小时变幅增大，水位变化剧烈，使得上游通航能力较低。

方案 37 是一个兼顾经济效益和通航需求的折中方案。它可以为水库管理者提供短期发电调度建议，还可以指导船舶操作者安全通过上、下游引航道口门区。

5.4　金沙江下游梯级水库群航运条件

金沙江下游目前建成的已投入运行的大型水电站主要有两座，分别是位于云南省永善县与四川省雷波县之间的溪洛渡水电站及位于四川省宜宾县与云南省水富县之间的向家坝水电站。其中，溪洛渡水电站工程规模仅次于三峡，属于特大型水利枢纽，向家坝水电站是金沙江梯级最末的一个电站，对溪洛渡水电站有反调节的作用。溪洛渡—向家坝梯级水电站不仅承担着发电调峰的任务，还承担着防洪、通航、灌溉等社会任务。因此，在编制梯级电站发电计划时，需要平衡多个目标，以实现电站兴利发电的整体目标。

金沙江航道两侧分布有宜宾市和宜宾县、水富县、屏山县、绥江县五个县、市。在全年通航河段中，只有宜宾市新市镇的 105 km 航道为五级航道。其中，新市镇至水富航道段在洪水期因水流紊乱，不能通航的时间一般约为 1 个月。在干旱季节由于航道深度不足，某些滩险可能会导致"阻塞"。造成通航障碍的主要因素包括陡坡、急流、湍流形式紊乱及航道深度不足。随着向家坝水电站的蓄水并形成了大坝水库，水库区的航道条件得到了根本改善，向家坝至上游溪洛渡河段 130 km（全长 156.6 km），成为安全航行的深水河道。但是，向家坝库区下游航道船只通行的问题仍然比较突出，尤其是当向家坝水电站进行调峰运行时，造成下游航道水位波动明显，船只受电站调峰运行产生的非恒定流影响，难以正常通行。

本节首先介绍溪洛渡—向家坝梯级水电站及向家坝坝区航道的基本概况，并对向家坝坝区上游引航区、下游口门区进行了数值模拟。其次，提出影响向家坝水电站下游航运效益的关键因子，通过对关键因子的综合评估，得出向家坝下游航运效益的评价函数。最后，以溪洛渡—向家坝梯级水电站总发电量最大、向家坝水电站下游通航效益最大为目标，考虑梯级电站之间复杂的水力、电力联系及溪洛渡水电站"一库两站两调"的规划方案，构建梯级水电站发电-航运多目标短期优化调度模型。

5.4.1 溪洛渡—向家坝梯级水电站概况

金沙江是长江的上游，流经青海、西藏、云南、四川等省和自治区，全长 2 308 km，占长江总长度的三分之一。金沙江流域在整个长江中占有非常重要的地位，其水量丰富，年平均流量为 4 750 m³/s，约为我国第二大河黄河的 2.5 倍。金沙江流域内山区占 97.5%，仅 1.3%为平原。流域的湖泊并不多，但是河流中的水资源非常丰富。溪洛渡—向家坝梯级水电站是金沙江下游最末的两个梯级电站，兼顾发电、防洪、航运、供水等多项任务。

1. 溪洛渡

溪洛渡水电站是位于四川省雷波县与云南省永善县交界的一座巨型水电站，控制集水面积 45.44 万 km²，占金沙江流域面积的 96%[20]。溪洛渡水电站设计开发任务以发电为主，兼顾防洪，此外还有拦沙、改善库区及坝下河段通航条件等综合利用效益[21]。正常蓄水位 600 m，死水位 540 m，防洪限制水位 560 m，调节库容 64.6 亿 m³，防洪库容 46.5 亿 m³，具有不完全年调节能力。电站左岸、右岸各安装 9 台单机额定容量 77 万 kW 机组，额定总装机容量 1 386 万 kW。其中，溪洛渡右岸电站主要向广东省和云南省送电，接受南方电网调度中心的调度，溪洛渡左岸电站主要向华东、华中地区及四川省供电，接受国家电网电力调度中心的调度。溪洛渡水库的主要参数如表 5-10 所示，近期单库调度图如图 5-20 所示。

表 5-10　溪洛渡水电站主要参数值

参数	数值	参数	数值
水位范围/m	[540，600]	防洪限制水位/m	560
水头范围/m	[154.6，229.4]	正常水位/m	600
最大下泄流量/（m³/s）	50 153	库容/（×10⁸ m³）	[51，116]
最小下泄流量/（m³/s）	1 200	装机容量/MW	13 860
死水位/m	540	保证出力/MW	3 395

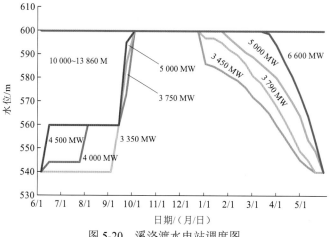

图 5-20　溪洛渡水电站调度图

2. 向家坝

向家坝水电站位于四川省宜宾县和云南省水富县交界的金沙江峡谷内，控制流域面积 45.88 万 km²，占金沙江流域面积的 97%，是我国第三大水电站[22]。向家坝水库设计开发任务以发电为主，同时改善航运条件，兼顾防洪、灌溉，并具有对溪洛渡水电站进行反调节作用。水库正常蓄水位 380 m，死水位 370 m，调节库容 9.03 亿 m³，具有季调节性能；汛期防洪限制水位 370 m，防洪库容 9.03 亿 m³。电站设计安装 8 台单机额定容量 80 万 kW 机组及 3 台单机额定容量 45 万 kW 机组，额定总装机容量 775 万 kW。向家坝升船机项目目前已完成，并于 2017 年 9 月底投入试运行。向家坝水库的主要参数如表 5-11 所示，近期单库调度图如图 5-21 所示。

表 5-11　向家坝水电站主要参数值

参数	数值	参数	数值
水位范围/m	[370, 380]	库容/（×10⁸ m³）	[40.7, 49.8]
水头范围/m	[82.5, 113.6]	装机容量/MW	7 750
最大下泄流量/（m³/s）	50 153	保证出力/MW	2 009
最小下泄流量/（m³/s）	1 200	日水位最大变幅/m	4.5
死水位/m	370	小时水位最大变幅/m	1.5
防洪限制水位/m	370	下游最低通航水位/m	265.8
正常水位/m	380	下游最高通航水位/m	277.25

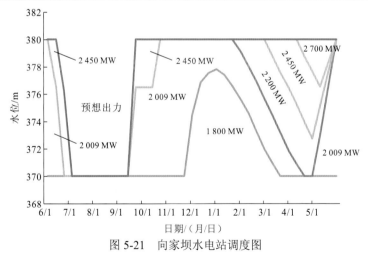

图 5-21　向家坝水电站调度图

5.4.2　航运效益评价方式

在汛期来水较大时，溪洛渡—向家坝梯级电站往往承当基荷或腰荷，出力过程比较平稳，下泄流量不会出现较大范围的波动。因此，中水和洪水期电站运行产生的下泄水流对下游航道船舶的正常通行影响较小，若遇到大洪水，则对下游航道船舶的影响较大。但在枯水期时，梯级电站往往承担着电网调峰的任务，此时下泄流量受电站日调节运行的影响，将会产生非恒定流，使下游航运条件变差。所以，研究主要针对枯水期向家坝水电站运行方式对下游航运产生的影响，来提炼影响向家坝下游航运的关键因子，并给出评价下游航运效益的函数。

1. 航运影响因子

影响航运能力的影响因子有很多，由于篇幅有限，本章节只考虑了以下 6 种航运影响因子，如图 5-22 所示。

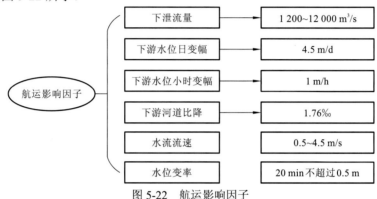

图 5-22　航运影响因子

1）下泄流量

根据向家坝水库调度规程（试行），满足通航需求的向家坝下泄流量范围为 1 200～12 000 m^3/s[22]。

2）下游水位日变幅

向家坝下游水位日变幅主要跟向家坝水电站下泄流量有关，且水位日变幅与下泄流量呈正相关关系。在枯水期，由于向家坝水电站需承担电网调峰任务，造成电站下泄流量波动较大，在航道内易产生不稳定的非恒定流。因此，考虑通航安全，要求向家坝下游水位日变幅不超过 4.5 m/d。

3）下游水位小时变幅

考虑通航安全，不仅要求向家坝下游水位日变幅不超过 4.5 m，还需限制下游水位小时变幅不超过 1 m/h。

4）下游河道比降

无论是船舶上行还是下行，较大的水比表面积下降都会影响航行安全。如果水面比率太大，则上行船的动力将无法克服当前的阻力，而下行船的速度过快则可能冲上岸并撞到礁石或搁浅[23]。枯水期时，向家坝下游航道允许通航的最大流速所对应的河道比降为 1.76‰。

5）水流流速

向家坝下游航道允许通航的河心主流流速为 0.5～4.5 m/s，码头前沿流速为 0.5～

2.0 m/s。

6）水位变率

水位变率是反映水位变化速率的指标，也是衡量能否安全通航的指标之一。向家坝枢纽升船机对下游水位变率的要求是 20 min 不超过 0.5 m[24]。

2. 航运效益评价函数

通过对影响航运关键因子的研究发现，向家坝水电站的下泄流量对下游航道的航运安全影响最大，下游航道水位变幅、流速等要素都与下泄流量有极大的相关性。在金沙江下游河道规划建设的梯级电站中，仅向家坝枢纽同步建设了能力较小的通航建筑物，采用垂直升船机，最大提升高度为 114 m，最大过坝单船 1 000 t 级，设计单向年通过能力 112 万 t、40 万人次。所以，向家坝库区 2 000～5 000 t 级船舶无法通过升船机进入长江水道，只能通过翻坝进入下游航道。按照《向家坝水电站水库调度规程》，当向家坝水库下泄流量在 1 200～12 000 m³/s 时，每隔 3 000 m³/s 流量按不同船舶载重大小限制性通航。向家坝库区下游航道通航标准如表 5-12 所示。

表 5-12 向家坝库区下游航道通航标准

船舶载重/t	上行最高通航流量/（m³/s）	下行最高通航流量/（m³/s）	船舶载重/t	上行最高通航流量/（m³/s）	下行最高通航流量/（m³/s）
<300	2 500	4 000	500～630	8 000	10 000
300～420	4 000	6 000	630～1 000	10 000	12 000
420～500	6 000	8 000	>1 000	12 000	12 000

由表 5-12 可知，向家坝下泄流量在最小通航流量到 2 500 m³/s 时，所有载重的船舶均可通航，下游航道的通航率为 100%；向家坝下泄流量超过 12 000 m³/s 时，不适合所有船舶通航，下游航道的通航率为 0；向家坝下泄流量在 1 200～12 000 m³/s 时，则允许满足载重的部分船舶通航。根据对 2010～2018 年水富港通航资料研究发现：船舶载重 300 t 以下的船舶占 23.72%；载重 300～420 t 的船舶占 17.84%；载重 420～500 t 的船舶占 27.16%；载重 500～630 t 的船舶占 18.90%；载重 630～1 000 t 的船舶占 7.36%；载重 1 000 t 以上的船舶占 5.02%。假设上行船舶与下行船舶的比例为 1:9，则可建立向家坝下泄流量与下游航道通航保证率之间的映射关系，如图 5-23 所示。

因此，可建立向家坝下泄流量与下游航道通航保证率之间的函数关系，本小节将通航保证率作为向家坝下游航道航运效益的评价指标，其值越大代表航运效益越好。航运调度目标函数为

$$\max f_2 = \frac{1}{T}\sum_{j=1}^{T} k_j(Q_2^j) \tag{5-39}$$

式中：f_2 为向家坝下游航道通航保证率；k_j 为第 j 时段通航保证率；Q_2^j 为向家坝水库第 j 时段下泄流量；k_j 与 Q_2^j 之间的映射关系如图 5-23 所示。

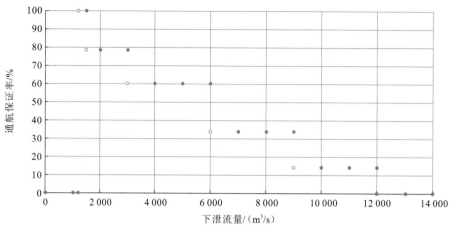

图 5-23　向家坝下泄流量与下游航道通航保证率之间的映射关系

5.5　金沙江下游梯级水库群发电-航运优化调度模型

将 5.4.3 小节中提出的航运调度目标函数引入到梯级优化调度问题中,建立综合考虑航运、发电的优化模型。由于在枯水期向家坝水电站需承担电网调峰任务,造成电站下泄流量波动较大,在航道内易产生不稳定的非恒定流。因此,本节只针对枯水期建立溪洛渡—向家坝梯级电站发电、航运短期优化调度模型。

5.5.1　目标函数

（1）发电调度目标：已知梯级电站径流过程,给定梯级电站初、末水位,以梯级电站总发电量最大作为优化目标之一,即"以水定电",其数学表达式为

$$\max f_1 = \sum_{i=1}^{2}\sum_{j=1}^{T} P_i^j \Delta t = \sum_{i=1}^{2}\sum_{j=1}^{T} A_i H_i^j Q_i^j \Delta t \qquad (5\text{-}40)$$

式中：f_1 为发电调度优化目标,即计算时段内整个梯级电站的总发电量；A_i 为第 i 个电站的出力系数；Δt 为计算时段间隔；P_i^j、H_i^j 和 Q_i^j 分别为第 i 个电站第 j 个时段的出力、水头和发电引用流量。

（2）航运调度目标：已知下泄流量与通航保证率之间的映射关系,以向家坝库区下游航道通航保证率最大作为优化目标之一,其数学表达式见式（5-39）。

5.5.2　约束条件

梯级水电站多目标短期优化调度需要满足大量不等式及等式约束,分别如下。
（1）电站水量平衡方程

$$V_i^{j+1} = V_i^j + (I_i^j - QD_i^j - QS_i^j)\Delta t \qquad (5\text{-}41)$$

式中：V_i^j、V_i^{j+1} 分别为第 i 个电站在 j 时段和 $j+1$ 时段的库容；I_i^j 为第 i 个电站在 j 时段的入库流量；QD_i^j、QS_i^j 分别为第 i 个电站在 j 时段的发电引用流量和弃水；Δt 为计算时段间隔。

（2）电站运行水位约束

$$Z_{i,\min}^j \leqslant Z_i^j \leqslant Z_{i,\max}^j \qquad (5\text{-}42)$$

式中：Z_i^j 为第 i 个电站在 j 时段的运行水位；$Z_{i,\max}^j$、$Z_{i,\min}^j$ 分别为第 i 个电站在 j 时段运行水位的上、下限，$Z_{i,\max}^j$ 在非汛期时为电站的正常蓄水位，$Z_{i,\min}^j$ 为电站的最低水位或死水位。

（3）电站下泄流量约束

$$Q_{i,\min}^j \leqslant Q_i^j \leqslant Q_{i,\max}^j \qquad (5\text{-}43)$$

式中：Q_i^j 为第 i 个电站在 j 时段的下泄流量；$Q_{i,\max}^j$、$Q_{i,\min}^j$ 分别为第 i 个电站在 j 时段满足航运要求的最大、最小下泄流量。

（4）电站时段出力约束

$$P_{i,\min}^j \leqslant P_i^j \leqslant P_{i,\max}^j \qquad (5\text{-}44)$$

式中：P_i^j 为第 i 个电站在 j 时段的出力；$P_{i,\max}^j$、$P_{i,\min}^j$ 分别为第 i 个电站在 j 时段最大允许出力、最小允许出力。

（5）梯级电站间水力联系方程：

$$I_i^j = Q_{i-1}^{j-\tau} + B_i^j \qquad (5\text{-}45)$$

式中：I_i^j 为第 i 个电站在 j 时段的入库流量；$Q_{i-1}^{j-\tau}$ 为第 $i{-}1$ 个电站在 $j{-}\tau$ 时段的下泄流量；B_i^j 为第 i 个电站在 j 时段的区间径流；τ 为两梯级电站之间的水流时滞。

（6）机组发电流量约束

$$Q_{i,\min}^k \leqslant Q_i^{j,k} \leqslant Q_{i,\max}^k \qquad (5\text{-}46)$$

式中：$Q_i^{j,k}$ 为在 j 时段第 i 个电站 k 号机组的发电流量；$Q_{i,\max}^j$、$Q_{i,\min}^k$ 分别为第 i 个电站 k 号机组的最大、最小发电流量。

（7）机组时段出力约束

$$P_{i,\min}^k \leqslant P_i^{j,k} \leqslant P_{i,\max}^k \qquad (5\text{-}47)$$

式中：$P_i^{j,k}$ 为在 j 时段第 i 个电站 k 号机组的出力；$P_{i,\max}^j$、$P_{i,\min}^k$ 分别为第 i 个电站 k 号机组的最大、最小允许出力。

（8）机组气蚀振动区约束

$$P_i^{j,k} \geqslant \overline{P_{QSi}^k} \quad \text{或} \quad P_i^{j,k} \geqslant \underline{P_{QSi}^k} \qquad (5\text{-}48)$$

式中：$\overline{P_{QSi}^k}$、$\underline{P_{QSi}^k}$ 分别为第 i 个电站 k 号机组的气蚀区上、下限。

（9）机组最短开停机时间约束

$$T_{i,k,t}^{\text{on}} \geqslant T_k^{\text{up}}, \quad T_{i,k,t}^{\text{off}} \geqslant T_k^{\text{down}} \qquad (5\text{-}49)$$

式中：$T_{i,k,t}^{\text{on}}$、$T_{i,k,t}^{\text{off}}$ 分别为第 i 个电站第 k 台机组截止到时段 t 的持续启、停机时间；T_k^{up}、T_k^{down} 分别为第 i 个电站第 k 台机组最短开、停机时间。

（10）水库初、末水位

$$Z_i^0 = Z_i^{\text{begin}}, \quad Z_i^T = Z_i^{\text{end}} \tag{5-50}$$

式中：Z_i^{begin}、Z_i^{end} 分别为第 i 个水库在调度时段内的初、末水位。

（11）下游水位日变幅、小时变幅约束

$$\Delta Z_{\text{d}} \leqslant 4.5 \text{ m} \tag{5-51}$$

$$\Delta Z_{\text{h}} \leqslant 1 \text{ m} \tag{5-52}$$

式中：ΔZ_{d}、ΔZ_{h} 分别为下游水位日变幅、小时变幅。

（12）下游河道比降约束

$$C_2^j \leqslant C_2^{\max} \tag{5-53}$$

式中：$C_2^{\max}$ 为满足向家坝下游航道通航要求的最大水面比降。

（13）下游水位变率约束

$$\Delta Z_{15\,\text{min}} \leqslant 0.5 \text{ m} \tag{5-54}$$

式中：$\Delta Z_{15\,\text{min}}$ 为向家坝下游航道 15 min 内的水位变率，模型以 15 min 内的向家坝下游水位变率来代替向家坝枢纽升船机对下游水位变率要求，即 20 min 不超过 0.5 m。

5.6　梯级水库群多目标优化调度求解算法

随着计算机技术的飞速发展，涌现出各种智能算法。从 20 世纪 90 年代开始，蚁群算法（ant colony optimization，ACO）[25] 等启发式算法相继出现，并被广大学者应用于求解调度模型中。这类算法在求解水库优化调度问题上展现了优于传统算法的特性，但同时也存在着不易调参和早熟收敛的问题。电站规模的扩大化及调度模型求解目标的多样化，不仅导致梯级水库优化调度模型难以建立，而且增加了求解模型的难度。梯级电站不仅需要承担发电任务，往往还需承担供水、防洪、航运等任务。因此，多种多目标优化算法相继问世，并被应用于求解梯级电站多目标优化调度模型中。但是由于梯级水库群多目标优化调度模型规模较大，约束条件繁多且复杂，上述算法在求解此类调度模型时，仍然存在计算速度慢、易早熟收敛、算法复杂且鲁棒性不强等问题。

ACO 是一种种群智能算法，最早用来求解商人旅行问题，并且优点非常突出。其分布式特性、鲁棒性强并且容易与其他算法结合，但是同时也存在着收敛速度慢，容易陷入局部最优等缺点。为此，本章提出基于遗传算法的改进多目标蚁群算法，将遗传算法的选择、交叉和变异操作与蚁群算法的寻优策略相结合，为求解 5.5 节所建立的多目标短期优化调度模型提供算法支持，保证发电计划编制的准确性。

5.6.1　遗传算法

GA 是受达尔文进化论的启示，借鉴生物进化而提出的启发式搜索算法。其主要特点是对结构对象直接进行操作，没有限制目标函数是否能求导及是否连续，使用概率优化方法，无须一定的规则就可以自动获得并指导优化的搜索空间自适应地调整搜索方向。

1. 遗传算法的原理及流程

GA 是一种基于种群遗传机制和自然选择的搜索算法。解决 GA 问题时，满足目标函数的所有可能解决方案都编码为一个"染色体"，即个体，几个个体组成一个群体（所有可能的解决方案）。在算法开始时，将随机生成一个初始解，对每个个体根据目标函数值进行评估，并根据评估结果给出一个适应度函数。依据该适应度函数，选择一些具有良好适应性的个体以生成下一代，选择操作体现了"适者生存"的原则，"好"个体被用来培养下一代，而"坏"个体被淘汰。通过交叉算子和突变算子将选择的个体重组以产生新一代。上一代的优良特性被这一代的个体继承，因而上一代的性能劣于新一代，群体逐渐朝着最佳方向发展。

GA 的基本步骤如下。

步骤 1：种群初始化。随机产生各电站水位序列并选取为初始种群，选择浮点数编码对初始水位序列进行编码，以形成初始解决方案集。

步骤 2：评价种群。根据 5.5 节所建立的多目标短期优化调度模型可知，模型的约束条件均为非负且以发电调度、航运调度目标最大值为目标函数，因此采用惩罚函数法来选取适应度函数，并使用排序法将当前种群中的最优个体保存为搜索的最优解。

步骤 3：选择操作。根据种群中个体的适应度值，通过排序法并由选择概率阈值 P_s 控制，选择种群中适应度高的个体。

步骤 4：交叉操作。在步骤 3 中选择的个体将由交叉概率阈值 P_c 控制，判断是否使用均匀算术交叉生成新的交叉个体。

步骤 5：变异操作。概率阈值 P_m 用于控制是否对个体的某些基因执行非均匀变异操作。

步骤 6：终止判断。若不满足终止条件，返回步骤 2，否则终止算法。

GA 算法的实现流程图如图 5-24 所示。

2. 遗传算法的操作

1）遗传编码与解码

浮点数编码是在算法使用过程中最常见的一种编码方式，比较适合非线性函数的优化问题[26]。短期发电优化调度问题是多维且有多个不等式约束的非线性函数优化问题。针对水电系统短期优化调度的特点，选取每个电站各计算时段的运行水位作为优化变量，并对其编码[27]。将所有 Z_i^j 按时间顺序连接编码后组成一个染色体，将染色体上的基因解码后，每个基因对应于一天中每个电站各计算时段的一个运行水位。

2）种群初始化

选取初始时各电站给定水位为初始种群。各电站的运行水位范围为（$Z_{i,\min}^j$，$Z_{i,\max}^j$），设定算法编码的允许精度为 a，则每个染色体上基因编码的取值为 Z_i^j（$Z_i^j \in (0, n)$），其

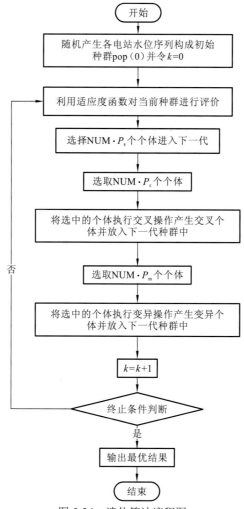

图 5-24　遗传算法流程图

中 $n = \dfrac{Z_{i,\max}^{j} - Z_{i,\min}^{j}}{a}$ 。因此，各电站运行水位可以表示为：

$$Z_i^j = Z_{i,\min}^j + Z_i^j \cdot a \qquad (5\text{-}55)$$

这样，就可以使用 Z_i^j 来表示每个染色体上的基因编码，即 $(Z_i^1, Z_i^2, Z_i^3, \cdots, Z_i^T)(i=1, 2)$，其中 Z_i^0 已给定，即 $Z_i^0 = \dfrac{Z_i^0 - Z_{i,\min}^0}{a}$ 。

3）选取适应度函数

本小节多目标短期优化调度的两个目标函数，发电目标函数、航运目标函数的值域均为正，故可以采用惩罚函数法来选取适应度函数。适应度函数选取模型的目标函数公式（5-39）、式（5-40）分别减去各约束的惩罚项。约束式（5-41）、式（5-45）、式（5-49）、式（5-50）在模型求解过程中已用到，约束式（5-42）在 GA 编码过程中已考虑，航运约束式（5-51）～式（5-54）均与向家坝水电站下泄流量有关，因此惩罚函数只需考虑电站下泄流量惩罚算子、出力惩罚算子及机组发电流量惩罚算法、出力惩罚算子。为避免算法前期早熟收敛、后期陷入局部最优，惩罚函数值应随着算法迭代次数的增加而增大。惩罚函数、适应度函数分别如式（5-56）、式（5-57）所示。

惩罚函数：

$$
\begin{cases}
\mathrm{viol}_1 = c_1 \dfrac{n}{N} \left[\sum_{i=1}^{2} \sum_{j=1}^{T} \mathrm{viol}_h(Q_i^j) + \sum_{i=1}^{2} \sum_{j=1}^{T} \mathrm{viol}_h(P_i^j) \right. \\
\qquad \left. + \sum_{i=1}^{2} \sum_{j=1}^{T} \sum_{k=1}^{K} \mathrm{viol}_h(Q_i^{j,k}) + \sum_{i=1}^{2} \sum_{j=1}^{T} \sum_{k=1}^{K} \mathrm{viol}_h(P_i^{j,k}) \right] \\
\mathrm{viol}_2 = c_2 \dfrac{n}{N} \left[\sum_{i=1}^{2} \sum_{j=1}^{T} \mathrm{viol}_h(Q_i^j) + \sum_{i=1}^{2} \sum_{j=1}^{T} \mathrm{viol}_h(P_i^j) \right. \\
\qquad \left. + \sum_{i=1}^{2} \sum_{j=1}^{T} \sum_{k=1}^{K} \mathrm{viol}_h(Q_i^{j,k}) + \sum_{i=1}^{2} \sum_{j=1}^{T} \sum_{k=1}^{K} \mathrm{viol}_h(P_i^{j,k}) \right]
\end{cases} \tag{5-56}
$$

式中：viol_1、viol_2 分别为发电调度目标、航运调度目标的惩罚函数；c_1、c_2 为调整惩罚算子值的线性参数，c_1、$c_2 \in (10, 20)$；N、n 分别为算法迭代的总代数及当前迭代的代数；$\mathrm{viol}_h(Q_i^j)$、$\mathrm{viol}_h(P_i^j)$（$h=1$，2）分别为染色体中对应第 i 个电站 j 时段的基因由于超过流量约束、出力约束而被加上的惩罚值；$\mathrm{viol}_h(Q_i^{j,k})$、$\mathrm{viol}_h(P_i^{j,k})$（$h=1$，2）分别为染色体中对应第 i 个电站 k 号机组 j 时段的基因由于超过流量约束、出力约束而被加上的惩罚值。

适应度函数

$$
\begin{cases}
\mathrm{fitness}(X_d)_1 = f_1 - \mathrm{viol}_1 \\
\mathrm{fitness}(X_d)_2 = f_2 - \mathrm{viol}_2
\end{cases} \tag{5-57}
$$

式中：X_d 为种群中第 d 个个体；$\mathrm{fitness}(X_d)_1$、$\mathrm{fitness}(X_d)_2$ 分别为 X_d 对发电调度目标、航运调度目标所得的适应度；f_1、f_2 分别为发电调度目标函数、航运调度目标函数。

对于两个目标函数 f_1、f_2，种群中的所有个体根据对该目标函数的函数值及惩罚函数值，生成对应的适应度函数值，并进行排序得到一个可行解的排序序列 $\dot{X}_1$、$\dot{X}_2$。因此，整体表现较好的个体适应度就较好，排序就靠前，有更大概率进入下一代。种群中个体基于多个目标函数的表现矩阵如表 5-13 所示，表中 NUM 为个体总数。

表 5-13　个体基于多个目标函数的表现矩阵

目标函数	排序				表现序列
	1	2	$\cdots$	NUM	
f_1	X_{11}	X_{12}	$\cdots$	$X_{1\mathrm{NUM}}$	$\dot{X}_1$
f_2	X_{21}	X_{12}	$\cdots$	$X_{2\mathrm{NUM}}$	$\dot{X}_2$

4）遗传操作

（1）选择。GA 一般采用轮盘赌策略来选择适应度较优的染色体，但在水电短期优化调度中，由于各运行方案之间的差异很小，采用轮盘赌策略会造成算法收敛速度过慢。

因此，采用排序法来选择适应度较优的染色体。按从大到小的顺序将所有个体的适应度排序，令个体总数为 NUM，个体被选择概率为 P_s，则 NUM·P_s 个体进入下一代，并从中随机选择 NUM·$(1-P_s)$ 个个体来替换掉剩余的未被选择的个体。

（2）交叉。令个体之间交叉概率为 P_c，则随机选取 NUM·P_c 个体进行交叉操作。对于个体采用浮点数编码的情况，通常使用均匀算术交叉来进行交叉操作，即子代是由两个父代通过线性组合产生。令第 t 代种群中通过选择操作选择的两个待交叉父代为 father$_1$、father$_2$，通过交叉操作产生的两个子代为 son$_1$、son$_2$，则交叉操作见式（5-58）、式（5-59）所示。

$$son_1 = father_1 + \alpha(father_1 - father_2) \tag{5-58}$$

$$son_2 = father_2 + \alpha(father_1 - father_2) \tag{5-59}$$

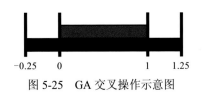

图 5-25　GA 交叉操作示意图

式中：α 为在[-0.25, 1.25]内随机产生的比例因子，对于同一个子代，它的每一个变量的比例因子 α 都是固定的，交叉操作示意图见图 5-25。

（3）变异。变异是增加种群多样性，避免种群早熟收敛的有效手段。令种群个体变异概率为 P_m，则随机选取 NUM·P_m 个体进行变异操作。本节采用非均匀变异的方式，对选取的个体进行变异操作。非均匀变异是随机扰动原始个体的基因值，并将干扰结果作为突变后的新基因值。在对每个基因以相同的概率执行了变异操作之后，这等效于解空间中整个解向量的一次轻微变动。变异后的基因为

$$Z_i^{j\prime} = \begin{cases} Z_i^j + random(Z_{i,max}^j - Z_i^j), & p = 0.5 \\ Z_i^j + random(Z_i^j - Z_{i,min}^j), & p = 0.5 \end{cases} \tag{5-60}$$

式中：random(x)为取值在[0, x]上的一个随机整数；$p=0.5$ 为事件发生的概率。

（4）终止。本小节使用收敛准则来判断算法是否达到终止条件。收敛准则定义为

$$\left| \frac{Z_i^{j+1} - Z_i^j}{Z_i^j} \right| \leq \varepsilon \tag{5-61}$$

5.6.2　蚁群算法

ACO 是启发式优化算法当中的一种，擅长解决组合优化问题。ACO 是模拟蚁群觅食行为而得来的一种算法。在现实中，蚁群寻找食物的示意图如图 5-26 所示。

1. 蚁群算法的数学模型

ACO 最早是用来解决商人旅行问题的，并且展现出非常突出的优点，本小节将结合 5.5 节建立的多目标短期优化调度模型来说明 ACO 算法的计算过程。在短期优化调度问题中梯级电站的初末水位已给定，需根据目标函数及约束条件在计算时段内寻求最优的水位序列。将梯级各电站各时段的水库水位离散为若干点，各时段水库水位离散点组合

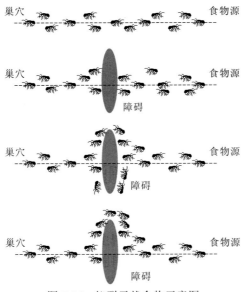

图 5-26　蚁群寻找食物示意图

成一个水位调度方案，若干水位调度方案构成短期优化调度问题的可行解集。蚂蚁走过的一个完整路径代表多目标短期优化调度问题的一个解，即各电站各时段的水库水位离散点组合 s。

$$s = Z\{Z_{11}, Z_{12}, Z_{13}, \cdots, Z_{iT}\} \tag{5-62}$$

式中：$i = 1, 2$；T 为短期优化调度问题中总计算时段。

设 m 代表蚁群算法中蚂蚁的数量，将这 m 只蚂蚁随机置于长度为 $2T$ 的各电站各时段的水库水位离散点组合 $s_0 = Z^0\{Z_{11}^0, Z_{12}^0, Z_{13}^0, \cdots, Z_{iT}^0\}$ 上，a_{ij} 为位于水位 Z_{ij} 的蚂蚁的数量，且 $m = \sum\limits_{i=1}^{2}\sum\limits_{j=1}^{T} a_{ij}$。$\tau_i(e, f)$ 为第 i 个电站水位 Z_{ie} 与水位 Z_{if} 之间的信息素浓度，在初始时刻，长度为 $2T$ 的水库水位离散点之间路径上的信息素浓度是相同的，即 $\tau_i^0(e, f) =$ 常数。$d_i(e, f)$ 代表水位 Z_{ie} 与水位 Z_{if} 之间的距离。$\eta_i(e, f)$ 代表启发函数，表示蚂蚁从水位 Z_{ie} 转移到水位 Z_{if} 的期望程度，由待解决问题决定，取值为 $1/d_i(e, f)$。ACO 使用禁忌表 Tabu_k 来记录每只蚂蚁所经过的水库水位离散点信息，来保证路径的不重复性。在蚂蚁移动的过程中，$\tau_i(e, f)$ 与 $\eta_i(e, f)$ 共同决定了蚂蚁下一次移动的方向。使用转移概率函数 $p_{i,k}(e, f)$ 来描述蚂蚁 $k \, (k = 1, 2, \cdots, m)$ 从水位 Z_{ie}^1 向水位 Z_{if}^1 转移的概率，数学描述为

$$p_{i,k}(e, f) = \begin{cases} \dfrac{[\tau_i(e, f)]^\alpha \cdot [\eta_i(e, f)]^\beta}{\sum\limits_{s \in \text{allow}_k} [\tau_i(e, f)]^\alpha \cdot [\eta_i(e, f)]^\beta}, & Z_{if} \in \text{allow}_k \\ 0, & Z_{if} \notin \text{allow}_k \end{cases} \tag{5-63}$$

式中：allow_k 为蚂蚁 $k \, (k = 1, 2, \cdots, m)$ 要访问水库水位离散点的集合，初始时刻 allow_k 中有 $2T-1$ 个元素；α 为信息素因子，反映了在蚂蚁运动过程中积累的信息量在指导蚁群搜索中的相对重要性；β 为一种启发式功能因子，反映了启发式信息在指导蚁群搜索中的

相对重要性。

为了避免过多的信息素残留导致信息泛滥并引发启发式因子失效，在每只蚂蚁完成一次完整路径后，信息素应更新一次。因此，蚂蚁形成一次完整路径后水位 Z_{ie} 与水位 Z_{if} 之间路径上信息素浓度定义为

$$\tau_i^*(e,f)=(1-\rho)\cdot\tau_i(e,f)+\Delta\tau_i^*(e,f),\quad \rho\in[0,1) \tag{5-64}$$

$$\Delta\tau_i^*(e,f)=\sum_{g=1}^{G}\Delta\tau_i^g(e,f) \tag{5-65}$$

式中：ρ 为信息素挥发系数，则 $1-\rho$ 为信息素残留系数。当 $\rho=0$ 时，代表路径上的信息素完全挥发，浓度为 0；当 $\rho\approx1$ 时，代表各路径上的信息素不起作用。$\Delta\tau_i^*(e,f)$ 为水位 Z_{ie} 与水位 Z_{if} 之间路径上信息素浓度的增量，初始值定义为 0，其值随蚂蚁的运动而改变；G 为经过水位 Z_{ie} 与水位 Z_{if} 之间路径的蚂蚁总数。

2. 蚁群算法的参数设置

ACO 中一些基本参数的取值范围和含义如表 5-14 所示。

表 5-14　蚁群算法的部分参数取值范围及含义

参数	取值范围	含义
m	$1.5\cdot2T$	蚂蚁数量
α	$[1,4]$	信息素因子。反映了在蚂蚁运动过程中积累的信息量在指导蚁群搜索中的相对重要性。如果信息素因子值设置得太大，很容易削弱随机搜索能力；反之，如果值太小，很容易过早地陷入局部最优
β	$[3,4.5]$	启发式功能因子。反映了启发式信息在指导蚁群搜索中的相对重要性。如果该值设置得太大，则虽然会加快收敛速度，但很容易陷入局部最优状态；如果值太小，则容易将蚁群落入纯随机搜索中，并且难以找到最佳解
ρ	$[0.2,0.5]$	信息素挥发因子。反映了信息素的消失水平，相反反映了信息素的保留水平。当值太大时，容易影响随机性和全局最优性，否则会降低收敛速度
Q	$10\sim1\,000$	信息素常数
allow$_k$	初始时刻 $2T-1$ 个元素	蚂蚁 k 待访水库水位离散点的集合，初始时刻中有 $2T-1$ 个元素

注：参数 α、β 及 ρ 的具体取值可以通过试算来确定。

3. 蚁群算法的实现步骤及流程

以短期优化调度问题为例，ACO 的实现步骤如下。

步骤 1：初始化 ACO 参数，确定启发式功能因子 β 和信息素挥发因子 ρ。令循环次数 NC=0，时间 $t=0$，最大循环次数 NC_MAX；将 m 只蚂蚁随机放置于水库水位离散点组合 $s_0=Z^0\{Z_{11}^0,Z_{12}^0,Z_{13}^0,\cdots,Z_{iT}^0\}$ 上，令 $\tau_i^0(e,f)=$ 常数，$\Delta\tau_i^0(e,f)=0$，Tabu$_k$ 为空集。

步骤 2：循环次数 NC = NC + 1。

步骤 3：令禁忌表 Tabu$_k$ 初始索引号 $k=1$，$k=k+1(k=1,2,\cdots,m)$，依次将 m 只蚂蚁

的初始位置写入禁忌表中。

步骤 4：对第 k 只蚂蚁使用式（5-63）进行状态转移概率 $p_{i,k}(e,f)$ 的计算，选择水库水位离散点 Z_{if} 并前进，同时蚂蚁在移动路径上释放指定浓度的信息素。

步骤 5：修改禁忌表指针，将第 k 只蚂蚁移动到所选择的水位 Z_{if}，并把水位 Z_{if} 写入禁忌表的下一行，保证每只蚂蚁的每一次移动路径都被记录在禁忌表中。

步骤 6：若 $k<m$，则跳转至步骤 4 并正常执行下一步，否则执行步骤 7。

步骤 7：计算每只蚂蚁在循环结束后的路径总长度 L_k，保存此次循环中的最优路径。

步骤 8：根据式（5-64）、式（5-65）更新各路径上的信息素浓度。

步骤 9：令 $\Delta\tau_i(e,f)=0$，Tabu_k 为空集，以保证 ACO 的下次迭代过程不受上一次的影响。

步骤 10：若 NC≤NC_MAX，则跳出循环并输出结果，否则清空 Tabu_k 表并跳转至步骤 2。

ACO 的具体流程图如图 5-27 所示。从流程图可以看出，蚁群算法在每次迭代过程中选出局部最优解构成最优解集，所以算法在计算过程中比较容易陷入局部最优解。

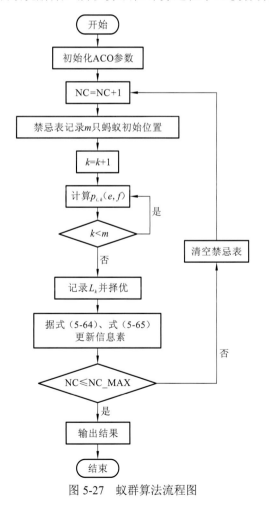

图 5-27　蚁群算法流程图

5.6.3　基于遗传算法的改进多目标蚁群算法

在 ACO 计算初期，信息素的匮乏导致构建初始种群耗费时间过长，计算难度增大。因此，可以使用遗传算法生成初始种群，代替原有蚁群算法的输入，并生成初始信息素来指导蚁群的优化方向。同时，蚁群算法在搜索后期易陷入局部最优解，所以在蚁群算法完成一次迭代时，对生成的解集采用遗传算法的选择、交叉、变异操作来增加解的多样性，避免算法陷入局部收敛。基于遗传算法的改进多目标蚁群算法（genetic algorithm-ant colony optimization，GA-ACO）能有效提升计算速度和精度，避免早熟收敛，并具有较强的全局寻优能力。

1. 求解步骤

GA-ACO 的求解步骤如下，求解流程图如图 5-28 所示。

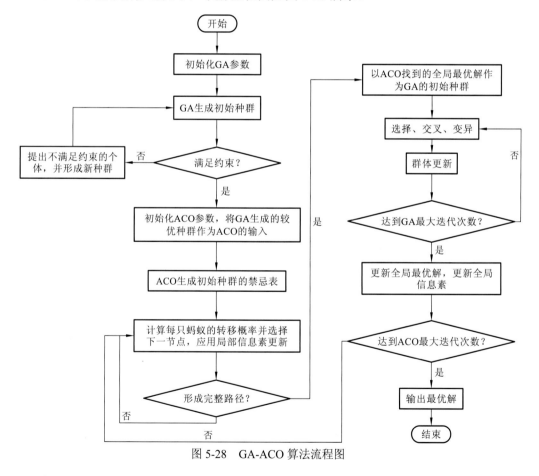

图 5-28　GA-ACO 算法流程图

步骤 1：初始化 GA 参数，初始化梯级电站的特征曲线和基本参数，设置梯级电站初、末水位、时段长度等。用 GA 求解目标函数并生成一组较优的解集，判断此解集是否满足约束条件，否则剔除不满足约束的个体，生成新解集。

步骤 2：初始化 ACO 参数，将 GA 生成的较优解集作为 ACO 的输入，生成初始种群的禁忌表。

步骤 3：利用转移概率计算公式计算每只蚂蚁的转移概率并选择下一节点，应用局部信息素更新，将蚂蚁的每次移动记录在禁忌表中。

步骤 4：判断蚂蚁是否形成完整路径。若是，则以 ACO 得到的全局最优解作为 GA 的输入，并进行选择、交叉、变异操作；若否，则转到步骤 3。

步骤 5：利用选取的适应度函数对经过遗传操作后的解集进行适应度的计算，保留当前适应度最好的解集。

步骤 6：判断是否达到 GA 的最大迭代次数或达到 GA 的收敛条件。若是，则更新全局最优解，清空禁忌表并更新全局信息素；若否，则转步骤 4。

步骤 7：判断是否达到 ACO 的最大迭代次数。若是，则输出最优解；若否，则转步骤 3。

步骤 8：满足收敛条件输出，即可获得梯级电站发电-航运多目标日计划编制结果。

2. 参数设置

GA-ACO 算法涉及许多参数，各参数取值设定如表 5-15 所示。

表 5-15　GA-ACO 算法参数表

参数	表达式	取值	参数	表达式	取值
GA 种群规模	M	150	蚂蚁数	m	100
GA 终止代数	N	60	信息素因子	α	2
编码允许精度	a	1	启发函数因子	β	3.7
选择概率	P_s	0.8	信息素挥发因子	ρ	0.42
交叉概率	P_c	0.6	信息素常数	Q	100
变异概率	P_m	0.005	ACO 终止代数	NC	200

5.7　实例分析：溪洛渡—向家坝梯级水库群多目标优化调度

5.7.1　梯级电站发电-航运优化调度模型求解流程

1. 模型编码

第 5.5 节所建立的优化调度模型是以 15 min 为计算时段的短期优化调度模型，调度周期为日，则模型的计算时段长度 $T = 96$。模型选择梯级各电站在计算时段初水位 Z_i^j 为状态变量，因此每个电站的决策变量维度 $D_i=97$[28]。模型涉及金沙江下游的溪洛渡水电站、向家坝水电站，因此梯级短期优化调度模型的水位决策变量维度 $D_Z=D_1+D_2$。模型的决策变量为

$$\overline{X}=[Z_1^1,Z_1^2,Z_1^3,\cdots,Z_1^T,Z_2^1,Z_2^2,Z_2^3,\cdots,Z_2^{T+1}] \tag{5-66}$$

2. 模型求解步骤

确定好模型编码之后，模型的输入为枯水期某日来水，进行多目标短期优化调度仿真模拟，算法的步骤如下。

步骤 1：初始化 GA-ACO 参数，输入调度周期、枯水期来水及调度起止时段，确定各电站初、末水位。

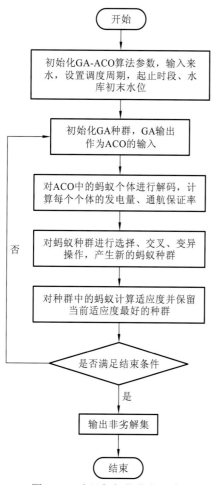

步骤 2：将解空间设定为梯级电站水位约束，采用 GA 算法生成较优种群作为 ACO 算法的输入。

步骤 3：结合枯水期输入来水，按照式（5-66）定义的决策变量的取值[29]，计算调度周期内向家坝下游通航保证率、梯级水电站总发电量。

步骤 4：根据个体目标值采用 GA 算法的选择、交叉、变异操作，产生新的个体。

步骤 5：将新的个体插入原种群，并计算当前种群中个体的目标值。

步骤 6：利用选取的适应度函数对当前种群个体进行适应度的计算，保留当前适应度最好的解集。

步骤 7：判断是否达到 GA 的最大迭代次数或达到 GA 的收敛条件。若是，则更新全局最优解，清空禁忌表并更新全局信息素；若否，则转步骤 4。

步骤 8：判断是否达到 ACO 的最大迭代次数。若是，则输出最优解；若否，则转步骤 3。

步骤 9：输出当前种群的非劣解集。

梯级电站发电-航运多目标短期优化调度模型求解流程图如图 5-29 所示。

图 5-29 多目标短期优化调度
模型求解流程图

3. 溪洛渡水电站左岸、右岸协调方法

本节中采用的溪洛渡水电站左岸、右岸跨电网协调的具体流程如图 5-30 所示。

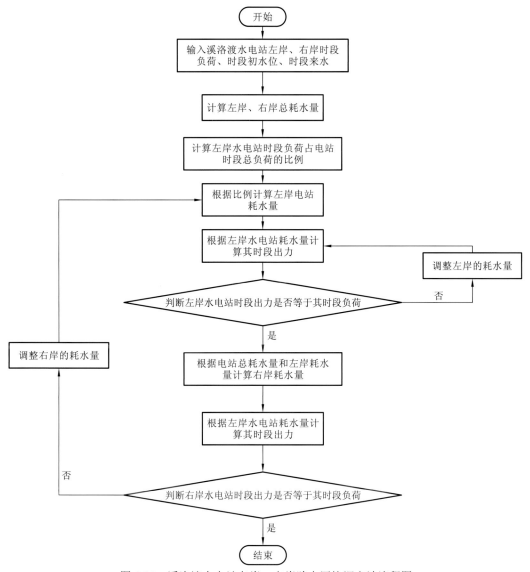

图 5-30　溪洛渡水电站左岸、右岸跨电网协调方法流程图

5.7.2　实例计算

1. 研究对象概况

以金沙江下游溪洛渡—向家坝水电站为研究对象,进行枯水期兼顾向家坝下游航运要求的发电计划编制模拟。溪洛渡—向家坝梯级水电站是国家"西电东送"的骨干工程之一,以发电为主,兼有防洪、灌溉、航运等综合利用功能。根据目前接入电力系统的设计方案,溪洛渡左岸、右岸分别向国家电网和南方电网送电,并按照"一厂两调"运行方式进行调度和管理[30]。向家坝是溪洛渡的下游电站,承担向国家电网送电的任务,

其水库回水与溪洛渡尾水相衔接，可配合溪洛渡进行反调节调度[31]。

2. 计算结果

选取 2014 年 4 月某日溪洛渡—向家坝梯级水电站实际运行工况，调度期为 1 日（96 时段），采用 GA-ACO 对梯级电站发电-航运多目标短期优化调度模型进行求解。溪洛渡水电站的初、末水位分别为 543.61 m、543.37 m，左岸、右岸电站发电量分配比为 1∶1；向家坝水电站的初、末水位分别为 378.4 m、377.99 m。在进行短期发电计划编制时，假定在调度开始前所有机组均持续运行至少 2 h，并设定机组最短开停机时间为 2 h；两坝间的水流时滞为 2 h，坝间时段内的入流均值为 82.7 m^3/s。溪洛渡水电站入库流量如表 5-16 所示。GA-ACO 参数设置如下：GA 种群规模 $M=150$，GA 终止代数 $N=60$，ACO 终止代数 NC = 200，依据图 5-29 计算步骤进行计算，取最优解作为输出结果。此外，溪洛渡水电站左岸、向家坝水电站和溪洛渡水电站右岸典型负荷曲线形式参数和峰平谷起止时段设置分别如表 5-17、表 5-18 所示。

表 5-16　溪洛渡水电站入库流量

时段	入库流量/（m^3/s）	时段	入库流量/（m^3/s）	时段	入库流量/（m^3/s）
1	1735	9	1629	17	2107
2	1735	10	1629	18	2107
3	2001	11	2149	19	1859
4	2011	12	2149	20	1859
5	1775	13	1793	21	2170
6	1775	14	1793	22	2170
7	1897	15	2002	23	2000
8	1897	16	2002	24	2000

表 5-17　溪洛渡水电站左岸、向家坝水电站典型负荷曲线形式参数和峰平谷起止时段

时段类型	起止时段	负荷曲线形式参数
谷段	0:00～8:00 / 22:00～24:00	0.75
早峰	8:00～12:00	1.00
腰荷	12:00～18:00	0.85
晚峰	18:00～22:00	1.10

表 5-18　溪洛渡水电站右岸典型负荷曲线形式参数和峰平谷起止时段

时段类型	起止时段	负荷曲线形式参数
谷段	其他	0.75
腰荷	7:00～9:00 / 21:00～23:00	0.85
早峰	9:00～12:00	1.00
午峰	14:00～16:00	1.20
晚峰	18:00～21:00	1.10

以日为调度周期（96 个时段），进行溪洛渡—向家坝梯级水电站枯水期多目标短期发电计划编制模拟，选取 50 组非劣调度方案集作为输出结果，50 组非支配解的 Pareto 前沿及最优解集分布分别如图 5-31、表 5-19 所示，两两调度目标上的投影分别图 5-32、图 5-33 所示。通过对两两调度目标之间的投影及 Pareto 前沿的分析发现，梯级总发电量和向家坝下游通航效益之间呈负相关关系，即梯级总发电量越小，向家坝最大下泄流量越小，向家坝下游航道的水位变化越平缓，通航效益越高，说明发电效益和航运效益

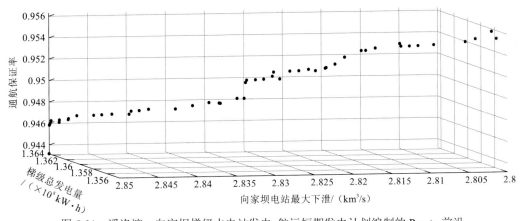

图 5-31　溪洛渡—向家坝梯级水电站发电-航运短期发电计划编制的 Pareto 前沿

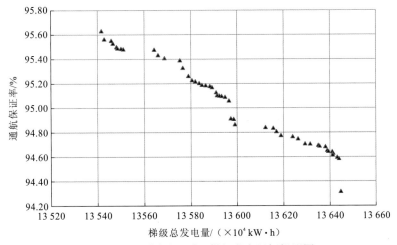

图 5-32　下游航运目标-梯级发电目标投影图

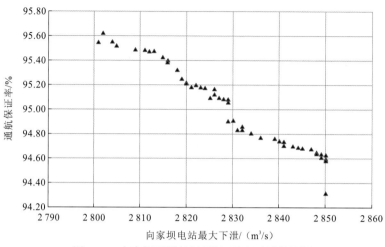

图 5-33　向家坝下游航运目标-最大下泄投影图

存在冲突关系。为缓解向家坝下游航运压力，在确定向家坝水电站下游航道航运约束的基础上，削减向家坝下泄流量因电站调峰而引起的波动，打破了梯级电站原本的最优发电计划，降低了梯级电站总发电量。

表 5-19　溪洛渡—向家坝梯级水电站发电-航运短期发电计划编制的 **Pareto** 最优解集分布

方案编号	梯级总发电量/$\times 10^4$ kW·h	向家坝水电站最大下泄/（m³/s）	通航保证率/%	方案编号	梯级总发电量/$\times 10^4$ kW·h	向家坝水电站最大下泄/（m³/s）	通航保证率/%
1	13 541.52	2 802	95.628	16	13 581.77	2 820	95.216
2	13 542.69	2 804	95.560	17	13 583.58	2 822	95.204
3	13 545.73	2 801	95.553	18	13 584.66	2 821	95.188
4	13 546.44	2 805	95.525	19	13 586.38	2 823	95.186
5	13 548.02	2 809	95.497	20	13 588.05	2 824	95.180
6	13 548.27	2 811	95.490	21	13 589.11	2 826	95.171
7	13 549.79	2 812	95.484	22	13 590.93	2 826	95.128
8	13 550.85	2 813	95.481	23	13 591.44	2 825	95.101
9	13 564.05	2 812	95.476	24	13 592.32	2 827	95.099
10	13 565.74	2 815	95.433	25	13 593.20	2 828	95.093
11	13 568.47	2 816	95.406	26	13 594.78	2 829	95.087
12	13 575.09	2 816	95.390	27	13 596.45	2 829	95.061
13	13 576.48	2 818	95.328	28	13 597.33	2 830	94.913
14	13 578.84	2 819	95.259	29	13 598.46	2 829	94.910
15	13 580.29	2 820	95.225	30	13 599.01	2 832	94.866

方案编号	梯级总发电量/（×10⁴ kW·h）	向家坝水电站最大下泄/（m³/s）	通航保证率/%	方案编号	梯级总发电量/（×10⁴ kW·h）	向家坝水电站最大下泄/（m³/s）	通航保证率/%
31	13 612.17	2 831	94.839	41	13 635.53	2 845	94.690
32	13 615.52	2 832	94.837	42	13 637.96	2 847	94.683
33	13 616.74	2 834	94.808	43	13 638.76	2 848	94.655
34	13 618.81	2 836	94.775	44	13 639.24	2 848	94.644
35	13 623.64	2 839	94.765	45	13 640.82	2 849	94.639
36	13 625.83	2 840	94.749	46	13 641.47	2 850	94.632
37	13 626.14	2 841	94.744	47	13 641.20	2 849	94.615
38	13 629.09	2 841	94.709	48	13 643.12	2 850	94.599
39	13 631.41	2 843	94.707	49	13 643.95	2 850	94.584
40	13 634.84	2 844	94.695	50	13 644.56	2 850	94.317

表 5-20 列举了向家坝下游通航效益最大和梯级电站总发电量最大两种极端条件下的指标对比结果。通航效益最大为方案 1，其优化后的溪洛渡水电站、向家坝水电站下泄流量、水位过程、向家坝下游水位变幅及出力过程曲线分别如图 5-34～图 5-37 所示；总发电量最大为方案 50，其优化后的溪洛渡水电站、向家坝水电站下泄流量、水位过程、向家坝下游水位变幅及出力过程曲线分别如图 5-38～图 5-41 所示。

表 5-20　溪洛渡—向家坝梯级水电站多目标发电调度指标对比

方案	通航效益/%	通航效益增幅/%	发电量/（×10⁴ kW·h）
原始负荷	95	—	—
方案 1（通航效益最大）	95.628	0.628	13 541.52
方案 50（总发电量最大）	94.317	−0.683	13 644.56

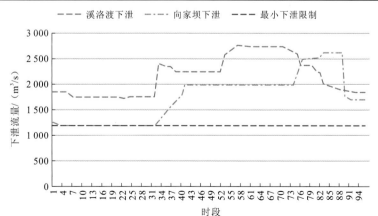

图 5-34　方案 1 溪洛渡—向家坝梯级水电站时段下泄流量过程

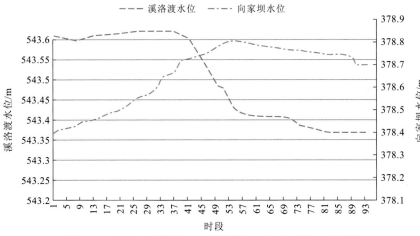

图 5-35　方案 1 溪洛渡—向家坝梯级水电站时段水位过程

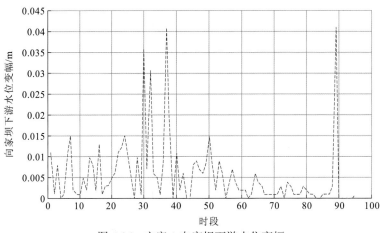

图 5-36　方案 1 向家坝下游水位变幅

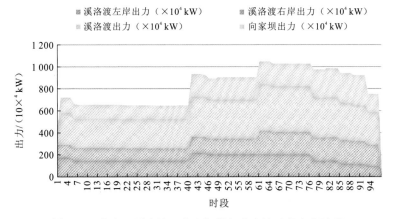

图 5-37　方案 1 溪洛渡—向家坝梯级水电站时段出力过程

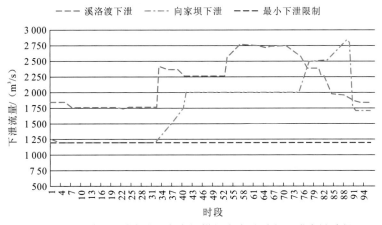

图 5-38　方案 50 溪洛渡—向家坝梯级水电站时段下泄流量过程

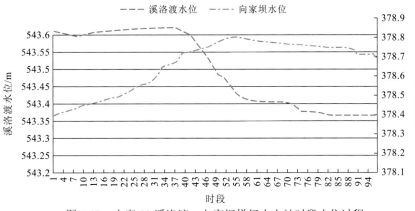

图 5-39　方案 50 溪洛渡—向家坝梯级水电站时段水位过程

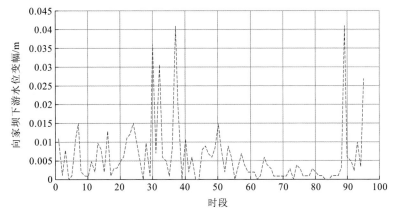

图 5-40　方案 50 向家坝下游水位变幅

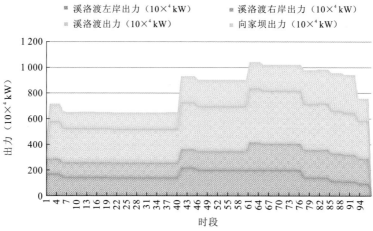

■ 溪洛渡左岸出力（10×⁴ kW）　　　■ 溪洛渡右岸出力（10×⁴ kW）
■ 溪洛渡出力（10×⁴ kW）　　　　　　向家坝出力（10×⁴ kW）

图 5-41　方案 50 溪洛渡—向家坝梯级水电站时段出力过程

由表 5-20 可见，方案 1 向家坝下游通航效益从原来的 95%增加到 95.628%，增幅为 0.628 个百分点，由于航运条件的约束，限制了向家坝下泄流量的波动范围，改善了向家坝下游通航条件。而方案 50 向家坝下游通航效益从原来的 95%减少到 94.317%，降幅为 0.683 个百分点，损失了一部分向家坝下游航运效益。方案 1 的梯级总发电量为 13 541.52×10⁴ kW·h，方案 50 则为 13 644.56×10⁴ kW·h，比方案 1 提高了 0.76%，这是损失向家坝下游航运效益换来的结果，进一步证明了航运效益与发电效益存在冲突关系。

将多目标优化调度结果与原始负荷进行对比，从表 5-21～表 5-24 可看出，多目标优化调度的方案 1 和方案 50 的发电效益都有所提升，但方案 50 的发电效益时通过损失一部分的下游通航效益换来的。因此在枯水期，若要使得梯级电站发电效益最优，则需牺牲向家坝下游航运效益。通过图 5-34～图 5-41 两个极端情况下的调度方案对比分析可知，溪洛渡水电站左、右岸发电量接近所设定的 1∶1 发电量比；各电站调度期末的水位均到达设定末水位，水位日变幅小于 4.5 m、小时变幅小于 1 m，水位变率也满足相应的航运约束，整个调度过程均满足向家坝下游航道的航运条件约束，调度仿真模拟结果合理有效。在梯级电站实际发电计划编制过程中，还需综合权衡航运效益和发电效益两个目标，从 Pareto 非支配解集中选择最优解。

表 5-21　方案 1 溪洛渡—向家坝梯级水电站短期调度输出下泄结果　　（单位：m³/s）

时段	溪洛渡	向家坝	时段	溪洛渡	向家坝	时段	溪洛渡	向家坝	时段	溪洛渡	向家坝
0:00	1 853	1 252	1:30	1 748	1 202	3:00	1 748	1 202	4:30	1 748	1 202
0:15	1 853	1 230	1:45	1 748	1 202	3:15	1 748	1 202	4:45	1 748	1 202
0:30	1 853	1 202	2:00	1 748	1 202	3:30	1 748	1 202	5:00	1 748	1 202
0:45	1 853	1 202	2:15	1 748	1 202	3:45	1 748	1 202	5:15	1 735	1 202
1:00	1 853	1 202	2:30	1 748	1 202	4:00	1 748	1 202	5:30	1 735	1 202
1:15	1 802	1 202	2:45	1 748	1 202	4:15	1 748	1 202	5:45	1 753	1 202

续表

时段	溪洛渡	向家坝	时段	溪洛渡	向家坝	时段	溪洛渡	向家坝	时段	溪洛渡	向家坝
6:00	1 753	1 202	10:30	2 250	1 998	15:00	2 739	1 998	19:30	2 376	2 520
6:15	1 753	1 202	10:45	2 250	1 998	15:15	2 739	1 998	19:45	2 376	2 520
6:30	1 753	1 202	11:00	2 250	1 998	15:30	2 739	1 999	20:00	2 249	2 520
6:45	1 753	1 202	11:15	2 250	1 998	15:45	2 739	1 999	20:15	2 249	2 520
7:00	1 753	1 202	11:30	2 250	1 998	16:00	2 739	1 999	20:30	2 025	2 620
7:15	1 753	1 202	11:45	2 250	1 202	16:15	2 739	1 999	20:45	2 025	2 620
7:30	1 753	1 202	12:00	2 250	1 998	16:30	2 739	1 999	21:00	1 957	2 620
7:45	1 753	1 202	12:15	2 250	1 998	16:45	2 739	1 999	21:15	1 957	2 620
8:00	2 407	1 276	12:30	2 250	1 998	17:00	2 739	1 999	21:30	1 957	2 620
8:15	2 407	1 350	12:45	2 250	1 998	17:15	2 739	1 999	21:45	1 903	2 620
8:30	2 351	1 423	13:00	2 587	1 998	17:30	2 739	1 999	22:00	1 891	2 620
8:45	2 351	1 501	13:15	2 612	1 998	17:45	2 688	1 999	22:15	1 879	1 705
9:00	2 351	1 579	13:30	2 649	1 998	18:00	2 645	1 999	22:30	1 872	1 705
9:15	2 250	1 627	13:45	2 714	1 998	18:15	2 602	1 999	22:45	1 860	1 705
9:30	2 250	1 699	14:00	2 752	1 998	18:30	2 602	2 166	23:00	1 839	1 705
9:45	2 250	1 775	14:15	2 752	1 998	18:45	2 376	2 332	23:15	1 839	1 705
10:00	2 250	1 998	14:30	2 752	1 998	19:00	2 376	2 520	23:30	1 839	1 705
10:15	2 250	1 998	14:45	2 739	1 998	19:15	2 376	2 520	23:45	1 839	1 705

表 5-22　方案 1 溪洛渡—向家坝梯级水电站短期调度输出出力结果　（单位：$\times 10^4$ kW）

时段	溪洛渡左岸	溪洛渡右岸	溪洛渡	向家坝	时段	溪洛渡左岸	溪洛渡右岸	溪洛渡	向家坝
0:00	168.00	120.27	288.27	141.00	2:30	141.00	120.21	261.21	130.00
0:15	168.00	120.27	288.27	141.00	2:45	141.00	120.21	261.21	130.00
0:30	168.00	120.27	288.27	141.00	3:00	141.00	120.21	261.21	130.00
0:45	168.00	120.27	288.27	141.00	3:15	141.00	120.21	261.21	130.00
1:00	168.00	120.27	288.27	141.00	3:30	141.00	120.21	261.21	130.00
1:15	140.93	119.88	260.81	141.00	3:45	141.00	119.88	260.88	130.00
1:30	140.93	119.88	260.81	130.00	4:00	141.00	119.88	260.88	130.00
1:45	140.93	119.88	260.81	130.00	4:15	141.00	119.88	260.88	130.00
2:00	140.93	119.88	260.81	130.00	4:30	141.00	119.88	260.88	130.00
2:15	140.93	119.88	260.81	130.00	4:45	141.00	119.88	260.88	130.00

时段	溪洛渡左岸	溪洛渡右岸	溪洛渡	向家坝	时段	溪洛渡左岸	溪洛渡右岸	溪洛渡	向家坝
5:00	138.99	119.82	258.81	130.00	13:15	198.00	149.00	347.00	209.99
5:15	138.99	119.82	258.81	130.00	13:30	198.00	149.00	347.00	209.99
5:30	138.99	119.82	258.81	130.00	13:45	198.00	149.00	347.00	209.99
5:45	138.99	119.82	258.81	130.00	14:00	198.00	149.00	347.00	209.99
6:00	138.99	119.82	258.81	130.00	14:15	198.00	149.00	347.00	209.99
6:15	138.99	120.06	259.05	130.00	14:30	198.00	149.00	347.00	209.99
6:30	138.99	120.06	259.05	130.00	14:45	198.00	149.00	347.00	209.99
6:45	138.99	120.06	259.05	130.00	15:00	198.00	219.00	417.00	209.99
7:00	138.99	120.06	259.05	130.00	15:15	198.00	219.00	417.00	209.99
7:15	138.99	120.06	259.05	130.00	15:30	198.00	219.00	417.00	209.99
7:30	138.99	119.46	258.45	130.00	15:45	198.00	219.00	417.00	209.99
7:45	138.99	119.46	258.45	130.00	16:00	198.00	209.99	407.99	210.00
8:00	138.99	119.46	258.45	130.00	16:15	198.00	209.99	407.99	210.00
8:15	138.99	119.46	258.45	130.00	16:30	198.00	209.99	407.99	210.00
8:30	138.99	119.46	258.45	130.00	16:45	198.00	209.99	407.99	210.00
8:45	138.99	119.61	258.6	130.00	17:00	198.00	209.99	407.99	209.99
9:00	138.99	119.61	258.6	133.00	17:15	198.00	209.99	407.99	209.99
9:15	138.99	119.61	258.6	133.00	17:30	198.00	209.99	407.99	209.99
9:30	138.99	119.61	258.6	133.00	17:45	198.00	209.99	407.99	209.99
9:45	138.99	119.61	258.6	133.00	18:00	198.00	210.00	408.00	210.00
10:00	213.00	149.00	362.00	210.01	18:15	198.00	210.00	408.00	210.00
10:15	213.00	149.00	362.00	210.01	18:30	198.00	210.00	408.00	210.00
10:30	213.00	149.00	362.00	210.01	18:45	198.00	210.00	408.00	210.00
10:45	213.00	149.00	362.00	210.01	19:00	137.00	219.00	356.00	260.00
11:00	213.00	149.00	362.00	200.00	19:15	137.00	219.00	356.00	260.00
11:15	198.00	149.00	347.00	200.00	19:30	137.00	219.00	356.00	260.00
11:30	198.00	149.00	347.00	200.00	19:45	137.00	219.00	356.00	260.00
11:45	198.01	149.00	347.01	200.00	20:00	138.00	220.00	358.00	271.00
12:00	198.01	149.00	347.01	209.99	20:15	138.00	220.00	358.00	271.00
12:15	197.99	149.00	346.99	209.99	20:30	138.00	220.00	358.00	271.00
12:30	197.99	149.00	346.99	209.99	20:45	138.00	220.00	358.00	271.00
12:45	197.99	149.00	346.99	209.99	21:00	110.00	220.00	330.00	280.00
13:00	198.00	149.00	347.00	209.99	21:15	110.00	220.00	330.00	280.00

续表

时段	溪洛渡左岸	溪洛渡右岸	溪洛渡	向家坝	时段	溪洛渡左岸	溪洛渡右岸	溪洛渡	向家坝
21:30	110.00	220.00	330.00	280.00	22:45	109.00	212.00	321.00	280.00
21:45	110.00	220.00	330.00	280.00	23:00	91.00	199.00	290.00	170.00
22:00	109.00	212.00	321.00	280.00	23:15	91.00	199.00	290.00	170.00
22:15	109.00	212.00	321.00	280.00	23:30	91.00	199.00	290.00	170.00
22:30	109.00	212.00	321.00	280.00	23:45	91.00	199.00	290.00	170.00

表 5-23　方案 50 溪洛渡—向家坝梯级水电站短期调度输出下泄结果　　（单位：m³/s）

时段	溪洛渡	向家坝	时段	溪洛渡	向家坝	时段	溪洛渡	向家坝	时段	溪洛渡	向家坝
0:00	1 853	1 252	6:00	1 753	1 202	12:00	2 250	1 998	18:00	2 645	1 999
0:15	1 853	1 230	6:15	1 753	1 202	12:15	2 250	1 998	18:15	2 602	1 999
0:30	1 853	1 202	6:30	1 753	1 202	12:30	2 250	1 998	18:30	2 602	2 166
0:45	1 853	1 202	6:45	1 753	1 202	12:45	2 250	1 998	18:45	2 376	2 332
1:00	1 853	1 202	7:00	1 753	1 202	13:00	2 587	1 998	19:00	2 376	2 520
1:15	1 802	1 202	7:15	1 753	1 202	13:15	2 612	1 998	19:15	2 376	2 520
1:30	1 748	1 202	7:30	1 753	1 202	13:30	2 649	1 998	19:30	2 376	2 520
1:45	1 748	1 202	7:45	1 753	1 202	13:45	2 714	1 998	19:45	2 376	2 520
2:00	1 748	1 202	8:00	2 407	1 276	14:00	2 752	1 998	20:00	2 249	2 520
2:15	1 748	1 202	8:15	2 407	1 350	14:15	2 752	1 998	20:15	2 249	2 520
2:30	1 748	1 202	8:30	2 351	1 423	14:30	2 752	1 998	20:30	2 025	2 573
2:45	1 748	1 202	8:45	2 351	1 501	14:45	2 739	1 998	20:45	2 025	2 620
3:00	1 748	1 202	9:00	2 351	1 579	15:00	2 739	1 998	21:00	1 957	2 671
3:15	1 748	1 202	9:15	2 351	1 627	15:15	2 739	1 999	21:15	1 957	2 725
3:30	1 748	1 202	9:30	2 351	1 699	15:30	2 701	1 999	21:30	1 957	2 781
3:45	1 748	1 202	9:45	2 298	1 775	15:45	2 701	1 999	21:45	1 903	2 851
4:00	1 748	1 202	10:00	2 250	1 998	16:00	2 734	1 999	22:00	1 891	2 851
4:15	1 748	1 202	10:15	2 250	1 998	16:15	2 734	1 999	22:15	1 879	1 705
4:30	1 748	1 202	10:30	2 250	1 998	16:30	2 734	1 999	22:30	1 872	1 705
4:45	1 748	1 202	10:45	2 250	1 998	16:45	2 734	1 999	22:45	1 860	1 705
5:00	1 748	1 202	11:00	2 250	1 998	17:00	2 734	1 999	23:00	1 839	1 705
5:15	1 735	1 202	11:15	2 250	1 998	17:15	2 734	1 999	23:15	1 839	1 705
5:30	1 735	1 202	11:30	2 250	1 998	17:30	2 734	1 999	23:30	1 839	1 705
5:45	1 753	1 202	11:45	2 250	1 998	17:45	2 688	1 999	23:45	1 839	1 705

表 5-24　方案 50 溪洛渡—向家坝梯级水电站短期调度输出出力结果　（单位：×10⁴ kW）

时段	溪洛渡左岸	溪洛渡右岸	溪洛渡	向家坝	时段	溪洛渡左岸	溪洛渡右岸	溪洛渡	向家坝
0:00	168.00	120.27	288.27	141.00	7:00	138.99	120.06	259.05	130.00
0:15	168.00	120.27	288.27	141.00	7:15	138.99	120.06	259.05	130.00
0:30	168.00	120.27	288.27	141.00	7:30	138.99	119.46	258.45	130.00
0:45	168.00	120.27	288.27	141.00	7:45	138.99	119.46	258.45	130.00
1:00	168.00	120.27	288.27	141.00	8:00	138.99	119.46	258.45	130.00
1:15	140.93	119.88	260.81	141.00	8:15	138.99	119.46	258.45	130.00
1:30	140.93	119.88	260.81	130.00	8:30	138.99	119.46	258.45	130.00
1:45	140.93	119.88	260.81	130.00	8:45	138.99	119.61	258.6	130.00
2:00	140.93	119.88	260.81	130.00	9:00	138.99	119.61	258.6	133.00
2:15	140.93	119.88	260.81	130.00	9:15	138.99	119.61	258.6	133.00
2:30	141.00	120.21	261.21	130.00	9:30	138.99	119.61	258.6	133.00
2:45	141.00	120.21	261.21	130.00	9:45	138.99	119.61	258.6	133.00
3:00	141.00	120.21	261.21	130.00	10:00	213.00	149.00	362.00	210.01
3:15	141.00	120.21	261.21	130.00	10:15	213.00	149.00	362.00	210.01
3:30	141.00	120.21	261.21	130.00	10:30	213.00	149.00	362.00	210.01
3:45	141.00	119.88	260.88	130.00	10:45	213.00	149.00	362.00	210.01
4:00	141.00	119.88	260.88	130.00	11:00	213.00	149.00	362.00	210.00
4:15	141.00	119.88	260.88	130.00	11:15	198.00	149.00	347.00	210.00
4:30	141.00	119.88	260.88	130.00	11:30	198.00	149.00	347.00	210.00
4:45	141.00	119.88	260.88	130.00	11:45	198.01	149.00	347.01	210.00
5:00	138.99	119.82	258.81	130.00	12:00	198.01	149.00	347.01	209.99
5:15	138.99	119.82	258.81	130.00	12:15	197.99	149.00	346.99	209.99
5:30	138.99	119.82	258.81	130.00	12:30	197.99	149.00	346.99	209.99
5:45	138.99	119.82	258.81	130.00	12:45	197.99	149.00	346.99	209.99
6:00	138.99	119.82	258.81	130.00	13:00	198.00	149.00	347.00	209.99
6:15	138.99	120.06	259.05	130.00	13:15	198.00	149.00	347.00	209.99
6:30	138.99	120.06	259.05	130.00	13:30	198.00	149.00	347.00	209.99
6:45	138.99	120.06	259.05	130.00	13:45	198.00	149.00	347.00	209.99

时段	溪洛渡左岸	溪洛渡右岸	溪洛渡	向家坝	时段	溪洛渡左岸	溪洛渡右岸	溪洛渡	向家坝
14:00	198.00	149.00	347.00	209.99	19:00	137.00	219.00	356.00	270.00
14:15	198.00	149.00	347.00	209.99	19:15	137.00	219.00	356.00	270.00
14:30	198.00	149.00	347.00	209.99	19:30	137.00	219.00	356.00	270.00
14:45	198.00	149.00	347.00	209.99	19:45	137.00	219.00	356.00	270.00
15:00	198.00	219.00	417.00	209.99	20:00	138.00	220.00	358.00	271.00
15:15	198.00	219.00	417.00	209.99	20:15	138.00	220.00	358.00	271.00
15:30	198.00	219.00	417.00	209.99	20:30	138.00	220.00	358.00	271.00
15:45	198.00	219.00	417.00	209.99	20:45	138.00	220.00	358.00	271.00
16:00	198.00	209.99	407.99	210.00	21:00	110.00	220.00	330.00	300.00
16:15	198.00	209.99	407.99	210.00	21:15	110.00	220.00	330.00	300.00
16:30	198.00	209.99	407.99	210.00	21:30	110.00	220.00	330.00	300.00
16:45	198.00	209.99	407.99	210.00	21:45	110.00	220.00	330.00	300.00
17:00	198.00	209.99	407.99	209.99	22:00	109.00	212.00	321.00	300.00
17:15	198.00	209.99	407.99	209.99	22:15	109.00	212.00	321.00	300.00
17:30	198.00	209.99	407.99	209.99	22:30	109.00	212.00	321.00	300.00
17:45	198.00	209.99	407.99	209.99	22:45	109.00	212.00	321.00	300.00
18:00	198.00	210.00	408.00	210.00	23:00	91.00	199.00	290.00	180.00
18:15	198.00	210.00	408.00	210.00	23:15	91.00	199.00	290.00	180.00
18:30	198.00	210.00	408.00	210.00	23:30	91.00	199.00	290.00	180.00
18:45	198.00	210.00	408.00	210.00	23:45	91.00	199.00	290.00	180.00

5.8　枢纽发电、泄洪、通航联合优化调度

因为枢纽泄洪时，机组一般处于满发状态，发电量达到最大，但是此时的下泄流量过大，有时不满足水库下游航道的通航条件，对下游船舶通航造成很大的影响。因此，本节研究发电、泄洪、通航联合优化调度问题，在机组满发的情况下，考虑水库的泄洪方式对于水库下游通航能力的影响，分析发电、泄洪、通航三者之间的关系。

5.8.1 模拟工况

根据向家坝水电站泄洪建筑物的布置方式，可以根据空间位置将泄洪孔分为左岸泄洪孔和右岸泄洪孔两种。在水库实际运行中，有时会产生左岸、右岸泄水不平衡的现象。为了探讨这种不平衡泄水现象对下游河道通航能力的影响，本章定义了左岸、右岸泄水均匀状态下的流动状态（即对称流）和泄水不均匀状态下的流动状态（即非对称流）。进而研究不同的泄洪方式对通航能力的影响。

当左岸、右岸泄洪孔都运行工作，下游河道会产生对称的水流，流量均匀分布，流态较好。在这种情况下，下游水力学模型中的上游边界线是 AC，如图 5-7（b）所示，这意味着下泄流量均匀地分布在 AC 边界上。

但当只有一岸的泄洪孔进行工作，另一岸的泄洪孔暂停工作，则下游河道会产生非对称流，即流量不均匀分布，工作泄洪孔所在的一岸的河道泄流要更大一些，流态不稳定，会产生复杂的流场情况，这时船舶通航，需要谨慎驾驶。图 5-7（b）中 AB 和 BC 两个边界线分别是位于下游模型上边界线中点 B 两侧的边界线。如果左岸（AB）和右岸（BC）都泄流，则水库下游将产生对称流。如果只有某一岸泄洪孔（AB 或 BC）泄流，则将产生不对称流。

为了探讨对称流和非对称流量对下游通航能力的影响，本小节选择了三种典型的工作条件进行研究，如表 5-25 所示。

表 5-25 对称流和非对称流模拟工况

工况	流态	工作泄洪孔	下游模型的上边界线
1	对称流	所有泄洪孔	AC
2	非对称流	左岸泄洪孔	AB
3	非对称流	右岸泄洪孔	BC

本小节分别针对向家坝水库的下游河道进行了这三种工况下的数值模拟，工况 1 是对称流的模拟工况，工况 2、工况 3 则是针对不同非对称流的模拟工况。

5.8.2 对称流和非对称流模拟结果

为了研究对称流和非对称流对向家坝下游通航能力 NCv^{down} 的影响，根据表 5-25 三种工况的初始条件，设定下游模型的上边界线，设定了 23 组数值模拟，其结果如图 5-42。当下泄流量为 12 000 m³/s 时，三种工况下的水库下游横向流速分布如图 5-43～图 5-45 所示。

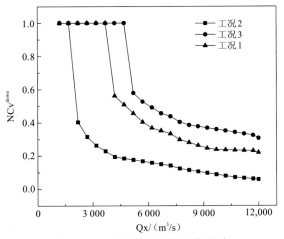

图 5-42　三种工况的下游通航能力

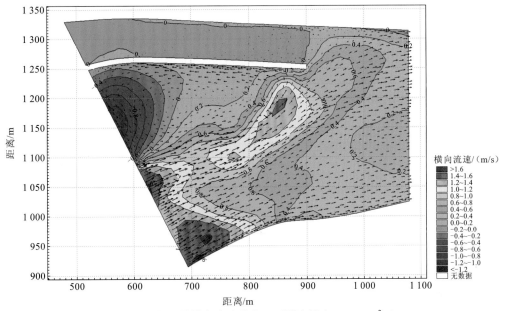

图 5-43　工况 3 的下游横向流速分布（下泄流量为 12 000 m³/s）

通过三种工况的仿真结果，可以得出以下结论。

（1）对于向家坝水电站的考虑流速的下游通航能力 NCv^{down} 来说，当下泄流量（<1 700 m³/s）较小时，三种工况的下游通航能力 NCv^{down} 是相同的（$NCv^{down} = 1$）；

（2）当下泄流量（>1 700 m³/s）较大时，工况 1 中的通航能力 NCv^{down} 最差（仅左岸泄洪孔工作），工况 2 中的通航能力 NCv^{down} 较好（所有泄洪孔工作），而工况 3 中的通航能力 NCv^{down} 最好（仅右岸泄洪孔工作）。

这是因为左岸泄洪孔靠近引航道的口区域，如果仅左岸泄洪孔在工作，则横向流度超过限制值的局域面积将会更大，船舶通航的安全距离 ds 就越小。相反，右岸泄洪孔远离下游引航道口门区，对口门区的通航能力影响较小。因此，针对非对称流模拟结果和

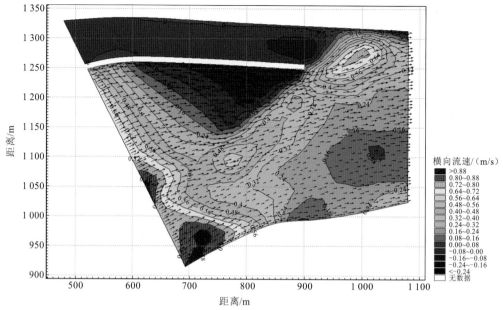

图 5-44 工况 1 的下游横向流速分布（下泄流量为 12 000 m³/s）

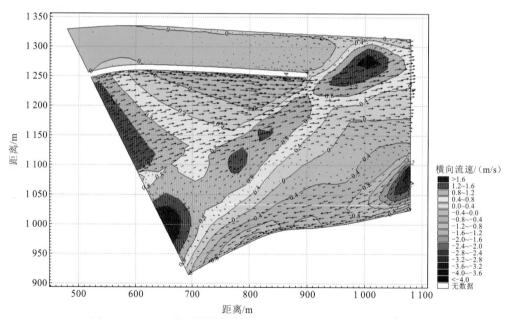

图 5-45 工况 2 的下游横向流速分布（下泄流量为 12 000 m³/s）

研究，可以为不同泄洪方式对于通航能力的影响和考虑通航效益的水库多目标优化调度问题提供有效的建议。例如，当向家坝水电站机组满发，发电量最大时，还需要进行弃水来泄流，如果泄流流量较小时，可以优先考虑只运行右岸泄洪孔，而暂停使用左岸泄洪孔，以满足通航需求。

5.9　本　章　小　结

本章围绕水库发电-通航多目标联合优化调度所面临的关键科学问题,主要从水库通航能力评估和量化方法、水库发电-通航短期多目标优化调度模型构建、向家坝水库多目标优化调度三个方面开展研究。为提高水库发电-通航优化调度水平,将河道二维水动力学模拟和水库发电优化调度模型相结合,提出一个创新的通航能力评价方法,并以向家坝水电站为实例验证了方法和模型的合理性和有效性。本章的主要内容和创新性成果主要有以下几个方面。

(1)针对水库发电-通航联合优化调度问题,传统的通航能力评估和量化方法只考虑了水位、流量等水力要素对船舶通航的影响,并没有考虑引航道口门区较大水流速度对通航的影响。本章基于河道二维水动力学模型,提出了一个创新的通航能力流速评价法,利用精细化水动力模型的模拟结果,求出不同调度方案下的流速对通航的影响程度,为水库发电-通航联合优化调度问题的解决奠定基础。而且通过向家坝实例验证了水库对称流和非对称流对下游引航道通航能力不同的影响程度,为考虑发电和通航的超短期优化运行或厂内经济运行问题提供指导。另一方面,通过与考虑流量变幅和考虑水位方差两个通航能力评价方法进行对比分析,验证了本章提出的通航能力流速评价法的合理性和有效性,为船舶驾驶员及水库运行人员,提供引航道口门区的流态分布图和水库经济运行的指导建议。

(2)为了探究水库发电效益和通航效益之间的协调关系,本章建立了一个创新的水库发电-下游通航多目标优化调度模型,将河道二维水动力学模型和水库调度模型相耦合,构建求解框架。并且为了验证模型的合理性和有效性,又建立了多个对比模型。基于通航能力流速评价法,本章又提出了个考虑流速和水位综合影响下的通航能力评价法。并根据此方法,建立了水库多目标发电-上、下游通航多目标优化调度模型。最后,使用NSGA-II 和 SPEA2 对不同的模型进行求解。

(3)向家坝水库实例研究结果表明,使用 NSGA-II 和 SPEA2 算法求解此类模型,可以得到分布均匀的 Pareto 最优前沿,是解决短期多目标优化调度问题的有效算法,得出了总发电量和下游通航能力之间呈负相关关系,上游通航能力和下游通航能力之间呈负相关关系,总发电量和上游通航能力之间无明显制约关系的结论。并通过分析几个典型调度方案的水位控制过程,得出了发电目标和通航目标之间复杂关系的成因和机理,验证了水库出力过程的合理性。为实际水库发电运行决策和船舶安全出入上下游航道提供了有效建议。

(4)研究枯水期影响向家坝下游航运的关键因子,深入分析了各关键因子之间的关联因素,提出评价向家坝下游航运效益的评价函数,并作为航运调度的目标函数。进一步,为提高溪洛渡—向家坝梯级水电站的整体效益,综合考虑梯级水电站发电调度及航运调度,针对溪洛渡—向家坝梯级水电站,建立枯水期兼顾向家坝下游航运要求的多目标短期发电优化调度模型。

（5）针对蚁群算法在寻优过程中存在的构建初始种群速度慢、后期易陷入局部最优解、计算精度差的缺点，用遗传算法生成较优种群作为蚁群的输入，减少其初期计算时间及复杂度，并在蚁群算法形成完整路径后使用遗传操作（选择、交叉、变异）来增加种群的多样性，提出基于遗传算法的改进多目标蚁群算法，用于求解大型水利枢纽优化调度模型。

（6）将水库运行水位进行编码，用 GA-ACO 算法对溪洛渡—向家坝梯级水电站多目标短期优化调度问题进行求解，在兼顾梯级电站发电效益和向家坝下游航运效益的同时，考虑溪洛渡水电站"一库两站两调"的特殊运行要求，制订梯级电站的短期发电计划。结果表明，改进算法有效克服了前期计算速度慢、后期易陷入局部收敛的缺陷，极大提高了短期发电计划的精度，并可以有效缓解向家坝下游航运压力。

（7）研究发电、泄洪、通航联合优化调度问题，在机组满发的情况下，考虑水库的泄洪方式对于水库下游通航能力的影响，分析发电、泄洪、通航三者之间的关系。探讨了对称流和非对称流两种不同流态，对下游通航能力的影响。最终，获得了不同泄流方式下向家坝下游通航能力评估值，分析了形成不同通航能力评估值的原因，为水库发电、泄洪、通航联合优化调度提供有效建议。

参 考 文 献

[1] 周华兴. 船闸口门外连接段通航水流条件标准的初探[J]. 水运工程, 2004(4): 62-67.

[2] 罗铭, 黄尔, 李刚. 基于 MIKE21 FM 数值模拟的某灌区引水口布置优化[J]. 水电能源科学, 2018(3): 118-122.

[3] 袁帅, 周建中, 卢程伟, 等. 一种改善稳定性的 MIKE21FM 河道网格绘制方法[J]. 水电能源科学, 2017(7): 26-29.

[4] ERPICUM S, PIROTTON M, ARCHAMBEAU P. et al. Two-dimensional depth-averaged finite volume model for unsteady turbulent flows[J]. Journal of hydraulic research, 2014, 52(1): 148-150.

[5] CASULLI V, WALTERS R A. An unstructured grid, three-dimensional model based on the shallow water equations[J]. International journal for numerical methods in fluids, 2000, 32(3): 331-348.

[6] KUIRY S N, PRAMANIK K, SEN D. Finite volume model for shallow water equations with improved treatment of source terms[J]. Journal of journal of hydraulic engineering, 2008, 134(2): 231-242.

[7] SONG L, ZHOU J, GUO J, et al. A robust well-balanced finite volume model for shallow water flows with wetting and drying over irregular terrain[J]. Advances in water resources, 2011, 34(7): 915-932.

[8] 中华人民共和国交通运输部. 内河通航标准: GB 50139—1990[S]. 北京: 中国计划出版社, 1990.

[9] 中华人民共和国交通运输部. 船闸总体设计规范: JTJ 305—2001[S]. 北京: 人民交通出版社, 2001.

[10] 陈作强. 通航建筑物口门区及连接段通航水流条件研究[D]. 成都: 四川大学, 2006.

[11] JIA T, QIN H, YAN D, et al. Short-term multi-objective optimal operation of reservoirs to maximize the benefits of hydropower and navigation[J]. Water, 2019, 11(6): 1272.

[12] 王金文, 范习辉, 张勇传, 等. 大规模水电系统短期调峰电量最大模型及其求解[J]. 电力系统自动

化, 2003(15): 29-34.

[13] DEB K, PRATAP A, AGARWAL S, et al. A fast and elitist multiobjective genetic algorithm: NSGA-II[J]. IEEE transactions on evolutionary computation, 2002, 6(2): 182-197.

[14] YAZDI J, MORIDI A. Multi-objective differential evolution for design of cascade hydropower reservoir systems[J]. Water resources management, 2018, 32(14): 4779-4791.

[15] JIA T, ZHOU J, LIU X. A daily power generation optimized operation method of hydropower stations with the navigation demands considered[C]. Beijing: EDP Sciences, 2018.

[16] FENG Z, NIU W, ZHOU J, et al. Multiobjective operation optimization of a cascaded hydropower system[J]. Journal of water resources planning and management, 2017, 143(10): 1-11.

[17] ZITZLER E, LAUMANNS M, THIELE L. SPEA2: Improving the strength pareto evolutionary algorithm[J]. ETh zur. res. collect. 2001: 95-100.

[18] 刘福英, 王晓升. 基于 SPEA2 和 NSGA-II 算法的并行多目标优化算法[J]. 信息通信, 2016(11): 28-29, 30.

[19] LOPEZ-IBANEZ M, DEVI P T, PAECHTER B. Multi-objective optimisation of the pump scheduling problem using SPEA2[C]. IEEE, 2005.

[20] WANG C, ZHOU J, LU P, et al. Long-term scheduling of large cascade hydropower stations in Jinsha River, China[J]. Energy conversion & management, 2015, 90: 476-487.

[21] 陈芳. 金沙江下游梯级水库群优化调度研究及应用[D]. 武汉: 华中科技大学, 2017.

[22] 母德伟, 王永强, 李学明, 钟德钰. 向家坝日调节非恒定流对下游航运条件影响研究[J]. 四川大学学报(工程科学版), 2014, 46(6): 71-77.

[23] Chongqing Southwest Water Transport Engineering Research Institute. Report on Influence and Countermeasure of Downstream Navigation Conditions by Impoundment of Xiangjiaba Hydropower Station[R]. Chongqing: Chongqing Jiaotong University, 2012.

[24] 廖小琴. 电站调度运行产生的非恒定流对下游航道通航条件的影响研究[D]. 重庆: 重庆交通大学, 2013.

[25] DORIGO M, CARO G D, GAMBARDELLA L M. Ant algorithms for discrete optimization[J]. Artificial life, 1999, 5(2): 137-172.

[26] 王磊. 基于遗传算法的前馈神经网络结构优化[D]. 大庆: 东北石油大学, 2013.

[27] 王小安, 周建中, 王慧, 等. 遗传算法在短期发电优化调度中的研究与应用[J]. 计算机仿真, 2003(10): 120-122, 128.

[28] 刘开勇. 梯级水电站短期发电计划研究与应用[D]. 武汉: 华中科技大学, 2013.

[29] 关杰林, 余波, 李晖, 等. 溪洛渡—向家坝梯级电站"调控一体化"调度运行管理模式研究[J]. 华东电力, 2010, 8: 21.

[30] 卢鹏. 梯级水电站群跨电网短期联合运行及经济调度控制研究[D]. 武汉: 华中科技大学, 2016.

[31] 王超. 金沙江下游梯级水电站精细化调度与决策支持系统集成[D]. 武汉: 华中科技大学, 2016.

枢纽库面拦排漂及安防技术与装备研发

6.1 工程漂浮物调研

为了解不同工程漂浮物特点，长江水利委员会长江科学院水力学研究所对三峡、葛洲坝坝前、涪陵至宜昌库区河道漂浮物情况进行实地调研，踏勘考察了武汉长江、汉江河段水葫芦爆发状况，此外还对黄河三门峡污物、福建闽江水葫芦、南水北调干渠浮冰及国内二十多座电站、泵站等典型工程漂浮物进行了考察研究。

经现场调研，河道漂浮物沿流程呈随机分布，在一些特征河段沿河岸一侧漂移，运移、分布、滞留、聚集与河势、弯道、孤岛、水力、行船、风力等因素关系密切，合理利用这些因素有利于提高漂浮物治理效果，见图 6-1、图 6-2。

图 6-1 支流对干流漂浮物影响

图 6-2 河势对漂浮物影响

6.1.1　三峡库区漂浮物调研

为了解三峡库区清漂实际情况，研究完善清漂方式，三峡工程蓄水后长江水利委员会长江科学院水力学研究所多次实地调研库区漂浮物。2018 年 7 月长江 1 号、2 号洪水期间结合国家重点研发计划等相关项目研究工作需要，再次组织专业人员对重庆以下的库区漂浮物及清漂现状进行现场调研，见图 6-3、图 6-4。

图 6-3　石柱县西沱回水区清漂

图 6-4　巫溪县城水域船只清漂

三峡库区流域面积大、河道路线长，库区回水长约 600 km 的河道，河流自西向东弯弯曲曲，宽窄相间，穿越城镇、山陵和峡谷，沿途两岸众多支流汇入，随河道走势时而顺直时而曲折，水面流态时缓时急，有些河段水流相对平静，有些部位水流较紊乱[1]。汛期河流大量漂浮物在水面漂移、分散、聚集、滞留、沉浮，在大部分河段漂浮物遍布江面，在有些部位随河势变化偏向河道一侧流动。

三峡库区漂浮物暴发与洪水形成关系密切，量大时间长，清漂工作路线长、作业点多面广，清漂任务艰巨，管理困难。库区沿途干支流部门主要采用船只、人力在江面分散打捞漂浮物,作业区主要集中在回水区、码头等集漂区、漂浮物聚集带,打捞上船的漂浮物运送至各自清漂码头再转运上岸至其他地方处理。突击清漂时数百条船只、上千人在库区沿途作业。三峡库区漂浮物暴发期间暴雨、风浪、暴晒、高温、恶臭都是常态,水文、气象等自然条件恶劣,应急清漂时相关人员都严阵以待,各类船只在江面和岸边码头间穿梭存在安全隐患。人员和船只在流动水面清漂效果有限、职责难以明确划分,晚上、雾天、风雨等情况下不能操作,一天内有效打捞时间有限,实际清理量占过境量的小部分。清漂劳动强度大,清漂人员普遍老化,工资低,条件差,早出晚归,没有节假日,水上清漂是当今少有的艰辛工作。为改善库区清漂条件相关单位不断提高清漂能力建设,提高船只清漂效率,根据三峡库区漂浮物形成特点人工机械清漂难以完全改变被动应对的局面。库区典型清漂方式见图6-5、图6-6。

图6-5 库区人工船只清漂

图6-6 库区自动化船只清漂

经对库区多处集中清漂河段实地调研了解到,库区各地都投入数千万元兴建码头、船只等清漂基础设施,每处年清漂量约 10 000～40 000 m³,平均直接清漂费约 200 元/m³ 不等,三峡工程蓄水以来库区实际累计清漂费用巨大[2]。据估算三峡库区年漂浮物量至少数十万立方米，为确保库区水面清洁将来每年都需要持续投入大量清漂资金，各地分散处理上岸漂浮物、维护清漂设施都需要不断支出。

尽管库区各地都在开展清漂工作，现有清理方式难以及时彻底清理大量暴发漂浮物，汛期在三峡坝前左、右及地下电厂还是经常会出现大面积聚的集漂浮物，为避免漂浮物对航道的影响，在上游隔流堤布置了长约 3 000 m 的漂浮物围栏，在各个漂浮物聚集区域分别利用清漂船进行清理作业，见图 6-7、图 6-8。

图 6-7 三峡坝前左岸电站前清漂

图 6-8 三峡上游航道围栏前清漂

为清理坝前漂浮物，枢纽管理单位通常采用先进的清漂设备，对运行过程中产生的漂浮物进行了处理和利用。仅 2013 年清理三峡坝前水面漂浮物 65 200 m³，共出动各类清漂船只 2 700 多船次，清漂人员 1.2 万多人次，坝前最高年份清漂近 20×10^4 m³。

漂浮物及失控漂移的船只也是工程安全运行的隐患。在三峡枢纽初期蓄水阶段曾出现多艘失控船只漂向坝前形成安全隐患，工程运行后为预防类似安全事故发生，相关单位多次在库区进行了失控船舶应急救援演练。

6.1.2　葛洲坝漂浮物调研

葛洲坝水电站是长江干流上第一座大型水力发电站。三峡工程蓄水前，葛洲坝水利枢纽每年都有大量漂浮物汇集坝前，在长江主汛期二江电厂漂浮物尤其严重。每年汛初在涨水过程中漂浮物开始逐渐顺流而下，随流量增大数量渐增，当流量增至 40 000 m³/s 左右时，数量达到高峰。漂浮物的尺度悬殊，形状各不相同，相互混杂、交织、聚散无常。据统计漂浮物一般年总量为 40 000 m³，最高达 80 000 m³[3]。沿江两岸山洪汇流挟带的漂浮物包括稻草、麦草、秸秆、巴茅、灌木、树根、树干、枝杈、泡沫板块、塑料瓶袋、快餐盒、木料等，有时还有失控航标船、驳船等。

葛洲坝是河床式低水头电站，漂浮物影响电站发电水头、航运、环境等。一般年份主汛期发电水头损失为 1~2 m，较大则达 3~4 m，机组最大水头损失高达 9 m，停机事故时有发生。漂浮物运移过程中对江面导航设施亦有较大的冲击破坏，漂浮物经常进入船闸影响船闸运行，1984 年 7 月 26 日漂浮物灾害造成三江航道停航。大量漂浮物的汇集造成库区水质和环境污染，漂浮物中的垃圾和其他腐败物，对工程环境、空气的污染严重，影响枢纽调度运行，葛洲坝大江泄洪冲沙闸运行时曾由于失控船只导致关闭[4]（图 6-9）。

图 6-9　葛洲坝二江电站前漂浮物

为保证二江电厂的正常运行，枢纽运行初期曾在二江电厂上游右侧建有导漂排，导漂排设在厂坝导墙坝段左边墩与三江防淤堤之间，与二江上导渠流线成 15° 夹角，目的是将漂浮物拦截在电站进水口之外，并导向二江泄水闸及二江排漂孔。导漂排于 1981 年建成并于当年投入使用，因水流运动复杂，漂浮物来势迅猛，导致导漂排设施损坏，未取得理想效果。漂浮物造成电站进口拦污栅堵塞，严重影响机组安全运行，随着水头损失的增加，二江电厂多次被迫停机，损失发电量。在 1981～1983 年连续三年的汛期中，导漂排局部冲坏，虽采用了一些补救措施，但均无效果，于 1984 年拆除，之后二江电厂运行持续受漂浮物影响。2010 年在原二江电站拦漂排部位又重设柔性塑料拦漂排，在浮排的下方设置有拦截网，重新地设置的拦漂排在使用中可临时拦截部分漂浮物，运行中经常出现阻漂、漏漂等现象，漂浮物对电站影响难以彻底解决，为维护拦漂排每年汛后需要拆除拖上岸进行清理和保修。见图 6-10。

图 6-10　葛洲坝二江电站前新设柔性拦漂排

为了清理葛洲坝二江电厂的各类漂浮物，针对坝前水面不同部位的漂浮物，运行管理单位还设计了多种清污方案，制作了多种类型清污设备。

在电站进水口采用了回转式清污机，由驱动系统、链轮、回转齿耙组成。清污机运转时，驱动系统带动链轮、齿耙循环转动，齿耙将栅前漂浮物卷出至水上，实现漂浮物的清理。设备在清污转动过程中容易被大型树根等卡死导致运行受阻，齿耙间隙较大不能彻底清理小型泡沫等漂浮物。

为清理较大的漂浮物（如树根、树干等），葛洲坝在二江电站拦污栅槽上方安装了门式清污机，增大清污机械起重量。运行时门式清污机抓斗抓取拦污栅槽的污物后将其移至积污斗，污物装满后，再运用坝顶门机吊起积污斗，将斗内的污物卸至清污车内拖走。门式清污机可以清理拦污栅前的杂物，运行范围大，但需要人工操作清污抓斗升、降、开、闭，清理速度较慢，积污斗内污物堆满后需另用起重设备将其吊至清污车。

为满足清理漂浮物的要求，葛洲坝水电站还制作了多种类型清污抓斗，清污抓斗与坝顶门机回转起升机构相连，用门机起降和移动来控制抓斗的起降和移动，采用电控系统控制抓斗的开、闭，实现污物的抓取和释放。运行时抓斗斗瓣不能在较窄的门槽中完全打开，功能受到限制，抓斗容积较小，单次清理的污物有限，大面积清污使用时效率较低。

三峡工程建成蓄水后，葛洲坝上游漂浮物被拦截在三峡大坝前，枢纽漂浮物来量得到极大缓解，但在极端暴雨天气时葛洲坝库区干支流被冲刷的大量漂浮物仍然多次聚集在电站坝前，有时还有失控船只、航运落水货物也会给工程泄水、发电等运行带来安全威胁。

6.1.3 向家坝漂浮物调研

金沙江向家坝枢纽在下闸蓄水初期的一段时间内坝前拦截了大量的漂浮物，见图 6-11。聚集漂浮物组成复杂，包括长约 6 m 的竹子、树木枝杈及各种木质建筑构件等，漂浮物分布的面积大、相互交织缠绕。为清理漂浮物，工程建设管理单位每天投入人工约 300 人，作业船只 16 艘，对成片漂浮物采取水上人工打捞、抓斗抓取、船只拉网、江面拦截等方法进行清理，对于零散的漂浮物则采取人工分散打捞，此外还调动地方渔业船舶和人员共同参与漂浮物拦截打捞。2013 年累计清理漂浮物约 30000 t[5]。

图 6-11　向家坝枢纽 2012 年蓄水期漂浮物

枢纽蓄水后的几年在汛期运行中，工程多次出现漂浮物大量聚集，影响发电、闸门启闭及坝前水面环境等，受环保要求限制枢纽不能向下游排漂，坝前漂浮物主要利用人工船只清理上岸处理（图 6-12）。

图 6-12　向家坝枢纽 2019 汛期漂浮物

6.1.4　黄河三门峡漂浮物调研

黄河三门峡电站汛期运行受污物影响严重，库区污物组成复杂，经常出现大量的杂草、农作物秸秆、芦苇秆根等，工程污物包括水面漂浮物和水面以下大量潜浮物（图6-13）。三门峡水电站汛期大量污物堆积在水库坝前影响库区环境、恶化水质，污物堵塞拦污栅形成密不透水的软性闸门降低发电水头，污物进入机组影响水电站的安全运行，清污是工程需要突出解决的问题。为解决污物清理这一制约三门峡水电站汛期浑水发电和影响库区环境的技术难题，工程管理单位多年进行了不懈的探索和科技攻关，对清污技术装备和水工结构进行了优化集成，自主开发了适合多污物水电站清污需求的"拦、排、抓、推、捞"综合清污技术。

图 6-13　黄河三门峡电站漂浮物

为减少紧贴在拦污栅上的污物，减少提栅次数，增加污物通过量，减少污物的积聚程度，三门峡水电站对拦污栅结构进行了优化和改造，将原有栅条间距由 220 mm 增至 300 mm，栅条宽度由 120 mm 增至 180 mm，并将齿栅改为光栅。优化后的拦污栅可与清污抓斗配合使用。工程运行管理单位还研发了双爪联动的专用深水液压抓斗清污装置，与 150 t 悬臂吊配合作业，清理临近拦污栅前和贴附在栅条上的污物。在坝前迎水面 316 m 高程修建专用清污栈桥，解决污物运输问题。研发了一种可调节的船上推污装置，与液压清污抓斗或挖掘机配合作业，为库区远离拦污栅、高水位、多污物状态下清污提供条件。

黄河三门峡水电站汛期坝前水流状态复杂，污物成分繁多，来污量大，清理工作频繁，需要船只、清污机、人工等多种方式组合清污，对于现有的清污设备需进一步改造、完善，需要不断试验和深入探索。

6.1.5　工程主要清漂方式及问题分析

经实地调研长江中上游特大型水利枢纽等工程河道及坝区漂浮物，汛期枢纽运行都遭受漂浮物困扰。当前工程根据各自特点，采取治漂方式有拦污栅与清污机组合清漂、柔性拦漂排拦漂、枢纽排漂、船只人力清漂等，这些治漂方式在实际运行中都存在一些不满足工程需要的问题，长江葛洲坝枢纽及黄河三门峡水利枢纽为治理漂浮物长期开展了大量应用研究工作。

1. 拦污栅与清污机械组合清漂

根据水电站进水口设计规范和水利水电工程进水口设计规范规定，一般电站、泵站都在进口设置拦污栅拦污（图 6-14），利用配套机械清污，不同工程根据其特点采取的形式有所不同，包括门机提栅、抓斗（图 6-15）、回转等清污形式。

图 6-14　漂浮物堵塞电站拦污栅

图 6-15　抓斗清理电站漂浮物

汛期突发漂浮经常导致一些电站在拦污栅前聚集大面积漂浮物，拦污栅与清污机组合清污有较多限制，工程实际运行中清理操作困难，在低水头河床式电站中问题更突出（如葛洲坝、三门峡），主要原因与采取的结构形式及运用方式有较大的关系，分析如下。

（1）工程运行期间，气象、水文因素复杂多变，受技术、环境、管理等条件限制，拦污栅前漂浮物清理进度与聚集速度难以达到同步，易造成大量漂浮物聚集堵塞拦污栅，聚集量使清理难度增大。

（2）拦污栅前漂浮物覆盖厚度不断增加，机组进水口过流断面减小，进水通道形成孔口过流，下层过流对表层漂浮物的吸漂能力增强，造成漂浮物下沉量增加，加重拦污栅全断面堵塞，增加清理难度。

（3）拦污栅堵塞严重，清污机抓斗入水抓起堵塞物困难，抓斗操作中任何故障都会影响工作效率，加速漂浮物聚集。回转式清污机不适应清理深水中大量复杂的漂浮物。

（4）抓斗、齿耙下水抓漂的同时一方面扰动漂浮物，另一方面还会向水下推挤漂浮物，造成漂浮物下沉附着拦污栅，增加堵塞深度和清理难度。

汛期是工程发挥效益的关键期，咽喉部位堵塞对工程运行影响重大，此时工程又要兼顾清漂，漂浮物暴发期间栅前抢险清污强度大，操作难度大，一些电站拦污栅堵塞造成水头损失大,有些电站甚至出现被漂浮物压垮拦污栅、堵塞机组、被迫停机数月检修。排涝泵站行洪通道单一,拦污栅堵塞危及辖区防汛排洪,严重影响城市辖区汛期安全。

2. 柔性拦漂排拦漂

为减轻漂浮物对工程运行造成影响,一些工程提前在进水渠采用柔性拦漂排拦截漂浮物,结合枢纽泄洪建筑物排漂或利用人工船只清漂[6]。根据工程需要柔性拦漂排形式有竹排、木排、金属(或高分子)浮筒(箱)、围油栏等,排体一般两端定位,水面呈悬链线状态,见图 6-16、图 6-17。

图 6-16 三峡电源电站拦漂排

图 6-17 电站柔性拦漂排

工程运行中柔性拦漂排具有一定的临时拦漂作用,在水流状态复杂的水域简单布置柔性拦漂排也经常会出现一些问题。

（1）汛期河道流态恶劣，水位、流速、漂浮物急剧变化，受风、浪、船只等共同影响，排体稳定性差，排体荷载变动大，聚漂面积、深度、底部挂网或挂栅都是影响浮排荷载及拦截效果的因素。

（2）柔性拦漂排漂浮在水面是不稳定性结构，结构传力方式是将沿线冲击水力转化为排体轴线张力，轴线张力再由定位端点集中受力，在复杂水面环境中易出现排体上浮、翻转、损毁等现象。

（3）浮排在拦漂过程中呈曲线状态，兜集漂浮物后没有水流导漂能力，在水面采用船只清漂易造成漂浮物漏跑，聚集漂浮物易从浮排两侧或排下泄露，枢纽泄洪排漂时进口局部水流状态急剧变化，引起排体水面形态变化或导致浮排摆动，影响拦截的漂浮物稳定或泄漏，枢纽泄流吸漂排漂效果低。

（4）柔性拦漂排功能单一，结构不能满足治漂多方面需要，设施断航、无自身水上交通条件，不便于应急干预，运行缺乏灵活性，管理困难。

柔性拦漂排不能为清理提供便利条件，一些柔性拦漂排实际运用不能满足要求，拦漂失效对工程安全运行威胁大。柔性拦漂排问题主要表现在不适应漂浮物特性，没有协调好水力关系。柔性拦漂排受力简单分析见图6-18。

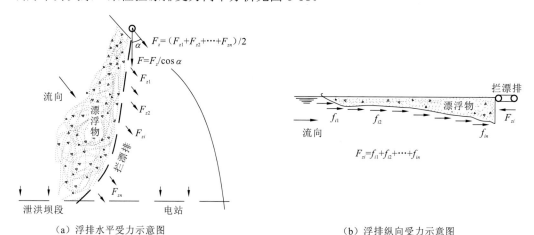

（a）浮排水平受力示意图 （b）浮排纵向受力示意图

图6-18 柔性拦漂排受力分析图

排体轴线张拉力 F 与浮排结构形式、轴线长度 L、工程调度运行条件、漂浮物种类、流速 v、轴线和水流交角 α、失高 f、聚漂面积 S、聚漂深度 h、风力、波浪及其他因素有关，水下挂网、拦污栅条等都会加大结构受力，各种组合因素复杂多变，实际上难准确计算，通过水头与结构关系可粗略估算，准确数据应通过实际应用测量才能获得。

根据葛洲坝二江厂前水流状态等基本条件，按 3 m/s 流速估算，约 300 m 长拦漂排沿水流方向合力约 1 000 kN、轴线张力 F 达到 2 000 kN，浮排承受不稳定荷载，结构受力不断变化，工程设施实际运行中存在安全隐患。

柔性拦漂排受力过程是将水流方向的冲击力增大为轴线方向的张力，将沿程分散作用力转化为端点集中受力，柔性拦漂排传递荷载的方式对结构安全不利。

3. 枢纽排漂

一些枢纽设置泄流建筑物排漂。漂浮物暴发期洪峰与漂峰一般不同步，直接排漂一般对漂浮物吸引范围有限，来流量、坝前水位变化影响枢纽排漂运用，孔口被淹没后排漂效率更低。水力排漂消耗水量大、水能利用率低，影响工程直接效益，三峡工程水位在 $145 \sim 155$ m 单孔排漂流量约 $1\,000 \sim 3\,000$ m³/s，见图 6-19。在梯级开发河流中排漂将上游漂浮物直接排泄到下游，不能改善水环境，对下游工程不利，运用受到限制。

图 6-19　三峡排漂孔排漂

4. 船只人力清漂

当前在河道水流较缓水域常采用人力船只清漂，一些大型工程配备有专业清漂船。船只人力清漂具有灵活、机动的优势，受气象、流态、自身条件等限制清理大量漂浮物实际运用中也存在问题。

（1）漂浮物暴发期间水面条件恶劣，在流动水域使用人力船只机械清漂，不满足多变、复杂、大量突击清理需要，清理能力难以应对漂浮物的来量，不能持保持长期稳定效果，无法及时清理大量突发漂浮物，造成漂浮物大面积聚集。

（2）在流动的水面清漂，不能划分清漂区域界限，不利于明确清漂责任、管理困难，简单人力船只水面清漂存在自身安全风险增加漂浮物转运工作。

（3）专业清漂船投资大，一般在汛期运行，年内利用率较低，运行费用及维护成本高。

三峡库区沿线各地每年汛期都需要长期投入大量人力船只清漂工作，近坝区域的坝前水面还配备了几艘技术先进清漂船，由于受较多客观因素制约难以及时清理突发的漂浮物，坝前还是经常出现大规模漂浮物聚集现象，有时需要较长时间进行清理。

工程现有拦漂、清漂方式和功能效果，不能很好解决发电、航运、泄洪等方面问题，漂浮物聚集影响水环境及工程形象，库区水面危险源是影响工程安全的重要因素，传统清漂作业方式与特大型枢纽运行要求存在差距。根据电站、泄水、航道工程运行需要及漂浮物运移聚集规律，大量清漂工作不应局限在坝前或拦污栅前关键部位，流动的河道可以避免船只清漂，研究与漂浮物特性相适应的高效治理方式十分必要。

6.1.6 漂浮物主要特性

1. 河道漂浮物

河道漂浮物产生、汇集与雨洪关系密切，水库蓄水期间漂浮物也会增加，湖泊等平静水面易滋生水葫芦、浮萍、水草等水浮植物及藻类，寒冷地区河流冬季形成浮冰[7]。一般工程对漂浮物物理特性缺少研究和分析，长江特大型水利工程有些表观特征统计资料，从工程实际调研观察分析，漂浮物具有流动、组成复杂、分散、聚集、缠绕、下沉等多重特性。

（1）漂浮：漂浮物的总体密度都小于水密度，漂浮性能与种类有关。塑料制品与空腔容器、水浮植物等漂浮能力强，入水陆生植物、木材及动物尸体等漂浮能力与浸泡时间、气象等有关。

（2）流动、分散、聚集：河道漂浮物水面运移情况受水流、风力、行船等影响，具有一定流速的河道漂浮物随主流漂移，沿程随机分布，并受河势影响，易在回水区、码头、坝前等拦截区聚集。

（3）组成复杂：漂浮物成分与暴雨类型、地域及季节等有一定关系，漂浮物中混杂各类垃圾、树木、竹丛、杂草、动物尸体、家具、船只，并裹挟石块、金属块等，形状、长短、粗细不一。

（4）下沉、潜浮：一些漂浮物浸泡一段时间后下沉悬浮，下潜悬浮状态与种类、时间、流速、流态等相关。

（5）缠绕、腐烂：漂浮物相互挤压牵连缠绕，动植物类漂浮物水面堆积后易变质腐烂。

漂浮物的复杂特性决定工程综合治漂是系统工作。治漂过程中需要综合考虑拦截、引导、清理（排泄）、运输、后续处理等各环节的相互协同作用，兼顾措施结构、治理操作与工程主要功能之间的关系，治理期间恶劣水文气象条件及水面操作环境给治理工作增加了难度。因此，简单拦截、清理对漂浮物的特性适应不强，措施无法满足漂浮物暴发期间工程运行需要。

2. 潜悬物简述

漂浮物下沉后的一段时间内有些沉于水底，有些悬于水面以下。与漂浮物相比较，潜悬物堵塞电站拦污栅的部位不确定、易造成拦污栅全断面堵塞，清理更困难。潜悬物形成与漂浮物种类关系密切。

河流中潜悬物一般临界于水体密度,来源大致可分为漂浮物吸水饱和形成下沉物(主要是植物类)及人工片状轻薄物(如塑料薄膜、织布网等)入水后随水流形成流动物。潜悬物在河道过流全断面随机分布,一般会在沿程缓流区沉底或进入回流区下沉后自然消解,流程长短与流速、流态及形状等相关。电站附近潜悬物主要由拦截的漂浮物下沉形成,拦污栅上附着的片状物在水流作用下逐渐被冲蚀,下沉物与片状漂流物相互缠绕对拦污栅堵塞影响严重,清理难度大。

经对三峡库区岸边聚集漂浮物观察,未经打捞的聚集漂浮物每天自然减少约 10%,一周后水面剩下的主要是泡沫、活性水浮植物等,拍打水面、扰动、翻动漂浮物可加速下沉[8]。由此分析可知,在柔性拦漂排、拦污栅前水流不稳定状态的部位聚漂、清漂等操作都会增加潜悬物产量,拦污栅前大量潜悬物和沉积物加剧栅体堵塞,沉积物累积影响工程附近水下环境,堵塞附近排沙孔,工程运行对这方面问题研究不多,措施针对性不强。

电站运行难以避免潜悬物,柔性拦漂排实际运用不能发挥导排漂作用,当前拦污栅与清污机组合清污不能很好解决漂浮物、潜悬物堵塞拦污栅。改进拦漂排、拦污栅形式及清污操作方式可简化漂浮物问题,优化结构设置在过程中一体化拦、导、排(清)漂是减少漂浮物、潜悬物的有效方式。

漂浮物、潜悬物的发生运行、数量组成、时空分布等方面都具有随机性和不确定性,处理漂浮物的方式与结构需要安全实用、长效可控、灵活便捷等特点。

6.2　漂浮物治理水力学模型试验

从多座水利枢纽工程治理漂浮物问题调查情况分析,采用厂前或坝前进行拦、排或清这些传统的治理模式,不能较好满足工程综合开发利用的要求,合理利用河道或工程水力条件进行清理,是改善治理方式的要求,在长江中上游梯级特大型水利枢纽工程都具有这些条件。

拦河建筑物在拦截水流过程中同时拦截漂浮物导致漂浮物聚集,河道回旋水流区域易形成漂浮物天然聚漂区,在这类漂浮物自然聚集区域受水流限制不能发挥水力引导作用,不能利用水力实现高效治漂,只能采取人工船舶清漂,清理工作量大,不能利用水力高效治漂而失去工程利用价值。水流主导漂浮物流动方向,在水流方向稳定漂浮物密集经过的河段或工程部位,采取适合的方式将漂浮物引导至指定部位可为清漂、排漂提供便利条件。一些工程设置柔性拦漂排也考虑到水力导漂功能,由于对漂浮物特性研究不深,措施针对性不强,常出现聚、沉、漏漂,清漂困难。工程治漂措施需要对漂浮物特性及水力条件进行研究,这些基本因素决定具体措施的布置形式、结构及功能发挥。

为研究不同工程布置形式的漂浮物水力治理方式,长江科学院根据项目研究需要结合已有工程水力学模型,对长江三峡、葛洲坝、金沙江旭龙等多座工程开展了水力学模型试验研究工作。漂浮物水力学模型试验研究没有完善的理论规范依据,目前主要是针对具体工程治漂需要,在漂浮运移相似的基础上对漂浮物在水面的运移与聚集状态进行模拟，为探索改善治漂的方式提供方案，并进行结构优化。

6.2.1 三峡坝区治漂试验

为研究三峡工程漂浮物运行规律，探索漂浮物的治理方案，改善漂浮物对工程造成影响，开展了一系列水力学模型治漂试验研究工作。通过模型试验研究，对三峡坝前河段漂浮物的运移与聚集规律、坝前有可能采取的治理方式有较清晰的认识，见图6-20，为三峡工程调度运行、采取合理治漂措施提供科学依据。三峡坝区治漂试验包括远坝区河道和枢纽坝前近坝区试验，试验模拟材料的水流漂浮特性与原型相似，运移轨迹、聚集形态、聚集密度、坝前聚集部位与原型基本相同。

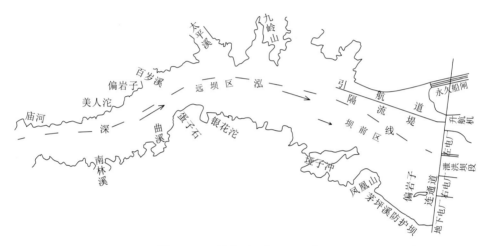

图6-20 三峡库区河道及漂浮物走势图

在三峡坝轴线上游约10 km远坝区河段，漂浮物输移路径与主要跟随河道主流的行进的路线。在坝上游约9 000 m美人沱上游河道相对狭窄顺直，主流依何势居河道中，漂浮物主输移带亦居中。至美人沱一带，主流受南岸山脚的挑流作用而渐趋北移，漂浮物主输移带亦随向北偏转，在美人沱至偏岩子一带主流向北部位，漂浮物主输移带偏北部位向下游运动。至偏岩子以下主流南移，漂浮物渐趋向南。自蛋子石主流再度向北折，漂浮物输移带亦随之向北偏转，直至九岭山、伍相庙一带后分别缓缓向左电厂、右电厂及地下电厂前沿水域漂移。

模型试验在工程上游距坝前8~10 km左岸美人沱部位沿岸边挑出设置拦导浮排向下游斜向右侧曲溪水域，浮排长约400 m，并在曲溪下游蛋子石突出山嘴向上游斜向左岸偏岩子设置拦集漂浮排，浮排长约900 m，两浮排位于江中的头部相距1 100 m，目的是在水流作用下尽可能将经过该河段漂浮物引导到右岸曲溪水域，方便集中清理，避免影响航道。模型试验漂浮物经挑、导、拦截后而汇聚于曲溪一带水域，形成曲溪口聚漂区，约可拦截来漂总量的90%以上。该区优点：①远离坝前不会对近坝区的调度、环境、水源、空气造成污染；②该区下距上引航道口门区约5 km，可以避免漂浮物对上引航道的通航构成不利影响;③远离坝前清漂,可避免对枢纽安全运行带来隐患。

三峡枢纽坝前区漂浮物运移受泄洪坝闸门和电厂调度的影响。在库水位范围内、电站机组及泄洪坝底孔均匀开启条件下,上游下来的漂浮物最终都聚集左电厂前、右电厂和地下电厂前沿水域,水位、流量、枢纽泄洪调度运行变化,影响漂浮物坝前分布,水位超过上游引航道导隔流堤后,不采取拦漂措施左电厂前沿部分漂浮物进入上引航道内,见图 6-21~图 6-24。

图 6-21　三峡电站漂浮物聚集试验

图 6-22　三峡泄水闸漂浮物聚集试验

图 6-23　三峡库区聚漂试验

图 6-24　三峡库区拦漂试验

近坝区漂浮物根据枢纽调度,在各枢纽建筑取水口前分散聚集,模型试验根据漂浮物运移路径,在坝前各部位采取相应措施进行拦、导、排漂浮物治理方案进行研究。从枢纽调度、发电、航运、水面环境等方面综合考虑,坝前各部位分别采取治理措施不适合工程实际运行需要,见表 6-1。

表 6-1　模型试验部分工程措施及效果表

	措施简介	效果评价
远坝区	坝上游约 8 km 美人沱至蛋子石宽谷河道间,右岸设 400 m 拦导排,左岸设约 900 m 拦集排,预留航道	效果较好,可拦截上游 90%以上的漂浮物,经优化可提高效率,需要协调与航运之间的关系

续表

措施简介	效果评价
坝前区	坝上450 m左侧#15机组与右岸山嘴之间设拦导漂排	漂浮物拦截后，通过调度地下电厂，右厂前漂浮物被引导向地下电厂前回流区，导漂受调度影响
	隔流堤堤头下游转折点向江中设700 m拦漂排	部分拦截漂效果，江中集漂不易打捞清理、两侧漂浮物从漏出
	在地下电厂前600 m处引水渠设拦漂排	拦漂排较长，一些工况下排前漂浮物不集中，需要水上分散清漂

6.2.2 水力一体治漂方式

通过工程实际调研和三峡模型试验研究，河道漂浮物运行状态受河势、河形、工程布置及运行条件、水流状态、支流、风力、船舶航行等多种因素影响，漂浮物的分布、滞留、运移与聚集受主流控制具有共同规律，不同工程又各具特点[9]。在顺应河道漂浮物运行规律基础上，根据工程特点利用水力采取必要措施可将漂浮物引导至指定部位定点清理，可以提高治漂效果。根据工程需要采取的具体水力一体治漂措施包括浮排、浮闸、浮槽等，不同组合方式可取得拦漂、导漂、集漂、清（吊、拖、排）漂集成效果。

1. 水力一体治漂浮排

根据项目试验任务要求，"水力一体治漂浮排"试验结构模型采用PVC管材，模型规格及有关参数见表6-2。试验漂浮物是根据以往水力学模型试验采用的模拟材料，利用刨花锯末、秸秆、草秆等加工成不同长短、粗细规格的材料，并按一定比例掺混后形成的混合漂浮材料。

表6-2 水力一体治漂浮排模型规格及有关参数

试验条件	试验规格参数		
长度/m	3.5	4.0	4.5
管径/mm	25	30	35
导流孔直径/mm	2	3.5	5
开孔间距/cm	10	15	20
孔口与管经角度/(°)	30	40	50
孔口淹没深度/cm	1.5	2.0	2.5
导漂试验流量/s^{-1}	0.1	0.3	0.4

在河道流态稳定、流速适宜（小于3 m/s）、漂浮物密集流经部位（不是自然聚漂部位），改善柔性拦漂排水面布置形态和定位方式，形成直线型水力一体化治漂浮排结构，

增加侧向导漂功能，在水流、结构共同作用下连续引导漂浮物至指定部位清漂，可避免漂浮物在工程关键部位聚集，改变结构传力方式，改善结构受力条件，设施应根据水力条件进行适应性设置。枢纽坝前水力一体治漂浮排应用见图 6-25、图 6-26。

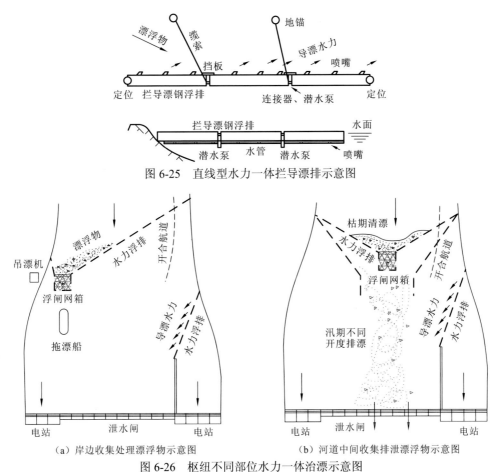

图 6-25　直线型水力一体拦导漂排示意图

（a）岸边收集处理漂浮物示意图　　　　　　（b）河道中间收集排泄漂浮物示意图

图 6-26　枢纽不同部位水力一体治漂示意图

为研究水力一体治漂浮排治理方案在不同类型工程中运用效果，分别经长江三峡水利枢纽、葛洲坝水利枢纽、金沙江旭龙电站、赣江井冈山航电枢模型开展了一系列水力学模型治漂试验研究工作，典型工程开展了水力学模型试验见图 6-27～图 6-31。

图 6-27　三峡地下电站前拦导排漂试验

图 6-28　葛洲坝前拦导排漂试验

图 6-29 金沙江旭龙电站拦导排漂试验

图 6-30 浮排设施水力导漂试验

（a）微流场水平示意图

（b）微流场纵向示意图

图 6-31 井冈山电站水力一体浮排与柔性浮排拦、导、排漂比较试验

经多种不同工况组合的水力学模型试验，水力一体治漂浮排主要治漂效果如下。

（1）根据不同工程特点利用水流作用，合理布置水力一体治漂浮排，可有效（95%以上）拦截经过浮排的漂浮物。

（2）浮排轴线与水流形成一定角度（30°～60°），在河流水力作用下都可以获得定向导漂作用。

（3）河流水力导漂能力不足时（原型流速小于 0.02 m/s），开启设施自身导漂水力，可在设施前宽 1.5 m、深 0.5 m 范围内形成不小于 0.05 m/s 的侧向导漂流速，将漂浮物导向指定的部位。

（4）浮排水流导漂能力与排体设置角度、河流流速、自身水力设置等有关，河道流速越大，导漂速度越快。

（5）自身导漂水流超过一定强度后水面紊乱导致部分漂浮物下潜漏逃；原型流速大于 2 m/s，浮排前不能及时导离的漂浮物部分从浮排底下穿过漏逃。

（6）浮排长度、淹没深度、水力密度（单位长度消耗功率）、水面定位等参数与具体工程规模、水力特征等相关。

结合模型试验分析，水力一体治漂方式是在适应漂浮物的特性及规律基础上，利用"水力一体治漂浮排"在流态稳定部位设立定向导漂微流场，见图 6-32。导漂微流场形式具有特殊要求，导漂夹角（θ）、导漂宽度（b）、拦导漂水深（H）等指标直接影响导漂效果，决定措施具体方案。

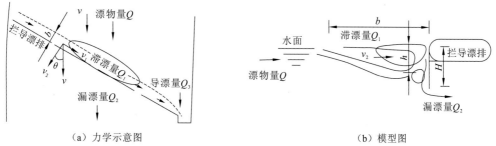

（a）力学示意图　　　　　　　　　（b）模型图

图 6-32　导漂微流场的力学示意图和模型图

　　导向指定部位漂浮物的效率（γ）是评价措施的主要指标，是设施导漂水力与漂浮物特征要素的综合作用的结果。效率（γ）由以下公式计算：

$$\gamma = \frac{Q_3}{Q} = \frac{Q - Q_1 - Q_2}{Q}$$

式中：Q_1、Q_2、Q_3 都与流速 v、θ、H 及粗糙度、聚集时间等有关。Q 和 v 一定的情况下，θ 越大、H 越深且越光滑，及时导离，Q_3 越大，γ 也就越大。θ 越大、H 越深，工程规模增大。

　　θ 与 v、漂浮物种类等因素有关，适用范围应根据具体工程需要进行研究。v 和 θ 决定导漂流速（v_1）分量的导漂能力，垂向流速分量（v_2）既向排体推挤漂浮物又有回转驱离作用，总体效果还与漂浮物面积、吃水深度（h，流动时一般 0.3 m 内）等有关。b 和 h 要求设施有适当的 H。

　　工程实际 Q 和 v、流态经常变化，需要恰当的 θ 和 H，为获得较好的 γ 需要充分研究 θ 和 H 的关系，在一定范围调节设施 θ 和 H 可在不同运行条件下获得较适合的导漂微流场，具体方式是在运行过程中能调整形态的浮排、可升降的拦导漂幕帘或板（挂网或栅会卡阻滞漂，影响 γ）。

　　柔性浮排拦漂过程中呈悬链线状态，无法形成定向导漂角，不能形成通畅导漂微流场，Q_1 相当于 Q，Q_2 大，则 γ 小，滞留漂浮物只能人工清理。根据漂浮物特性 Q_1 越大、停滞时间越长，Q_2 越大，水面清漂 Q_2 也会增加。

2. 浮闸水力一体清漂网箱

　　根据漂浮物聚集特性、水上便捷运输漂浮物的要求，为避免人力船只清漂，结合在三峡库区水力一体治漂浮排与船只联合运行的经验，参照船闸运行方式，在水力一体治漂浮排引导漂浮物聚集的部位设置浮闸水力清漂网箱（架），在水力作用下漂浮物继续运行进入闸室网内聚集，聚集达到一定量后关闭网闸进口，船只水面拖运或岸边吊运漂浮物，见图 6-33。

　　水力一体治漂网箱是自动收集漂浮物的漂浮装置，适应漂浮物流动、聚集、组成复杂的特性，可大量处理不同种类、不同规格漂浮物，网内聚漂可避免漂浮物下沉漏漂，在水上或岸边适时收网集中清运可减少中间烦琐操作环节，不需要专业船只人力清漂，可获得高效便捷治漂效果。设施构造简单，功能明了实用，运行方便可靠，操作受环境影响小，维护易行，兼顾日常保洁和应急抢险需要，设施应用方式应结合具体工程考虑。

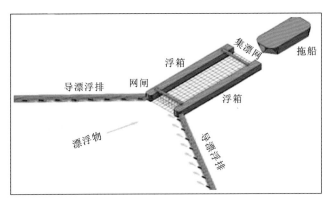

图 6-33　浮闸水力一体治漂网箱

3. 水力一体治漂浮槽

现有电站、泵站在拦污栅同一截面过流、拦漂、聚漂、清漂，不可避免造成各功能间相互干扰，加剧拦污栅前漂浮物向水下扩展，增加漂浮物处理难度。根据拦污栅漂浮物聚集规律和清理需要，运行过程中应尽可能减少各操作间的相互干扰，错位设置电站取水通道与水面聚漂部位，采取进口布置水力一体治漂浮槽拦导清污装置等措施，根据工程布置采取相应的形式，见图 6-34、图 6-35。

图 6-34　电站进口分散出流拦导漂排

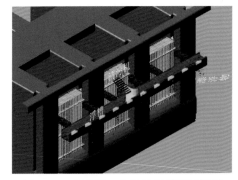

图 6-35　电站进口分散进流拦导漂浮槽

为检验电站进口水力一体治漂浮槽处理漂浮物的效果，利用已有电站水力学模型在进口进行模型试验。浮槽剖面呈 U 形，在迎流面间隔设置漂浮物进口，在槽内形成独立横向导漂水流，浮槽出口一端与排漂孔或电站进水口连接，见图 6-36～图 6-39。水力一体治漂浮槽试验结构模型采用有机玻璃制作，模型规格及有关参数见表 6-3。

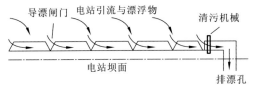

图 6-36　分散进流导漂浮槽

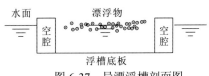

图 6-37　导漂浮槽剖面图

图 6-38　浮闸水力一体治漂网箱实体

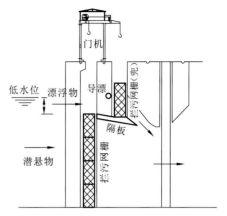

图 6-39　浮闸水力一体治漂网箱

表 6-3　水力一体治漂浮槽模型规格及有关参数

试验条件	试验规格参数		
浮槽长度/m	6	8	12
浮槽宽度/cm	8	10	15
进口宽度/cm	5	10	15
进口间距/cm	30	40	60
进口淹没深度/cm	3	4	5
试验流量/s⁻¹	0.2	0.3	0.4

根据三峡模型试验效果,浮槽内形成 0.1 m/s 导漂流速,需要的导漂水量不足枢纽排漂孔排漂流量的 1/50,采用"细水长流"的方式治漂可以得到"门前清"的明显效果。根据对三峡、葛洲坝不同形式电站在进水口水力一体治漂浮槽试验情况,对水流条件复杂的工程应进行必要水力学研究,浮槽形式、浮动方式等需要结合漂浮物情况综合考虑。对规模较小、进口渠道相对规整、水流条件相对稳定、漂浮物组成简单的工程,运用较为便利。

试验过程中漂浮物在水流作用下从迎流面各进口进入槽内,通过槽内横向水流连续导向排(清)部位,为集中处理漂浮物提供有利条件,试验取得明显效果。

水力一体治漂浮槽为工程坝前漂浮物治理提供一种思路。根据水力一体治漂浮排、浮闸、浮槽的作用原理及漂浮物特性,优化电站等工程进水口布置,分别对待、分层处理漂浮物和潜悬物,利用表层水流及专用通道(导漂孔)引导漂浮物,下层取水口前拦截下潜物,在上下水流通道上分别设置箱型拦集污栅,过程中在坝顶门机共同作用下分别拦截、收集漂浮物和下潜物,间隔集中吊、卸、清理。这一处理方式需要研究进水口拦污栅的布置位置及形式,与传统平板拦污栅和清污机组合清污方式比较,能提高效率、减轻治理难度。电站、泵站工程进水口都具有改进的条件。

6.3 水力一体治漂装备开发及应用

结合工程实际运行需要，水力一体治漂实用装备首先开发了水力一体治漂浮排。在方案设计及研制过程中，参考已有多座同类工程拦漂设施结构及定位方式，实地调研和借鉴船舶、趸船等水上漂浮设施结构构造布置，征询船舶设计和制造专业人员意见，经多方面反复讨论后确定方案。

对结构进行设计时从功能、安全、耐久、维护、实用、经济等方面对轻质高分子有机材料（塑料浮筒等）与钢结构设施进行综合分析比较，钢质浮桥结构优势明显。

6.3.1 三峡水力一体治漂浮排试验

1. 水力一体治漂浮排设计

经实地考察研究、比较各方面有利条件，水力一体浮排首先在三峡坝前木鱼岛水域进行实用检验。三峡水力一体浮排方案综合考虑试验成果、已有工程经验、相关水上工程结构、结构极限荷载组成、水力计算、重力与浮力平衡、结构受力计算、主要构件现场测试检验、水下地形测量放样、构件及器械装配需要、操作及交通需要、现场水文气候特征、结构安全储备、节省材料、方便施工、产品通用性、需要达到的效果、产品宣传等多种因素，形成的最终实施方案。浮排的主体结构的安全性、形式和参数是各项设计工作的重点内容。

1）水力一体治漂试验工程指标

运行期间水位：145～175 m，水位变幅约 30 m。

最大水深：约 120 m。

运行期间流量：预计 10 000～65 000 m³/s。

治漂浮排轴线水面长约：180 m。

运行期间浮排断面平均及表面流速：小于 1.0 m/s（推算）。

水面风速：小于 11 级（30 m/s，估值）。

水面浪高：小于 0.8 m（估值）。

流动漂浮物吃水：一般小于 0.5 m（95%以上）。

漂浮物参数：小于水体密度，长度小于 20 m。

发生频率：P=10%时，小于 0.5 m³/s 或 5 000 m³/d（估值）。

2）试验方案浮排布置

三峡水力一体治漂试验浮排布置示意图如图 6-40、图 6-41 所示。

3）试验浮排主要参数

单节排体：长 36 m、宽 1.8 m、高 0.8 m、拦截导漂吃水约 0.7 m，桥面走道宽 1.2 m。排体由双排 ϕ63 mm、长 12 m 单元钢浮筒分仓连接构成，包括护栏、构架、系缆桩、连接件等构件。

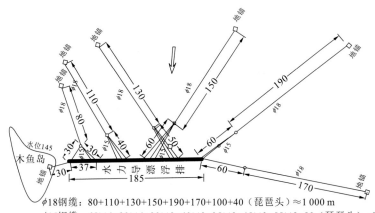

$\phi 18$ 钢缆：$80+110+130+150+190+170+100+40$（琵琶头）$\approx 1\ 000\ \mathrm{m}$

$\phi 15$ 钢缆：$65 \times 4+90 \times 4+30 \times 9+40 \times 2+35 \times 2+45 \times 2+55 \times 2+80$（琵琶头）$+30$（牵绞车）$\approx 1\ 500\ \mathrm{m}$

图 6-40　三峡木鱼岛水力一体治漂浮排总体布置图

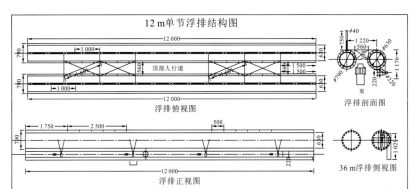

图 6-41　三峡木鱼岛水力一体治漂浮排结构图

排体材料：浮筒主材为厚度 6 mm，系缆桩厚 10 mm、连接构架等辅材 4～5 mm，走道、拦截导漂板为防滑花纹板。

基本荷载：单节 36 m 浮排总浮重约 24 t，自重约 12 t（自重约 350 kg/m）、水流方向估算推力 300 kg/m（流速按 3.0 m/s，流速、系缆力可现场实测），风力等其他荷载相对较小，可忽略。

锚系：水下约 36 m 各设 5 t 混凝土抗冲锚（锚固力约为自重 2～5 倍，与锚型、床质、地形等相关），浮排两端各设 5 t 混凝土抗冲锚和张开锚，每节浮排两端各设置 15 t 带缆桩，钢缆绳 $\phi 16$（单绳破断力大于 15 t）与带缆桩和锚体连接。

连接方式：浮排节间万向铰串联大于 10 t，其他连接大于 15 t，排体浮筒水下设 0.5 m 深导漂板，节间挂导 1.0 m 深漂防漏网。

排体表面走道：高出水面约 0.4 m，两侧设置高 0.7 m 安全护栏，走道可兼作各类水上工作平台，配置起吊件等附属装置。

自身导漂水力：每 36 m 单节浮排上游独立设置 8 kW 潜水泵、34 m 长 ϕ200 供水管、在供水管上间隔 3 m 设置 ϕ50 出水管提供导漂水流，供水管与出水管轴线夹角约为 45°。

各主浮筒焊缝后经气密密闭检验，检验方式为加气压 0.05 MPa 保持 10 min，经几年来实际运用检验，浮筒气密性长期稳定，排体各部位除锈刷漆防腐。

分部位工厂制作，单节现场连接、拴接组装，单节整体下水后逐一抛锚定位串联，地锚与浮排间投影距离大于 2 倍的水深。

配套设施：抛锚桁架机构、人力绞车、拖船、吊车、流速和缆绳拉力量测设备、拖耙等。

4）试验方案规模

三峡水力一体治漂试验浮排主体由 36 m 单节连接构成，单节浮排由 12 m 基本单元组成。浮排为直线桥式拦、导浮排，总长 180 m，共 5 节，5 t 钢筋混凝土锚共 10 个（抗冲锚 6 个、开锚 2 个、预备锚 2 个），ϕ16 钢缆绳，根据需要配置各类连接构件。排体轴线与水流流向夹角约 30°～60°，利用直线结构与河流水力导漂。

5）试验工作内容

运行期间浮排拦、导漂深度调试、形态调节，测量流速、缆绳拉力，统计拦、导、清漂量，估算漂浮物处理效率。拦导污设施的运输、安装、调试、运用等为现场试验主要内容。

6）安全性

与现有工程柔性浮排等相关结构比较，水力一体浮排单位长度材料用量、受力方式、传力方式、整体强度、刚度、锚定方式等各项性能指标都有显著提高，结构单元隔舱密封，单节浮排一半长度同时进水不会下沉，与船舶抛锚比较浮排锚固定位可靠，充分考虑避免设施漂移撞击大坝和电站拦污栅。

设施自身结构、定位相对安全，可有效防御流经的漂浮物对设施本身造成的风险，对施工和运行过程中可预见的风险可控，不会对枢纽泄洪防汛、调度运行等带来影响。

7）试验资料

为更有利于实现水力一体治漂效果，需要收集以下资料。

（1）工程 500 年及以上一遇水文（流量、流速、水位、坝前流态）、气象详细资料。

（2）坝前 500 m 范围内水下地形图（比尺 1∶2 000 左右）。

（3）工程整体及立面布置图。

（4）适合排漂运行工况下的工程调度运行方案。

（5）浮排附近 300 m 范围内漂浮物流动、分布、聚集、密度、吃水等物理特性调查资料或实测数据、图片，漂浮物对拦污栅、工程水头影响等资料。

（6）漂浮物试验期间可能出现的典型工况。

（7）其他有关技术资料。

2. 治漂浮排运行方式

1）浮排拦、导漂及调节

浮排在导漂过程中主要利用河道水流在排体前形成侧向微流场提供导漂水力，还可利用导漂水力包括：河流水力、排漂孔及枢纽泄流、支流、电站引流等，此外可利用风力、船行波浪等。

在河道水流作用下，利用结构布置形式在过程中连续发挥拦漂作用，并将漂浮物导向需要的部位，为定位清漂设施（包括清漂船、枢纽排漂建筑物）连续供漂，为后续处理漂浮物的各项工作提供便利条件。通过现场各种条件实际检验都可以获得预期的导漂效果。

水力一体治漂浮排水下抛锚定位，节间用万向连接器连接，适应水面三维自由运动，通过调节系缆绳在呈直线状态并能随水位自由升降。单节规格应与具体工程条件适应，在浮心、重心、形心与侧向水力、漂浮物推力及牵引力共同作用下在浮排整体连接情况下可避免翻转，排体兼具浮桥功能，通过收放缆索调节排体水面形态，根据漂浮物运移状态灵活调节。

2）设备自身导漂水力导漂

河道导漂水力不足时，开启设备水力导漂，经简单估算，在静止水面，沿程出流导漂浮排在排体前 1.5 m、深 1 m 的水体范围内形成流速 0.5 m/s，每 100 m 长度排体需提供的水力大约 10～20 kW，具体水力条件与工程规模等相关。

经初步计算三峡水力一体治漂浮排每节设置 6 kW 辅助导漂水力，由 2 台 3 kW 水泵提供，根据导漂水流效果，可控制水泵独立或联合运行。排前供水主管每 3 m 设一个导漂喷嘴，喷嘴朝向岸边，与排体轴线夹角约 40°。根据现场各情况导漂试验检验，在辅助导漂水流作用下排前导漂能力显著增强。

3）清漂设施

过程中将漂浮物拦截引导集中后，采用合适清漂设备（船只、挖机、滑车、卷扬机等）连续清漂至驳船或上岸，设备清理能力应与来漂量相适应，配备超长、超大漂浮物等处理措施，实现高效专业作业。

三峡木鱼岛水力一体治漂浮排将漂浮物导向岸边集中，再利用已有三峡清漂船定位清漂可提高设备工作效率，在浮排前导漂集中漂浮物后还进行了人工船只清漂检验。

3. 试验成果

经汛期漂浮物现场运行检验，参数见表 6-4，水力一体治漂浮排可完全拦截、收集、引导江面经过的零散漂浮物，与不同形式人力船只清漂联合清漂，都取得拦、导、清一体化综合治漂效果，治理过程安全可控，减少中间操作。

表6-4 三峡木鱼岛水力一体治漂浮排主要项目参数表

	项目	指标	项目	指标
基本荷载	抗冲流速/（m/s）	<3	运行检验期	7～11月
	抗冲荷载/（t/m²）	0.25	最大洪峰流量/（m³/s）	55 000
	风荷载/（t/m²）	0.04	期间河道流速/（m/s）	0.3～0.8
浮排总宽/m		1.85	最大抗风级别	10级以上
总高（除栏杆）/m		1.2	经历最大浪高/m	≈0.8
总长/m		180	排前导漂流速/（m/s）	≈0.5
吃水深度/m		0.7	定向导漂量/（m³/s）	≈1
走道宽度/m		1.3	实测缆绳拉力/kg	<750（非极端）
抛锚水深/m		95～125	24 h最大水位变幅/m	3.8
与水流夹角/（°）		30～45	24 h拦漂面积/m²	≈2 800
水位变幅/m		30	总拦、导漂量/m³	≈15 000
排体水面形态		直线型	拦截超大漂浮物	2艘400 t船只
导漂水力密度/（kW/m）		0.2	拦、导漂率/%	≤95

在水位变幅范围内，通过收放浮排钢缆绳调节浮排水面形态（类似岸边趸船随水位变化移位），一般水位变化5 m以内浮排形态变化小不需要调整，运行期间形态应满足导漂要求，设施可拆卸、组合、可靠岸，水位变化期间自由浮动。

水力一体拦、导、清漂技术效果有以下特点。

（1）刚性单元在水面连接，排体总体呈直线状态引导漂浮物，避免由于排体弯曲影响水力顺畅引导漂浮物；排体由单节浮箱采用万向铰连接，可适应各向水面波动；抛锚调节缆索定位，可适应水位变化并调整排体水面形态，还可以根据需要将排体移动到其他清漂水域。

（2）水力一体治漂具有连续导漂功能，避免漂浮物大量聚集，降低漂浮物淹没深度，可减小漂浮物聚集下沉、漏漂的机会，降低结构吃水深度、减轻水流对结构冲击，沿程抛锚缆索可分担水力荷载，结构受力合理、减小结构几何尺寸，结构安全性能更好。

（3）水力一体治漂是在河道水力的基础上因势利导发挥治漂效果，充分利用天然水能、需要提供的导漂水力小，治漂运行成本低。

（4）水力一体治漂技术过程是先拦截、再引导、然后清漂，可将相关治漂技术组合一体，实现治漂专业化；措施可全天候运行，方便管理；大量漂浮物集中处理，可实现漂浮物资源化利用，可为长效治漂提供技术支持。

（5）利用该技术优化电站进水口布置，减轻或避免漂浮物对拦污栅堵塞，降低清漂工作量，直接增加工程发电效益。

三峡水力一体拦、导、清漂技术效果见图6-42～图6-53。技术产品结构相对简单、功能明了，主要设备制造成本低；产品现场组装方便快捷，可及时投入运用。现有主要治漂方式与一体治漂技术特点比较见表6-5。

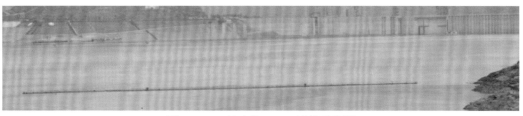

图 6-42　三峡水位 145 m 浮排形象图

图 6-43　三峡水位 175 m 浮排形象图

图 6-44　浮排水上施工安装

图 6-45　设施自身导漂水力试验

图 6-46　浮排周围消防反恐演习

图 6-47　浮排拦截竹丛

图 6-48　浮排拦截漂浮物

图 6-49　与三峡清漂 2 号联合运行

图 6-50　三峡电厂领导参观浮排

图 6-51　央视新闻频道报道

图 6-52　中新网报道（chinanews.com/
tp/hd2011/2014/09-07/403222.shtml）

图 6-53　新浪新闻报道（news.sina.com.cn/
o/p/2014-09-09/075930812170.shtml）

表 6-5　现有主要治漂方式与一体治漂技术特点比较表

指标	拦漂排	清漂船	枢纽排漂	水力一体治漂
功能	拦截漂浮物	打捞漂浮物	排泄漂浮物	拦、导、清漂
结构	柔性、端点受力	人力简单、专业复杂	排排孔、泄水闸、溢流坝	刚性直线型、较简单
优点	自然拦截	机动灵活	运行、管理简便	水力拦、导、清一体化、专业化、不聚漂
问题	聚漂、沉漂、漏漂，结构受力、水力利用不足	聚漂、气候、昼夜、功效、成本、水力利用不足	聚漂、耗水、效率、环境等	导漂失效通拦漂排，可避免
实用性	河道或坝前定位	追踪散漂、打捞聚漂	枢纽定位设置	可移动、可定位
投资	较低	人工低、专业高	专用建筑物高	较低

4. 坝前水域安防屏障应用

长江葛洲坝水利枢纽建成后多次遭受失控船只、落水集装箱等大件漂浮物影响，2016年汛期湖北清江高坝洲枢纽坝前突发网箱、浮箱活动房聚集，情势危急（图 6-54、图 6-55）。库区水面是连接枢纽的便捷通道，各种漂浮危险源容易接近大坝，失控船撞击坝体、大型漂浮物堵塞泄水闸等险情都有可能出现，大量漂浮物积压在电站进口前也对工程安全运行造成极大威胁。水利枢纽的重要地位决定需要重视水面安全管控工作,当前工程这方面建设存在短缺,相关研究不足,结合治漂需要在坝前关键水域构建安防屏障是一种有效防护方式。

图 6-54　长江葛洲坝坝前打捞集装箱　　　图 6-55　清江高坝洲坝前网箱房屋

枢纽水面安防屏障需要适应水面各种复杂情况,首先应确保设施自身安全可靠,具备抗冲击、应急打捞处置、水面临时交通、适应复杂水面环境等功能,现有柔性拦漂浮排结构不能满足这些综合要求。

三峡坝前水深,库区水面宽阔,气象、水文极端变化,漂浮物量大、组成多样,水力一体治漂浮排运用期间经历最大来流量达 $55\,000\ \text{m}^3/\text{s}$、水位总变幅约 30 m、最大日变幅 3.8 m,水面最大风力约 10 级,浮排拦截物包括大量树木、竹丛等各类漂浮物,其中包括 2 艘各自重约 400 t 失控船只。运用期间浮排水面形态可根据需要进行调节,水上浮桥可为各种操作提供便利交通,通过应用检验水力一体治漂浮排在拦截漂浮物过程效果可为水利枢纽构建水面安全防线。

5. 漂浮物治理与航运关系

长江中上游梯级特大型水利枢纽及库区有些有航运功能,三峡库区是重要航运通道。漂浮物堵塞航道、妨碍船闸运行、缠绕并损坏螺旋桨和航标,治理漂浮物有利于改善航运条件,也是航道建设的任务。不合理设置拦漂设施、水面大量船只清漂对航运安全有一定的影响。三峡库区河道宽度 200~1 000 m,根据河道特点及漂浮物产生流动规律,在宽河段、禁航区或非航线部位按内河航道标准分段设置治漂枢纽工程,可在有效控制漂浮物过程中确保航运通畅,三峡库区蓄水后河道有很多可选择的部位,枢纽坝前水面宽阔、水流平静,合理规划也可具有协调治漂与航运之间的关系的条件。设施具有开合、收放及调节功能,可根据实际需要灵活处理。

6.3.2　三门峡电站水力一体治漂浮排试验

三门峡电站坝段 1#~5#机组进水口底坎高程 287 m,接近拦污栅体的流线逐渐发生下跌与收缩,沿程纵向流速的垂向分布梯度减小,污物聚集与下潜。在坝前水域沿河道纵向方向上，聚集污物大体呈楔锥体分布，靠近拦污栅的污物厚而多，远离拦污栅的污物薄而少，栅前污物厚度有时超过 10 m。上层污物质量小、聚集度高，下层污物质量大、聚集度低。受坝前河弯与污物流态的共同影响，1#、2#机组进水口前污物较多，1#机组前更严重。

三门峡枢纽当前采用的清污方式主要在拦截、聚集、清理（如抓、推、提栅等）、运输等方面，各环节相互独立，清污期间大量繁重的工作都需要人工机械不间断地干预，现有水利工程清污普遍存在这些问题。

根据三门峡工程河势、水文、布置、调度运行、漂浮物特性规律、治污需要等，结合长江科学院长期对因势利导水力一体综合治漂技术的研究成果，合理利用水力条件采取拦、导、集（临时）、排（清、吊、运）的方式，有利于改善工程治污效果。为有效解决三门峡枢纽坝前长期难以处理好的污物难题，有必要进行水力一体综合治漂技术应用试验，研究成果可在工程运行中直接发挥预期作用，并可在此成果基础上根据需要继续完善、拓展延伸。

相关技术具有一定理论基础，经过较为全面的水力学模型试验并在典型工程中运用检验，都取得了预期效果，开发单位长江科学院具有研究、规划、设计、实施、检测等相关专业技术和经验。

根据三门峡坝前流态及工程布置分析，坝前一些部位具有稳定导漂的水力流态，这些是设置水力一体治漂措施的基本要素，三门峡枢纽具有水力一体综合治漂的有利条件。

三门峡坝前具有实施水力一体治漂浮排的部位，利用三峡现有 180 m 浮排在电站前局部开展试验，该攻关是长江科学院科技成果在三门峡清污上的应用，结合三门峡枢纽清污实际情况，进行适用性改进，目前立足导污，在泄洪时排污，预期成果可在工程运行中直接发挥作用。

1. 水力一体治漂试验工程指标

根据三门峡电站运行条件，现场试验的主要指标如下：

工程运行水位：287（地面）～318 m。

水深及水位变幅：约 30 m。

流量：小于 1 500 m³/s（电站引水流量）。

过流断面水面宽约：350 m（治漂浮排轴线部位）。

运行期间浮排断面平均及表面流速：小于 0.5 m/s 及 0.8 m/s（推算）。

水面风速：小于 11 级（30 m/s，估值）。

水面浪高：小于 0.8 m（估值）。

水位 305 m 时深孔单孔及 8#钢管泄流量：约 100 m³/s。

流动漂浮物吃水：一般小于 1 m（90%以上）。

漂浮物参数：小于水体密度，长度小于 20 m，发生频率 $P=10\%$ 时，小于 0.5 m³/s 或 2 000 m³/d（估值）。

2. 建议方案试验浮排布置

三门峡电站水力一体治漂试验浮排布置如图 6-56、图 6-57 所示。

图 6-56　排漂期间水面治漂试验浮排布置示意图

图 6-57　枢纽敞泄治漂试验浮排搁浅示意图

三门峡拦导漂浮排与三峡水力一体治漂浮排结构参数基本相同，根据应用检验情况对部分上游拦、导漂结构和抛锚方式适当优化改进，浮排主体由 36 m 单节连接构成，单节浮排由 12 m 基本单元组成，12 m 基本单元结构如图 6-58、图 6-59 所示。

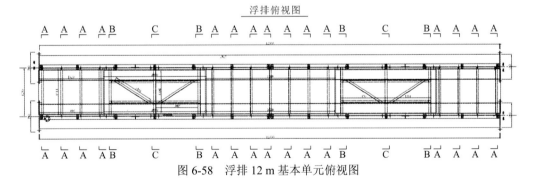

图 6-58　浮排 12 m 基本单元俯视图

3. 运行方式

在水位变幅范围内（高程 287～318 m），通过收放浮排钢缆绳调节浮排水面形态（类似岸边趸船随水位变化移位），水力一体治漂浮排在实际操作中可以适应水流状态的变化，拦、导、集、排漂等主要功能和缆绳拉力、导漂角度、水面形态等实用参数指标可量化统计，有利于评价实用效果，现有的单一功能柔性拦漂浮排缺少这些可量化的指标。

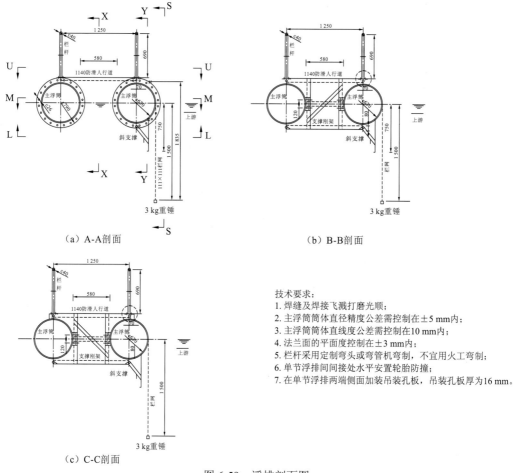

（a）A-A剖面　　　　　　　　　　（b）B-B剖面

（c）C-C剖面

技术要求：
1. 焊缝及焊接飞溅打磨光顺；
2. 主浮筒筒体直径精度公差需控制在±5 mm内；
3. 主浮筒筒体直线度公差需控制在10 mm内；
4. 法兰面的平面度控制在±3 mm内；
5. 栏杆采用定制弯头或弯管机弯制，不宜用火工弯制；
6. 单节浮排间接处水平安置轮胎防撞；
7. 在单节浮排两端侧面加装吊装孔板，吊装孔板厚为16 mm。

图6-59　浮排剖面图

三门峡试验浮排设施布置在电站前引水渠内，汛期泄水闸敞泄设施不涉及防汛安全问题；浮排不具有改变河势水流的作用，不影响坝前泥沙分布规律；浮排各设施不影响枢纽进水口，在三门峡枢纽寿命周期内正常运行条件下，水力一体治漂浮排不会导致防汛、泥沙、堵塞进水口等严重问题。主要指标数据都可现场测量，设施预留有改进的条件。

4. 浮排试验

浮排安装期间水面流态较平稳，流速较小，安装完成后部分锚点钢缆绳较为松弛，经初步调整浮排总体呈设计要求的直线状态，在6月22日～30日库水位从315 m下降至约305 m期间，电站前水流流速逐渐增大，导致浮排受力及形态发生改变，由于现场没有合适的水上交通工具，工作人员一直无法到浮排上进行浮排姿态的调整及结构加固处理等工作。

在库水位从315 m下降至305 m过程中，电站坝前水面流态从稳定状态向不稳定状态转变，在电站前约500 m弯道处产生了阵发性顺时针回流，并不断向电站前传递，在大范围回流的影响下造成电站进水渠的进流极不均匀，在右侧靠岸边形成时缓时急的周期性不稳定水流，在电站左侧从泄水闸向电站时而出现较强的横向水流，方向时左时右，这种状态在库水位 305 m 左右时更明显。拦漂排在水流作用下其整体姿态不断发生变化，拦导漂浮物的效果也不相同。在电站前水流较平顺时，浮排具有拦漂、导漂、排漂效果，左岸泄水闸泄水对电站前浮排拦截的漂浮物具有吸引作用，漂浮物通过泄水闸源源不断排向下游；当电站前水流紊乱后，浮排整体姿态发生改变，浮排前拦截的漂浮物不能被左岸泄水闸吸引过去，拦截的漂浮物出现阻滞、漏漂现象；当电站前出现从左向右的横向水流时，被导向泄水闸前的漂浮物顺坝前水流流向右侧电站进口。拦导排漂效果见图 6-60～图 6-62。

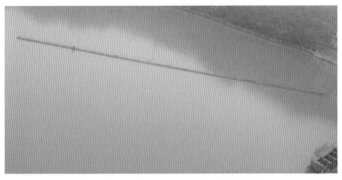

图 6-60　水位 315 m 水面与浮排形态

图 6-61　水位 305 m 顺时针回流与浮排拦截漂浮物

图 6-62　浮排拦、导、排漂

库水位从 317 m 降至 303 m 期间，枢纽下泄流量范围约为 500～3 300 m³/s，电站最大发电流量约 1 500 m³/s（以上数据是从黄河水情网查获）。根据这段时间坝前流态、流速观测，河道流量 2 000 m³/s 以上时，电站前浮排附近流态紊乱、回流范围及强度大，浮排所在水域的最大表面流速可达 3 m/s。水流指标超过了现有浮排结构的锚固条件，浮排在流水中走锚、变形。

5. 试验效果

从岸边观察来看，在水流冲击下，浮排吃水深度变化范围在 10 cm 以内，排体上、下游侧的水位差有时超过 10 cm，浮排受水流作用力较大，超过了该设施的设计运行条件。

三门峡水库汛期正常水位为 305 m、流量超过 2 000 m³/s 的时段是坝前处理漂浮物主要时期，实际运行时电站引水渠流态紊乱，不良水流状态影响漂浮物的运行和分布，也影响电站水头、水轮机稳定、震动等，在表面流态不稳定、流速大的水域没有拦截、引导、排泄漂浮物的有利水力条件。

三门峡电站在汛期低水位泄洪运用时，坝前水流条件复杂、水流不稳定、流速相对较大，不具备实施拦、导、排的水力条件，综合治理电站漂浮物需要采取必要的工程措施改善坝前水流状态。

三门峡库区没有现成水上抛锚船只等设备，水力一体治漂浮排在水上定位施工期间，利用浮排及自制机构完成 8 只 5 t 锚的水上运输和抛投定位、系缆等水上施工专业较强的工作。在拦、导漂运行试验时经历了流速较大且不稳定水流冲击，拆卸时受船只惯性撞击，下水与撤回过程中采取 36 m 单节整体的 2 点水平吊运（排体水平刚度小于侧向刚度，水上运行时侧向受力），浮排整体未发生损坏和变形，部分节间连接铰折损可修复或替换，经多方面检验浮排整体适应能力强，总体达到设计运用指标。

从三门峡工程试验情况看，水力一体化拦截、引导、排泄漂浮物是合理的治理方向，根据三门峡电站水流状态现有也只能缓解电站前的部分污物压力。要从根本上解决三门峡电站的污物堵塞问题，还需要进行系统研究，采取必要的工程措施改善坝前水流条件有利于提高发电效益，也可实现排漂的水流条件。此外研究方便清理的拦污栅结构有利于工程安全运行。

6.3.3 汉江碾盘山电站拦漂排设计

汉江碾盘山电站是当前建设的 172 项重大水利工程之一。汛期汉江水草等漂浮物严重，流域内已建的王甫洲、崔家营、兴隆等工程电站运行时经常受水草等漂浮物困扰，见图 6-63。从碾盘山电站布置、漂浮物特点、运行需要等多方面比较，工程设计方案拟采用水力一体治漂浮排拦截、引导漂浮物、枢纽泄水排泄方式解决工程漂浮物问题，见

图 6-64。

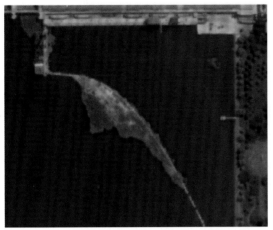

图 6-63　当前工程柔性拦漂排

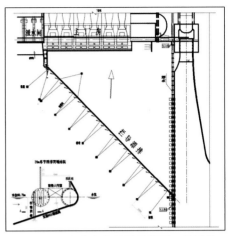

图 6-64　碾盘山电站拦导排漂一体浮排

6.3.4　其他工程水力一体治漂方案

按照本章开发实用的技术装备研究任务要求，在执行过程中开展技术应用交流的工程还有金沙江向家坝、白鹤滩、乌东德、金安桥电站、澜沧江乌弄龙电站、广西左江金鸡滩电站、汉江崔家营、兴隆、雅口、孤山电站等，其中部分电站水力一体治漂方案研究见图 6-65～图 6-67。

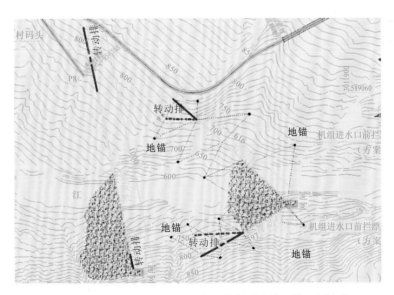

图 6-65　金沙江白鹤滩电站水力一体拦导聚清（拖）漂方案

图 6-66   广西金鸡滩电站水力一体拦导聚排漂方案

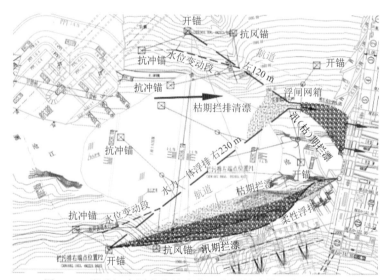

图 6-67   澜沧江乌弄龙电站水力一体拦导聚排（清）漂方案

6.4   本章小结

本章工作核心是针对长江上中游特大型水利枢纽库面拦排漂及安防技术与装备研发。主要研究内容：分析漂浮物运动与枢纽发电、泄洪和通航运行之间的动力关系，确定水力一体治漂浮排总体结构形式及基本功能要求，研发水力一体拦导排（清）漂技术装备，制定拦排漂作业过程风险与应急响应办法，实现主动拦漂、定向导漂、定位清（排）

漂、漂浮物上岸（处理）流程一体化作业。研究目标和考核指标：结合现场试验、数值分析与场景模拟等设计方法，研发自适应主动水力一体拦导清（排）治漂浮排装备。研发高坝枢纽上游水面排漂和安防技术及装备；拦排漂导漂性能达 90%。

针对上述主要研究内容，本章完成的工作及成果如下。

（1）对长江中上游特大型水利枢纽进行漂浮物调研。长江中上游特大型水利枢纽控制流域面积大，一些工程漂浮物问题突出，漂浮物对水利工程调度安全运行及效益具有多方面影响，改善工程治漂方式有利于充分发挥工程综合效益，提升工程调度运行安全。

（2）分析漂浮物特性及现有治漂措施存在的问题，提出改善措施。处理大规模突发漂浮物是复杂的系统工作，现有拦、清（排）漂措施对漂浮物规律认识不足，不能获得长期稳定效果，不能满足大规模治漂需要。为提高综合治漂效果，有必要改善现有工程治理措施，根据漂浮物的特性与水力之间的关系研究长效一体治理方式有利于工程安全运行。

（3）结合工程特点进行水力学模型试验研究。水力一体综合治漂是在规划河势水力条件基础上，结合工程特点和治漂需要，并参照相关工程设施功能，利用水力一体治漂浮排、网闸、浮槽，经不同工程漂浮物水力学模型试验研究及原型应用检验，都取得综合治漂效果。技术实施中根据具体工程合理组合可实现在过程拦截、引导漂浮物，有利于定位可控清漂（吊、拖、运漂），减少中间环节，提高综合效果，可满足河流分段建立一体化治漂枢纽的需要，主动、可控、长效治理漂浮物。

（4）关键技术装备"水力一体治漂浮排"经三峡、三门峡电站前现场开展"水力一体治漂浮排"试验，在不同流态、流速、水下地形等情况下，初步了解技术装备的适应性和应用范围，一般可拦导漂达 90%以上。经实际应用检验可为构建枢纽水面安防提供可靠屏障措施，预防枢纽水面风险。

（5）水力一体化治漂方式符合漂浮物治理规律，设施结构简单，适应性强、运用灵活，可形成长效专业治漂装备，在漂浮物多发的电站、泵站、水厂、航道等水利工程中都具有广泛应用价值，确保工程安全运行，充分发挥工程效益。

参 考 文 献

[1] 中华人民共和国国家发展和改革委员会. 水电站进水口设计规范(DL/T 5398—2007)[S]. 北京: 中国电力出版社.

[2] 水利部长江水利委员会长江勘测规划设计院. 水利水电工程进水口设计规范(SL285—2003)[S]. 北京: 中国水利水电出版社.

[3] 文勇波. 葛洲坝水电站清污设备及功能分析[J]. 水电与新能源, 2016, 141(3): 52-53.

[4] 彭君山. 葛洲坝电站排漂清污措施的研究[J]. 人民长江, 1990, 21(11): 1-6.

[5] 王育杰, 张冠军, 娄书建, 等. 三门峡水库来污规律与清污技术探索研究综述[J]. 人民黄河, 2013,

35(5): 86-89.

[6] 孙尔雨, 杨文俊. 三峡工程漂污物问题及其治理研究[J]. 水力发电, 2000(8): 12-15.

[7] 蔡莹, 唐祥甫, 蒋文秀. 河道漂浮物对工程影响及研究现状[J]. 长江科学院院报, 2013, 30(8): 84-89.

[8] 蔡莹, 谢学伦, 黄国兵. 浮桥式治漂浮排在三峡坝前的应用研究与实践[J]. 长江科学院院报, 2016, 33(10): 63-66.

[9] 蔡莹, 杨伟, 黄国兵. 水力一体化治漂与枢纽库面安防系统研究及实施[J]. 水利水电技术, 2017, 48(11): 168-173.